高等学校教材·航空、航天、航海系列

航空军用飞行器导论
（第2版）

高晓光　李　波　万开方　罗继勋　编著

西北工业大学出版社
西　安

【内容简介】 全书共分5章。第1章介绍了航空军用飞行器的历史、发展及分类。第2章介绍了飞机的飞行原理，内容有空气动力学原理、坐标系的建立、飞机动力学方程。第3章介绍了飞机的性能，内容有飞机的飞行性能、飞机的稳定性与操纵性。第4章介绍了空空导弹飞行原理，内容有导弹的组成和类别、常用坐标系、作用在导弹上的力和力矩、导弹运动方程组。第5章介绍了空空导弹的制导与攻击，内容有空空导弹的瞄准发射方式和制导方法、空空导弹的攻击区。

本书可作为高等院校探测制导与控制技术专业的专业基础课教材，也可作为从事本专业工作的研究生和科技人员的参考教材。

图书在版编目(CIP)数据

航空军用飞行器导论/ 高晓光等编著．—2版—西安 ：西北工业大学出版社，2022.7

ISBN 978-7-5612-8257-1

Ⅰ.①航… Ⅱ.①高… Ⅲ.①军用飞行器-高等学校--教材 Ⅳ.①V21

中国版本图书馆CIP数据核字(2022)第120134号

HANGKONG JUNYONG FEIXINGQI DAOLUN

航 空 军 用 飞 行 器 导 论

高晓光 李 波 万开方 罗继勋 编著

责任编辑：卢颖慧 **策划编辑：**华一瑾
责任校对：胡莉巾 **装帧设计：**李 飞
出版发行：西北工业大学出版社
通信地址：西安市友谊西路127号 **邮编：**710072
电 话：(029)88491757，88493844
网 址：www.nwpup.com
印 刷 者：西安浩轩印务有限公司
开 本：787 mm×1 092 mm 1/16
印 张：10.75
字 数：282千字
版 次：2004年12月第1版 2022年7月第2版 2022年7月第1次印刷
书 号：ISBN 978-7-5612-8257-1
定 价：48.00元

第 2 版前言

本书是原《航空军用飞行器导论》(西北工业大学出版社 2003 年出版)经修订后的第 2 版，为了重点介绍军用飞行器中的固定翼飞机以及固定翼飞机攻击空中远距离目标挂载的军用飞行器——空空导弹，第 2 版除对全书进行整体调整，还对第 1 章进行重点修订，增加第 5 章导弹攻击区的内容，并删除原书中航空外弹道学的内容。

全书共分 5 章。第 1 章介绍了航空军用飞行器的历史、发展及分类。第 2 章介绍了飞机的飞行原理，内容有空气动力学原理、坐标系的建立、飞机动力学方程。第 3 章介绍了飞机的性能，内容有飞机的飞行性能、飞机的稳定性与操纵性。第 4 章介绍了空空导弹飞行原理，内容有导弹的组成和类别、常用坐标系、作用在导弹上的力和力矩、导弹运动方程组。第 5 章介绍了导弹的制导与攻击，内容有空空导弹的瞄准发射方式和制导方法、空空导弹的攻击区。

本书可作为高等学校探测制导与控制技术专业的专业基础课教材，书中某些章节根据不同学时的要求，可有所侧重。

本书由高晓光、李波、万开方、罗继勋编著，由高晓光主持全书修订工作。第 1,5 章由高晓光修订;第 2,3 章由李波、罗继勋修订;第 4 章由李波、万开方修订。冯奇对第 1 章、第 4 章、第 5 章进行了整理和录入，王伟杰对第 2 章、第 3 章进行了整理和录入。闫栩辰对全书进行了校对。

由于水平有限，书中难免存在不足之处，恳请读者批评指正。

编著者

2021 年 12 月

第 1 版前言

本书是高等院校航空火力控制专业的专业基础课教材，也可作为从事本专业工作的研究生和科技人员的参考教材。书中内容主要是研究在大气中飞行的军用飞行器（飞机、导弹、无控弹丸）的飞行原理及相关理论。

全书共分四章，第 1 章简单介绍了航空军用飞行器的历史、发展及分类。第 2 章介绍了飞机的飞行原理，内容有空气动力学原理、坐标系的建立、飞机动力学方程、飞机的飞行性能、飞机的稳定性与操纵性。第 3 章以空空导弹为重点，介绍导弹的飞行原理，内容有导弹的组成和类别、作用在导弹上的力和力矩、导弹运动方程组、导弹的机动性和过载、空空导弹的几种瞄准发射方式和制导方法、空空导弹的攻击区。第 4 章介绍从飞机上发射或投射的各种无控弹丸的飞行原理，即航空外弹道学，内容有弹丸质心运动方程式的组成、航空外弹道学的几种常用近似求解方法。

本书作为航空火力控制专业的专业基础教材，某些章节根据不同学时的要求，可有所侧重。

本书由高晓光主编。第一、三章由高晓光编写；第二章由高晓光、罗继勋编写；第四章由何建华、符小卫、曹菊红编写。李华军同学对第一、三章进行了整理和录入，王健同学对第二、四章进行了整理和录入。

由于笔者水平有限，书中难免存在一些缺点和错误，诚恳希望读者批评指正。

编　者

2004 年 11 月

目　　录

第1章 绪　论

1.1 世界航空发展史

1.1.1 从古代飞行尝试到第一架飞机诞生

1. 古代的飞行尝试

我国史书曾记载，王莽时期有一位身怀异能之士，他用羽毛做两翼，从高山上滑翔而下，飞行数百步始落。这记录的是公元9年的事，是人类历史上有记载的第一次成功的飞行尝试。在中世纪，西方也有一些"跳塔人"试图模仿鸟类扑翼飞行。1487年，意大利画家达·芬奇曾画过一幅扑翼机设想图(见图1-1)。1673年，法国锁匠也曾研制过一幅"飞行十字架"，但这些飞行尝试都以失败告终。此后，人们开始转向轻于空气的飞行器研究。

图1-1　达·芬奇扑翼机

2. 古老的飞行器

世界上最早的飞行器是什么？答案是中国的风筝和火箭。它们就是在美国国家航空和空间博物馆陈列的"世界上最早的飞行器"。

传说公元前200年楚汉相争时期，韩信曾制作风筝让张良乘坐而"楚歌云上"，这导致楚军思乡厌战而败。公元7世纪，风筝开始传入朝鲜，8世纪传入日本，16世纪传入欧洲，之后又传入美洲和世界各地。风筝传入欧美后，被广泛用于科学研究。例如，英国天文学家用风筝测量高空气象参数，创造出气象测量仪。英美航空先驱者用风筝进行飞行试验，发明了滑翔机和飞机。

火药是中国最伟大的发明之一。南宋后期(公元 1279 年以前)出现了利用反作用力原理以喷气推进的火箭。

除风筝和火箭外,中国古代对航空事业还有很多重要贡献。据《后汉书》记载,东汉科学家张衡制作过“腹中施机,能飞数里”的木鸟,可认为这是世界上最早的带动力的飞行器。此外,竹蜻蜓、孔明灯、走马灯、风车、风扇、陀螺和磁罗盘,也都是世界上各类飞行器和航空设备的早期雏形。

3. 从气球到飞艇

18 世纪后期,西方在扑翼飞行失败以后,转而研制轻于空气的飞行器。1783 年 6 月,法国蒙哥尔费兄弟首次研制出利用热气上升的热气球(见图 1-2),并于 1783 年 11 月 21 日载人飞行 12 km,完成了历史上第一次载人的飞行。随后,法国人查理又成功研制出载人氢气球。

由于气球只能随风飘飞,不能人工操纵,1852 年,法国人吉尔制成了带动力、可操纵的飞艇(见图 1-3),但由于操纵不善,未能返回原地。直到 1900 年,德国齐伯林的硬式飞艇完善了操纵系统,才使飞艇成为第一种空中交通工具。

图 1-2 蒙哥尔费热气球

图 1-3 吉尔飞艇

4. 从滑翔机到飞机

公元 9 年,王莽时期的“飞人”首先完成了滑翔飞行的壮举,随后,晋朝的葛洪又在世界上首先提出了老鹰盘旋上升的滑翔理论。西方探索扑翼的尝试失败后,直到 19 世纪,英国人乔治·凯利爵士研究了风筝和鸟的飞行原理,于 1809 年试制了一架滑翔机,为飞机的出现提供了理论基础。而后,德国土木工程师李林塔尔所设计的滑翔机把无动力载人飞行试验推向高潮。

19 世纪末,随着蒸汽机和螺旋桨的出现,不少人开始研制动力飞机。莱特兄弟从研究风筝和滑翔机入手,他们吸取前人的航空理论和飞行经验,并做了大量的风洞实验,制造出质量轻、体积小的内燃机,最终制成了一架装有功率为 8 820 W(12 hp①)的活塞发动机的飞机(见图 1-4)。1903 年,莱特兄弟驾驶自己研制的固定翼飞机起飞。

旅居海外的中国青年,以高度的敏感和智慧,也投入对航空这一新兴技术的探索,并取得了震惊世界的成就。旅美爱国华侨冯如,祖籍广东恩平,于 1907 年在旧金山设厂制造飞机。他博采众长,别具一格,自行研制出中国的第一架飞机,并于 1909 年 9 月 21 日亲自试飞升空,

① hp:英制马力,功率单位。1 hp≈745.7 W。

飞行 800 m,轰动美国(见图 1-5)。

图 1-4 莱特兄弟及其飞机

图 1-5 冯如及中国的第一架飞机(复原机)

在海外,还有早期出国的中国留学生如王助、钱学森、吴仲华等人,在世界航空技术领域也都做出了卓越的贡献。在波音公司初创时期,王助曾担任第一任总工程师,设计制造了波音公司的第一架飞机。钱学森、吴仲华创造的"钱氏公式"和"吴氏方程"已成为世界各国高速飞机和喷气推进器设计的经典公式和理论依据。

1.1.2 活塞式飞机的发展与限制

1. 战争加速航空工业的发展

飞机出现后很快被用于战争,20 世纪的两次世界大战使飞机得到了迅速的发展。战争的需要也促进了航空工业的发展,飞机的研究、设计、制造和使用都有了明确的分工,并且形成了独立的产业部门和独立的军种——空军。

在 20 世纪初期的意土战争中,意大利首先利用飞机进行侦察,这是飞机用于战争之始。随后各交战国也都使用了飞机。20 世纪的第一次世界大战使空军成长为一支重要的军事力量。在第二次世界大战中,空军更显示出举足轻重的作用。从第一次世界大战到第二次世界大战,航空工业不仅形成了独立的产业部门,并且建立了航空研究机构,飞机的外形、结构和机载设备更加完善。

2. 活塞式飞机的限制

战争促使飞机性能迅速提升,飞机的飞行速度从 16 km/h 提高到 755 km/h,达到了当时活塞式飞机的速度极限(见图 1-6)。

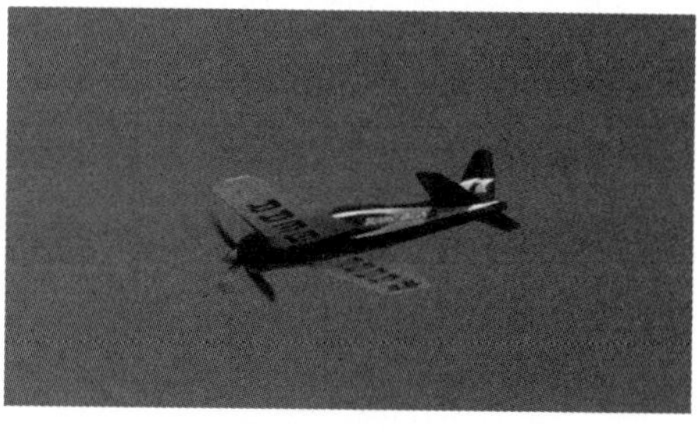

图 1-6 活塞式飞机 F8F

为什么活塞式飞机的速度不能再提高呢?

第一,活塞式发动机功率小,质量大。提高飞机速度的主要措施是加大发动机的功率,这就要增加汽缸的数量和容积。而发动机质量和容积的增加,会引起飞机的超重和阻力的增加。这不仅达不到提高飞机速度的目的,而且使飞机难以飞行。

第二,螺旋桨在高速时效率降低。活塞式飞机的速度来源于螺旋桨的拉力。在飞行速度和螺旋桨转速进一步提高后,桨叶尖端会产生激波使阻力剧增,螺旋桨的效率就会大大降低,从而限制了飞机速度的提高。

第三,活塞式飞机外形阻力大。活塞式飞机都采用直机翼、厚翼型、粗机身等低速外形布局。当飞机速度接近声速时,飞机表面会产生激波而使阻力急剧增加,要克服这种阻力,就要消耗掉发动机原有功率的3/4,使飞机速度无法提高。

基于以上原因,活塞式飞机的速度无法提高,也不能实现超声速飞行。因此,活塞式飞机的发展必然受到限制,只能用于低速飞行。

1.1.3 喷气式飞机的诞生和发展

1.喷气式飞机的问世

在活塞式发动机的发展受到限制后,产生了一种新的动力装置——喷气发动机。它具有质量轻、推力大的优点,装在飞机上可以大大提高飞机的速度。1939年8月27日,德国人首先成功试飞装有喷气发动机的He-178型飞机(见图1-7),随后苏联、美国也相继制造出米格-15、F-80、F-86等型号的第一批喷气式飞机,并投入朝鲜战争。

图1-7 He-178型飞机

2.突破声障

喷气式飞机出现以后,其速度很快提升,超过900 km/h。但当飞机速度进一步增加到接近声速时,飞机突然出现异常——阻力剧增,升力下降,低头失控,而且翼面出现剧烈抖振,甚至可能导致机毁人亡,形成“声障”。为实现超声速飞行,首先必须突破声障。为此,各国都致力高速气动理论的研究,并对飞机的外形做了很大的改进,如采用大后掠角翼、尖薄翼型、尖头以及细长流线型机身(如蜂腰机身)等减阻措施,这些改进取得了显著成效。1947年,美国的火箭动力研究机“X-1”首先突破声障。1953年,美国第一架实用型超声速战斗机F-100D型(见图1-8)问世,随后苏联也有了米格-19型超声速战斗机。从此,航空技术又跨入超声速领域,实现了超声速飞行。

图 1-8 F-100型超声速战斗机

3. 克服热障

喷气式飞机突破声障实现超声速飞行后，随着速度进一步提高，高速气流的摩擦会使飞机表面温度升高。当飞行速度超过声速的2.5倍时，飞机表面的温度可以升到300 ℃，超过了铝合金材料的极限工作温度，飞机结构的强度和刚度急剧下降，气动外形被破坏，危及飞行安全。这种因气动加热而引起的危险障碍，称为"热障"，苏联的米格-25战斗机(见图1-9)是世界上第一个克服热障并且飞行速度突破 Ma①=3的高空高速战斗机。美国的SR-71型飞机，93%的机体表面都采用钛合金，不仅顺利越过了热障，飞行速度可达 Ma=3.3，而且在实战记录中该型飞机没有任何一架被敌机或防空导弹击落。

图 1-9 米格-25战斗机

1.1.4 新概念飞行器

1. 隐身飞行器

隐身飞行器是指利用各种技术减弱雷达反射波、红外辐射等特征信息，使敌方探测系统不易发现的飞行器。利用隐身技术来规避敌方雷达的探测，可有效提高飞行器的生存力和作战效能。1981年，世界上第一架隐身飞机——美国的F-117A战斗/攻击机(见图1-10)问世，该飞机表面涂覆能吸收雷达波的材料，能有效地减少飞机的雷达反射面积，同时，飞机采用多平面外形和向外倾斜的V尾，使电磁波发散。

① Ma：马赫数，指速度与声速的比值。

图 1－10　F－117A 隐身飞机

2. 高超声速飞行器

随着材料、发动机等高新技术的发展，飞行器的速度有了极大的提升。2004 年，美国研制的 X－43 飞行器(见图 1－11)，其速度可达到声速的 7～8 倍，是一架无人驾驶的飞行器，也是当时世界上速度最快的飞行器，其外形类似一个滑板。X－43 使用独特的超声速燃烧冲压发动机进行高超声速飞行。

图 1－11　X－43 高超声速飞行器

3. 进入太空的飞行器

2021 年 7 月 11 日，英国人理查德·布兰森和另外五名机组成员乘坐维珍银河公司的团结号航天飞船(见图 1－12)到达太空边缘并返航。该飞船由一架母舰搭载一架小型太空飞机组成，小型太空飞机在 15 000 m 的高空脱离母舰，依靠火箭动力飞往太空边缘，飞行高度达到 86 km，最大飞行速度可达 4 000 km/h(马赫数约为 3.27)，机组人员经历了约 4 min 的失重状态。

图 1－12　团结号航天飞船

1.1.5　未来军用飞行器的发展

通常认为新一代军用飞机应该具备隐身、发动机在非加力状态的超声速巡航、超机动性三项主要特征，然而单凭飞机的技术性能来确定一架飞机属于哪一代的时代已经过去了。研制新一代军用飞机所要解决的主要问题，已逐渐从气动力和发动机研制领域拓展到机载无线电电子设备领域。未来军用飞行器的发展趋势综合分析如下。

1. 高超声速持续巡航

下一代战斗机的飞行速度将会达到 $Ma=5$，为满足全球作战的观念，还应具有持续巡航的能力，这对飞机的气动布局以及发动机提出了新的要求。新型气动布局主要包括自适应变形布局以及飞翼布局。对于飞机发动机来说，还应研制质量较轻的大功率变循环发动机，运用陶瓷等先进材料减轻发动机的质量，提高发动机风扇的转速并提高其核心部件的耐高温能力。涡扇/涡喷变循环发动机则可提高飞机的航程以及巡航时间。

2. 超隐身能力

未来，原先依靠外形设计降低可观测性能的隐身技术可能面临严重的挑战，而超隐身性能需要战斗机全频全向隐身。超材料以及纳米材料的应用，可使雷达电波流过材料扩散至其他方向而不会发散；此外，还可以促使结构设计技术和流动控制技术的变革，大幅度提高飞机的升阻比以及减轻结构质量。

3. 机载定向能武器技术

空空导弹的发展已经接近极限，导弹很难突破 $Ma=10$ 的飞行速度，而且挂载空空导弹不利于战斗机的隐身。先进的激光武器不仅可以拦截弹道导弹，而且还可以对地攻击。定向能武器、激光武器或微波武器可能改变未来空战的面貌。

4. 新一代数据链技术

为确保空中、空天优势，帮助实现信息优势和适应网络中心战、提高智能化水平，新一代的数据链技术必须安全、保密、高速，抗干扰能力强且通用性好，可以接收预警平台的信息，指挥控制无人机并与其协同作战，也可以用类似云计算的方式与己方机群共享信息，对敌机发动最有效率的攻击。

5. 大功率雷达

所有有效攻击都是建立在能够对敌方目标进行侦察探测的基础上，因此必须拥有大功率的雷达。氮化镓材料的雷达功率放大器，可使在同等功率下的雷达天线体积大大缩小，此外，还可以提高战斗机的隐身性能。

6. 光传操纵系统

通过电缆传播电信号操纵飞机，容易受到电磁干扰；用光纤代替电缆传播操纵信号，不仅可以大大减轻操纵系统的质量，还可以使操纵信号不受电磁脉冲攻击的影响。未来空战中如果使用电磁脉冲弹，对方战斗机和导弹将丧失攻击能力，而光传操纵系统则可以有效对抗电磁干扰。

7. 战斗机无人化

人类已经从机械化战争进入信息化战争，战斗机的每一次更新换代必然会导致其作战能力质的飞跃。由于人的因素限制，战斗机无法在机动能力、超声速巡航能力等领域进一步提升，而战斗机无人化则可以突破人的限制，使作战能力提升。

1.2 中国航空事业发展历程

中国古代在航空方面曾有过不少成就，但长期封建专制的统治和闭关自守的政策阻碍了科技的发展，因此，中国的航空事业曾一度处于落后状态。

近代以来，不少有识之士也研制过气球、飞艇和飞机，并且有一定的先进水平，但由于历史原因，未能得到应有的发展。

“中华民国”成立后，西方航空技术传入，各地军阀纷纷购置外国飞机筹建自己的空军，航校和修理厂也应运而生。

中国航空事业的蓬勃发展是从新中国成立之后开始的。新中国的航空工业是在飞机维修的基础上建立的。从维修到仿制，从仿制到自行设计制造初级教练机再到研制超声速战斗机，从只能制造农业飞机到具备了制造大型客机的能力，新中国的航空工业从无到有，从小到大，已经取得了可以称得上辉煌的成就。

新中国成立之初，中国航空工业只有一些设备陈旧、规模很小、厂房也很简陋的修理厂。直至 1952 年，才开始成批维修飞机、发动机和机载设备，这同时为尽快由维修过渡到制造做准备。在从维修向仿制过渡的过程中，随着苏联专家陆续到厂，各主机厂以及相继建设的机载设备厂的管理体制开始按照苏联的模式实施。

1954 年 9 月 28 日，新华社播发了新闻，向全国、全世界宣布中国自主制造的初教－5 型飞机试制成功。初教－5 型飞机在当年就生产了 10 架，翌年交付空军 60 架，到 1958 年共生产 379 架。初教－5 的研制、生产和交付使用，标志着中国航空工业由维修开始走向制造。

1956 年 7 月 13 日，全部用自制零件组装的第一架歼－5F 型飞机完成总装。1956 年 9 月 9 日，《人民日报》向世界宣告中国成功试制新型喷气式飞机，跃入了喷气机时代。至当年 9 月 15 日，制造出 4 架歼－5F 型飞机，这 4 架飞机在 1956 年国庆大典时飞越天安门广场，接受国家领导人的检阅。至 1959 年下半年停产，歼－5F 型飞机共生产了 767 架，这有力地支援了人民空军的建设。

1959 年 4 月，中国第一架超声速歼击机歼－6 型研制成功，1963 年 12 月正式转入成批生产，这结束了我国航空工业连续几年制造不出优质歼击机的被动局面。

新中国自行设计喷气式飞机和发动机开始于 1956 年，第一架机型是高亚声速喷气式歼击教练机，该机型的研发是新中国自行设计喷气式飞机的开端。该机型命名为歼教－1。歼教－1 型飞机的设计和制造是成功的，但是由于空军飞行训练体制发生变化，它没有走完试制的全过程。不过，通过该机型的设计、制造、试飞，工程人员积累了经验，并培养了新中国第一代飞机、发动机设计人才。继歼教－1 型飞机之后，又开始自行设计初教－6 型螺旋桨初级教练机。初教－6 型飞机是新中国自行设计并批量生产的第一种飞机。至 1990 年，初教－6 型飞机共生产近2 000架，除交付空军、海军航空兵部队、航空学校、中国民航使用外，还支援了一些国家。初教-6型飞机在中国航空史上占有重要的一页。

1958年8月，空军提出超声速强击机的需求。我国自行设计的强击机命名为“雄鹰-302”，之后统一命名为强-5。它吸收了歼-6型歼击机的某些长处，继承了其合理部分，同时借鉴了西方国家同类飞机的某些优点，并加上了自己的创造。该机机身和机翼上都有悬挂点，可携挂炸弹、火箭等对地攻击武器。1965年6月1日，第一架强-5型飞机升空，同年年底投入试生产。1969年，根据空军在使用中发现的问题，研制团队对强-5型飞机进行了改进，填补了中国超声速喷气式强击机的空白。之后，该机又经过多次改型，形成了强-5型飞机系列。

1966年1月17日，首架歼-7型飞机升空，1967年6月投入成批生产。该机试制周期只有2年零4个月，这标志着中国战斗机和航空发动机制造技术和原材料基础工业都提高到了一个新水平。1968年12月24日，我国自行制造的装配大推力发动机的轰-6甲型轰炸机升空。这是新中国航空史上的一项重大成果。飞行试验证明该机各系统工作正常，发动机工作状态良好，飞机具有良好的操纵性和稳定性，主要性能均符合设计要求。轰-6甲型轰炸机进行了多种改进和改型工作，满足了空军和海军航空兵不同用途的要求。1964年10月25日，航空研究院确定要研制比歼-7飞机飞得更高、飞得更快、留空时间更长、看得更远、火力更强的歼击机，并将其命名为歼-8型歼击机。1966年底，设计人员研发出了全套图纸。1968年7月首批两架歼-8型飞机总装完毕。1969年7月5日歼-8型飞机首飞成功。

我国自行研制的歼教-1、歼-6、强-5、歼-7和歼-8等机型(见图1-13)的相继成功，标志着新中国的航空工业已从仿制走上了自行设计研制的道路。

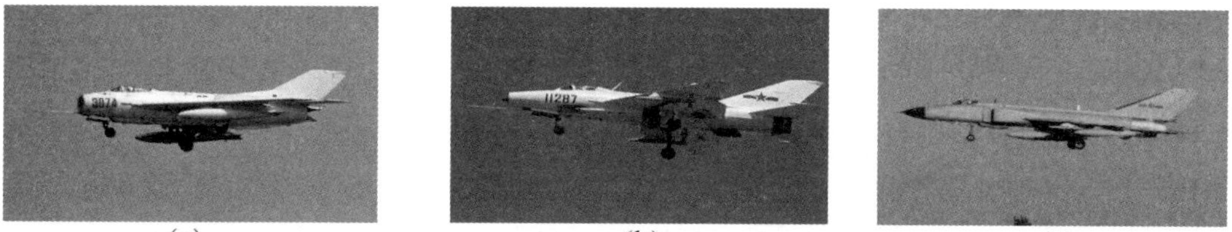

(a)　　(b)　　(c)

图1-13　我国自行研制的歼-6、歼-7、歼-8

(a)歼-6；(b)歼-7；(c)歼-8

1992年，由中国洪都工业集团与巴基斯坦航空综合公司联合研制的K-8型飞机飞出国门，这标志着新中国航空工业军用飞机的出口也上了一个台阶。至本书成稿为止，中国航空工业累计生产飞机和直升机20 000多架，各型航空发动机60 000余台，导弹20 000多枚，出口和援赠飞机2 400多架，研制出了一批具有自主知识产权、与世界发达国家在役飞机性能相当的航空装备，使中国跻身于能够研制先进战斗机、战斗轰炸机、直升机、教练机、特种飞机等多种航空装备的少数几个国家之列。新型航空武器设备已成为保卫中国领空、领海的威慑力量，在中国举行的多次三军联合演习中搏击海天，威震四方。在2019年10月1日中华人民共和国70周年大阅兵中，空中梯队再次采取了空军、海军和陆军航空兵混合编组受阅方式。陆军航空兵的直-20、空军歼击航空兵的歼-20隐身战斗机、运-20大型运输机共同开启了我军空中作战力量的“20时代”。歼-20隐身战斗机、运-20运输机、轰-6系列远程轰炸机、歼-15舰载战斗机等新型空战平台(见图1-14)，共同构筑了我军远程机动空中作战能力和战略机动投送能力，全面展示了新中国成立以来，特别是改革开放以来中国航空工业所取得的巨大成就。

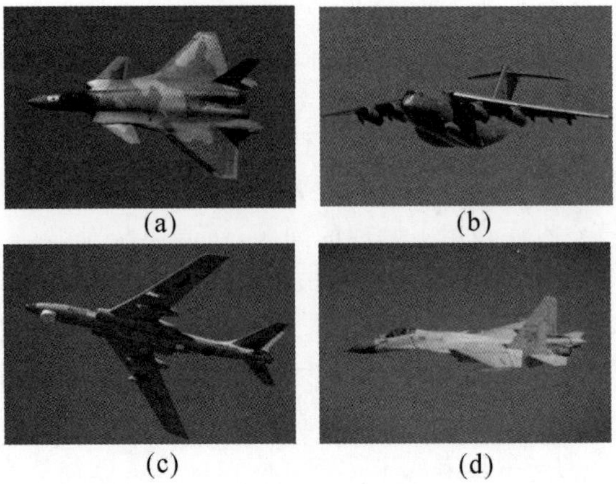

图 1-14　中国具有远程机动空中作战能力的歼-20、运-20、轰-6、歼-15

(a)歼-20；(b)运-20；(c)轰-6；(d)歼-15

1.3　航空军用飞行器的分类

本书只涉及军用飞行器中的固定翼飞机和固定翼飞机挂载的飞行器，其中固定翼飞机挂载的飞行器以攻击空中目标的空空导弹为研究重点。

1.3.1　军用飞机分类

1. 歼击机

歼击机又称战斗机，主要任务是与敌方歼击机空战，夺取制空权，或将入侵敌机驱逐出境；其次是拦截敌轰炸机及巡航导弹，保卫重要城市和目标。目前各国先进的歼击机有中国的歼-20、歼-16(见图 1-15)等，美国的 F-22(见图 1-16)、F-35，俄罗斯的苏-57、苏-35，欧洲的 EF-2000“台风”战机等。

图 1-15　中国歼-16

图 1-16　美国 F-22

2. 歼击轰炸机

歼击轰炸机以攻击地面目标为主，兼有空战能力。部分歼击轰炸机是由歼击机改装而成的。典型的歼击轰炸机有中国的歼轰-7(见图 1-17)，美国的 F-15E、F/A-18E/F，俄罗斯的苏-34(见图 1-18)、苏-30，法国的“阵风”，等等。

图1-17　中国歼轰-7

图1-18　俄罗斯苏-34

3. 强击机

强击机是专用于低空或超低空(300 m以下)攻击地面小型活动目标，直接支援地面部队作战的轻型飞机，又称为攻击机或近距空中支援机。强击机低空作战时，易遭受地面炮火袭击，故在其要害部位的下表面都装有防弹装甲。强击机要具有良好的低空操纵性能和强大的对地攻击武器，先进的强击机还装有地形跟随系统，可自动跟随地形起伏和回避高山飞行。典型机型有中国的强-5(见图1-19)、强-6，美国的A-10(见图1-20)和俄罗斯的苏-25。

图1-19　中国强-5

图1-20　美国A-10

4. 轰炸机

轰炸机分为战略轰炸机和战术轰炸机两种。战略轰炸机用于深入敌后，对重要军事基地和政治、经济、交通中心等目标实施战略轰炸，该机种载弹量大、航程远、威胁大，按航程大小分为中程战略轰炸机和远程战略轰炸机两种。前者航程为3 000～6 000 km，载弹量为5～10 t，如美国的F-111，俄罗斯的图-22，中国的轰-6系列(见图1-21)属于此类；后者航程超过7 000 km，载弹量在10 t以上，如美国的B-1、B-2(见图1-22)，俄罗斯的图-26"海盗旗"等。战术轰炸机主要用于配合地面部队，对敌方供应线和前沿阵地实施战术轰炸。该类型轰炸机载弹量为3～5 t，航程小于3 000 km，中国的轰-5和美国的B-57皆属此类。

图1-21　中国轰-6

图1-22　美国B-2

5. 军用运输机

军用运输机是用于军事空运、空投和空降的运输飞机，它可以快速空运兵员、武器装备和军用物资到达前沿阵地，也可以在敌后空降伞兵，空投武器。因此，它对提高部队作战机动性和加强应变能力具有重要作用。大型军用运输机，可装运大型军事设备，如坦克、大炮、战略导弹、直升机、飞机大部件，还可以驮运航天飞机。军用运输机与民用运输机不同，它尾部上翘，后部开有大货舱门，车辆可直接开入机舱，如中国的运-20(见图-23)，乌克兰的安-225，俄罗斯的安-124、安-22 重型军用运输机，美国的 C-5 银河运输机、C-17 环球空中霸王-Ⅲ(见图 1-24)。

图 1-23　中国运-20

图 1-24　美国 C-17

6. 教练机

教练机是用来训练驾驶员的飞机，座舱内至少有学员和教练两个座位和两台相连的操纵系统，可分为初级、中级和高级教练机，如中国的 L-15“猎鹰”高级教练机(见图 1-25)、K-8 高级教练机，英国的 MK1 鹰式高级教练机，美国的 T45 高级教练机，韩国的 T-50 高级教练机，意大利的 M346 高级教练机(见图 1-26)，等等。

图 1-25　中国 L-15“猎鹰”高级教练机

图 1-26　意大利 M346 高级教练机

7. 侦察机

专用于侦察和搜索敌方军事情报的飞机称为侦察机。它包括有人驾驶和无人驾驶两类，有战术与战略侦察机之分。战术侦察机都是由歼击机改装的，如中国的歼侦-8F(见图 1-27)、美国的 RF-4C、俄罗斯的雅克-25P 等；战略侦察机以高度高、航程远、速度大为实施侦察的特点，如美国的 SR-71(见图 1-28)、俄罗斯的米格-25P、法国的幻影Ⅳ等。

图1-27　中国歼侦-8F

图1-28　美国SR-71

8.反潜机

反潜机是用于搜索和攻击潜水艇的轰炸机或直升机。反潜机装有反潜鱼雷、深水炸弹、空对地导弹、水雷等武器，执行任务以攻舰、反潜作战为主，兼顾海上布雷、侦察、救护和运输等多种任务，如中国的“高新”6号反潜机（见图1-29），美国的波音P-8“海神”反潜机（见图1-30）等等。

图1-29　中国“高新”6号反潜机

图1-30　美国波音P-8“海神”反潜机

9.预警机

预警机是用于搜索和监视空中或海上目标的飞机。预警机上装有远程搜索雷达，可在高空搜索远距离或敌后目标，特别是对地面雷达站无法发现的低空飞行目标，可提前发出警报，还可作为空中指挥中心，引导和指挥己方歼击机对敌方目标进行拦截和攻击。预警机机身上部常驮有一个圆盘，内装预警雷达天线，如我国的空警-2000（见图1-31）、空警-200，美国的E-2、E-3（见图1-32），俄罗斯的图-126，等等，都采用这种形式；而英国的“猎迷”预警机，则采用一对雷达天线，分别装在机头和机尾的两个大包内。

图1-31　中国空警-2000

图1-32　美国E-3

10.电子干扰机

电子干扰机是携带电子干扰设备，对敌方的雷达和通信系统进行干扰的飞机。它需要执行远距离干扰、突防护航和近距离支援任务，通过电子干扰使敌方防空和指挥失效，掩护己方攻击机突防和实施攻击，如中国的运-8电子干扰机（见图1-33）、美国的EA-18G电子干扰机（见图1-34）等。

图1-33　中国运-8电子干扰机

图1-34　美国EA-18G电子干扰机

11.舰载飞机

舰载飞机是能在航空母舰上起落、存放的一种飞机，如中国的歼-15舰载飞机（见图1-35）、美国的F-35C舰载飞机（见图1-36）等。舰载飞机的主要任务是为舰队护航、夺取制海权和制空权，并以母舰为基地攻击海、陆军事目标。由于航空母舰可以跨海越洋航行，因此舰载飞机的活动范围也随之扩大，弥补了其航程短、作战半径小的缺陷。

图1-35　中国歼-15舰载飞机

图1-36　美国F-35C舰载飞机

12.空中加油机

空中加油机用于对空中正在飞行的飞机进行补充加油，以增加其航程和续航时间，如中国的轰油-6空中加油机（见图1-37）、美国的KC-135空中加油机（见图1-38）等。空中加油机常由运输机改装而成，装有软式输油管，末端有锥套插头，受油机的受油口与之对接，也有空中加油机利用硬式伸缩杆对准受油机受油口输油。

图1-37　中国轰油-6空中加油机

图1-38　美国KC-135空中加油机

13.垂直起落机

垂直起落机是利用发动机喷口转向或机身转向来实现垂直起落的飞机。垂直起落机/攻击机通过喷口转向，向下喷气，产生垂直推力而起飞，如英国的海鹞垂直起落机（见图1-39）、俄罗斯的雅克-36垂直起落机（见图1-40）。

图1-39　英国海鹞垂直起落机

图1-40　俄罗斯雅克-36垂直起落机

1.3.2　航空机载武器弹药分类

航空武器系统由航空器（武器的载机，如飞机、直升机等）和机载武器系统组成。整个航空武器系统的效能（作战能力）取决于航空器的性能和机载武器系统的完善程度。

机载武器系统则是由军用航空器的武器弹药、火力控制系统、安装（悬挂）装置及各种辅助装置构成的综合系统，其作用是杀伤和摧毁空中、地面、水面、水下的各种目标。现代机载武器系统的组成如图1-41所示。

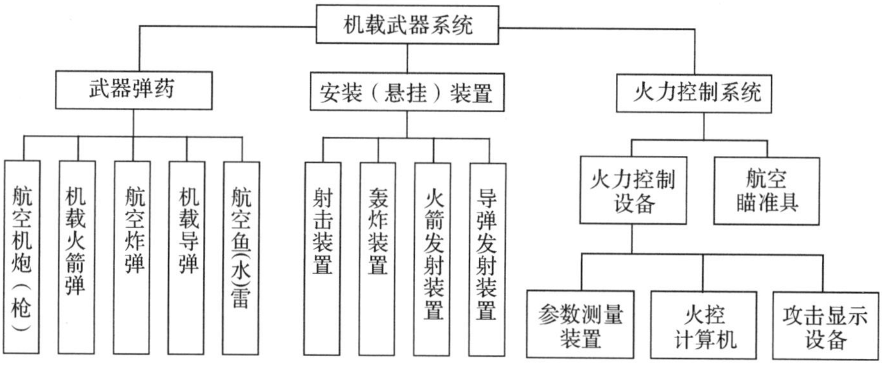

图1-41　现代机载武器系统的组成

航空机载武器弹药的分类如下。

1. 航空机炮

航空机炮（枪）是安装在航空器上能自动连续发射弹丸的射击武器，简称航炮。航空机炮的口径多为20 mm，23 mm，30 mm，可装备在各种航空器上。

2. 机载火箭弹

机载火箭弹是从航空器上发射，以固体火箭发动机推进的无制导武器。机载火箭弹出现于20世纪30年代中期，第二次世界大战后成为航空器的标准武器之一，主要用于歼击轰炸机武装和直升机，攻击坦克等地面目标。

3. 航空炸弹

航空炸弹是由航空器投掷的无动力轰炸武器，它是歼击轰炸机配备的主要武器。

航空炸弹有多种分类方法：按口径大小，可分为小口径炸弹、中口径炸弹、大口径炸弹；按填充物不同，又分为装普通炸药的常规炸弹，装填非爆炸物的辅助炸弹（如照明弹、照相弹、教练弹、烟幕弹、宣传弹），装特种装填物的非常规炸弹（如毒气弹、细菌弹、核炸弹）；按有无制导装置，可分为制导炸弹和非制导炸弹；按爆炸时机分为触发炸弹、定时炸弹、空投地雷；按空气动力特性分为高阻（力）炸弹、减速炸弹和低阻（力）炸弹；按战术功能又分为主要用途炸弹（如爆破弹、杀伤弹、穿甲弹、深水炸弹、化学弹、反跑道炸弹、子母弹以及核炸弹）、辅助用途炸弹（如照明弹、照相弹、烟幕弹、标志弹和各种教练弹）等。

4. 机载导弹

机载导弹是由战斗机投掷的制导武器（见图 1－42），它是靠发动机推进并依靠制导和控制系统来控制飞行轨迹的火箭武器或无人驾驶飞机式的武器，其任务是将炸药弹头或核弹头送到打击目标并引爆而摧毁目标。

图 1－42　战斗机发射空空导弹

机载导弹按攻击目标的位置分类，可分为空对空导弹和空对面导弹。

（1）空对空导弹：从航空器上发射，攻击空中目标的一类导弹，简称空空导弹。

按射程大小来分类，空空导弹可分为近距、中距和远距导弹；按导引方式来分类，空空导弹可分为红外型和雷达型导弹。

（2）空对面导弹：从空中发射，用来攻击地面、海上固定或低速移动目标的一类导弹，简称空面导弹。

根据攻击目标的性质不同，空面导弹分为战略性和战术性两种。战略性空面导弹包括攻击型和诱饵（惑）型。战略攻击型空面导弹常携带核弹头，由战略轰炸机携带，为远程导弹。诱饵导弹的作用是将敌方防空火力引向自身，让载机安全完成任务。战术性空面导弹由强击机、武装直升机、歼击轰炸机携带，主要用于空中支援，攻击坦克、装甲车、舰艇等目标。

1.3.3　空空导弹分类及其发展

空空导弹的“雏形”出现于第二次世界大战时的德国。1944 年德国研制出了世界上第一型空空导弹 X－4。1946 年，美国海军军械测试站的麦克·利恩博士研制了一种“寻热火箭”，1949 年 11 月，他设计出了红外导引头的核心——红外探测器。以此为基础，美国在 1953 年研制出了著名的第一种红外型精确制导导弹——“响尾蛇”空空导弹，开创了精确制导武器的先河。

随着空中目标性能的不断提高，空战战术的不断发展以及各种新理论、新技术、新材料在空空导弹设计制造中的不断应用，空空导弹技术获得了迅速的发展，空空导弹由最初制导方式单一的近距导弹发展到现在的制导方式多样化，远、中、近距系列化和海、陆、空三军通用化的空空导弹家族，已经成为世界各国的主要空战武器。

下面按空空导弹的射程大小介绍空空导弹的分类，按空空导弹的导引方式介绍空空导弹的发展历程。

1. 空空导弹的分类

按射程大小，空空导弹分为近距、中距和远距三种。近距空空导弹的发射距离一般在20 km以内，主要用于视距内空战。近距空空导弹更加关注导弹的机动、快速响应、大离轴发射以及尺寸、质量、抗干扰能力等性能，一般采用红外制导体制，如中国的PL－9C空空导弹(见图1－43)、俄罗斯的R－73空空导弹、美国的AIM－9X空空导弹(见图1－44)等。

图1－43　中国PL－9C空空导弹

图1－44　美国AIM－9X空空导弹

中距空空导弹的射程一般为20～100 km，用于视距外拦截。它更关注导弹的发射距离、全天候使用性能、多目标攻击性能、抗干扰能力等。先进的中距拦射型空空导弹常常采用复合制导方式来扩大攻击距离，其中，中制导采用惯性制导加数据链修正，末制导一般采用主动雷达制导。比较典型的中距空空导弹有中国的PL－12空空导弹(见图1－45)、美国的AIM－120空空导弹(见图1－46)和俄罗斯的R－77空空导弹等。

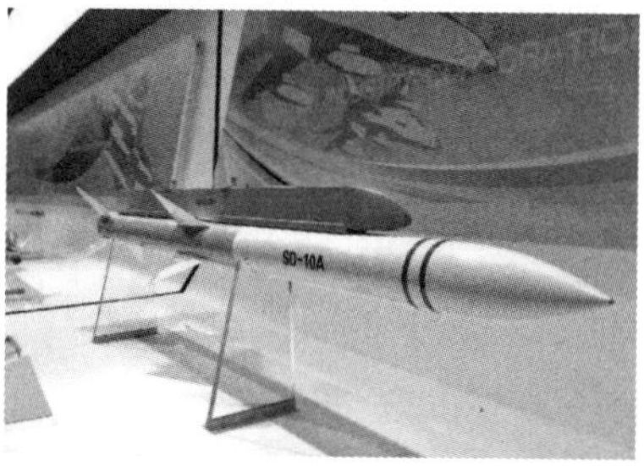

图1－45　中国PL－12空空导弹

图1－46　美国AIM－120空空导弹

远距空空导弹的发射距离可达到100 km以上，如美国的AIM－54远距空空导弹(见图1－47)和俄罗斯KS－172远距空空导弹(见图1－48)，其攻击对象主要是加油机、预警机、电子战飞机等高价值目标。

图 1－47　美国的 AIM－54 远距空空导弹

图 1－48　俄罗斯 KS－172 远距空空导弹

2.空空导弹的发展历程

按导引方式分，空空导弹可分为红外型空空导弹和雷达型空空导弹，半个世纪以来它们的发展都已经历经四代。

(1)红外型空空导弹发展历程。红外型空空导弹具有体积小、质量轻、适应性强、维护和使用方便等特点，不需要复杂的雷达火控系统配合，可以装备小型廉价的战斗机，正因如此，红外型空空导弹自问世以来经久不衰。

第一代红外型空空导弹采用敏感近红外波段的非制冷单元硫化铅光敏元件，信息处理系统采用单元调制盘式调幅系统，由于导弹探测能力、抗干扰能力、跟踪角速度、射程以及机动能力有限，导弹只能以尾后追击的方式攻击亚声速飞行的轰炸机。第一代红外型空空导弹的典型代表有美国的 AIM－9B、苏联的 R－3 等。

第二代红外型空空导弹开始采用制冷硫化铅或制冷锑化铟探测器，其敏感波段延伸至中红外，信息处理系统有单元调制盘式调幅系统和调频系统，导弹探测灵敏度和跟踪能力较第一代红外型空空导弹有了提高，导弹可以从尾后稍宽的范围内攻击超声速飞行的轰炸机和早期的战斗机等目标。第二代空空导弹的典型代表有美国的 AIM－9D、法国的 R－530 以及苏联的 R－80 等。

第三代红外型空空导弹采用高灵敏度的制冷锑化铟探测器，其信息处理系统有单元调制盘调幅系统或调频调幅系统，导弹探测灵敏度和跟踪能力较第二代红外型空空导弹有较大提高，导弹可以从前向攻击大机动目标，导弹的位标器能够和飞机的雷达、头盔随动，能够离轴发射，方便飞行员捕获目标，为空空导弹的战术使用提供了便利。第三代空空导弹的典型代表有美国的 AIM－9L、法国的 R－550Ⅱ、苏联的 R－73 和中国的 PL－8 等。

第四代红外型空空导弹主要针对近距格斗和抗前红外干扰的作战需求进行设计，采用了红外成像制导、小型捷联惯导、气动力/推力矢量复合控制以及“干净”弹身设计等新技术，可以有效攻击载机前方±90°范围内的大机动目标，做到“看见即发射”，并且具有发射后截获的能力，甚至可以实现“越肩”发射，降低载机格斗时的占位要求，同时具有优异的抗干扰能力。第四代红外型空空导弹的典型代表主要有美国的 AIM－9X、英国的 ASRAAM、以德国为主多国联合研制的 IRIS－T 等。

(2)雷达型空空导弹发展历程 。雷达型空空导弹的基本特征是采用雷达导引系统,依靠接收空中目标自身辐射或反射的无线电波,对其进行信号处理,从而获取导弹制导误差信息,引导导弹飞向目标。

第一代雷达型空空导弹采用雷达架束制导,导弹只能以尾后追击方式攻击亚声速小机动飞行的轰炸机目标,导弹的射程在3.5～8 km。第一代雷达型空空导弹的典型代表有美国的"猎鹰"AIM-4、苏联的"碱"PC-1Y等。这一代雷达型空空导弹机动能力差,抗干扰能力差,很快被第二代雷达型空空导弹取代。

第二代雷达型空空导弹采用圆锥扫描式连续波半主动制导,导弹可以尾追攻击和前方上视拦截有一定机动能力的目标,导弹的射程超过20 km,最大飞行马赫数达到3,但导弹低空下视能力差。美国的"麻雀"AIM-7E、苏联的"灰" P-80是第二代雷达型空空导弹的典型代表。

第三代雷达型空空导弹采用了单脉冲半主动导引头,能够全天候、全方位、全高度攻击大机动目标,下视下射能力也有所提高,导弹的最大发射距离可达40 ～ 50 km。半主动的制导体制要求载机发射导弹后机载雷达必须一直照射目标,直至导弹命中目标,因而存在载机脱离距离近、生存能力低等不足,而且半主动制导体制也无法实现多目标攻击和远距离攻击。第三代雷达型中距空空导弹的典型代表有美国的"麻雀"AIM-7F、俄罗斯的R-27和中国的PL-11等。

第四代雷达型空空导弹的主要特点是:采用了数据链修正+惯性中制导+主动雷达末制导的复合制导体制,具有发射后不管和多目标攻击的能力;采用高性能固体火箭发动机作为动力装置,从而使导弹的射程更远、速度更快,导弹的射程超过70 km,最大飞行马赫数达到5;采用制导/控制/引战系统一体化的设计技术,提高了导弹对各类目标的毁伤效率;采用先进的抗干扰技术,提高了导弹在强电子干扰环境下的作战能力。第四代雷达型空空导弹的典型代表主要有美国的AIM-120C、法国的MICA-EM、俄罗斯的R-77和中国的PL-12等。

3.未来空空导弹发展趋势

随着各种高新技术的发展,未来空战环境将更加恶劣,作战目标更加多样,各种光电、电磁等新型干扰手段不断出现,空空导弹的发展必须与作战需求相适应,与技术发展水平相匹配,才能在未来空战保证空中优势。未来空空导弹的发展趋势有以下几点特征:

(1)反隐身。隐身能力是第四代战斗机的典型特征,无人作战飞机和巡航导弹的雷达截面积(radar cross-section,RCS)也较小。由于空军对轰炸机和运输机采取了隐身措施,所以未来空空导弹必须具有较强的反隐身能力。

(2)增射程。为了在空战中做到"三先"原则,即先敌发现、先敌发射和先敌杀伤,空空导弹的射程范围必须进一步扩大,远距空空导弹的射程达到400 km以上,中距增程型空空导弹的射程应不低于200 km。

(3)网络化。制导信息的来源从单平台向网络化过渡,空空导弹需要具备网络信息获取和网络制导能力,综合利用卫星、预警机、地面雷达和机载雷达等提供的目标信息。

(4)多用途。隐身飞机受内埋武器舱尺寸的限制,内埋挂装的导弹数量有限,装备具有空空作战和空地反辐射打击双重用途的导弹,可以有效提高飞机的作战能力。

(5)抗干扰。作战飞机广泛采用光电、电磁以及各种综合干扰手段,可以实施全频段、大功率干扰,干扰方式多样化和智能化,并且各种组合干扰、新型干扰(拖曳式诱饵干扰、伴飞干扰、激光干扰等)不断出现,空空导弹只有进一步增强抗干扰能力,才能在未来复杂干扰环境下有效发挥作用。

(6)小型化。为了适应第四代战斗机和无人作战飞机高密度内埋挂装要求,提高载机作战效能,空空导弹在增加射程的同时,还要进一步减小尺寸。

(7)拓范围。未来战场呈现出空天融合、大纵深、深尺度的趋势,作战空间向临近空间乃至外层空间延伸。对临近空间飞行器类目标,现有的空空导弹攻击能力还不足甚至无法使用,需要发展新型的临近空间机载导弹。

第 2 章　飞机的飞行原理

2.1　空气动力学简单介绍

2.1.1　空气的性质

一、大气层

除了宇宙航行的飞行器外，所有的飞机和战术导弹以及弹丸都在空气中飞行。本节先讨论空气的性质。

地球的半径约为 6 370 km，我们把包围在地球外表的那一层空气叫作大气层，它可以分为五层(见图 2－1)。

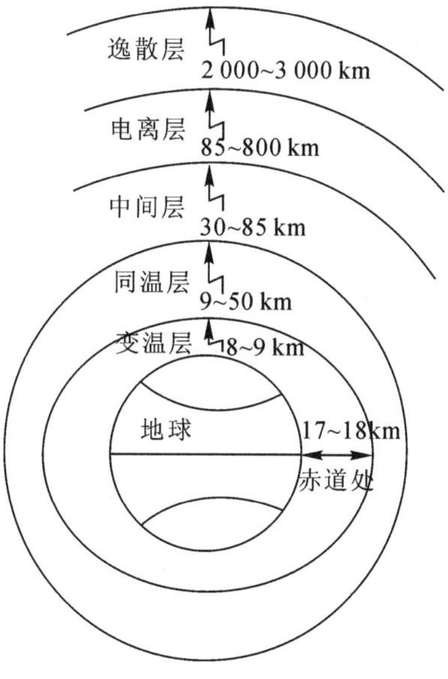

图 2－1　地球大气的分层

从地球表面往高处数，大气层分层如下。

1. 变温层

变温层又称对流层，它离地面的高度，在两极为 8～9 km，在赤道为 17～18 km，在中纬度的平均高度约为 11 km。这层大气有以下特点：

(1)对流层的高度是随地面温度的高低而变化的，因此同一地区早、中、晚，以及夏季、冬季，它的厚度是变化的。空气的温度随海拔高度的增加而降低，平均每增高 100 m，气温降低 0.65 ℃；同时，气压随高度的增加而降低。这层气体温度的变化，是因为气体很少能直接吸收太阳照射的热能，而是依靠地面吸收太阳热能进而被加热的，所以离地面越近，气温越高，离地面越远，气温越低，这层空气约占空气总质量的 3/4。

(2)含有大量的水蒸气及其他灰尘微粒，因而有云、雨、雪、雹、风等气象变化。

(3)地面情况不同以及地形的不同，造成垂直方向或水平方向的风。例如，由于沙漠吸热多、散热快，当沙漠上空的空气被加热，温度高而膨胀上升时，四周的冷空气就流过来补充，因此造成水平方向和垂直方向的风。另外，水平风遇到山峰就会转折成为垂直风。此外，海洋、森林、湖泊、草地等地面情况的不同也是风产生的原因。风对飞行器的飞行也会产生一定的影响。

2. 同温层

同温层也称平流层，它位于变温层之上，最高处距离地面约 50 km，该层大气的特点如下：

(1)温度大致相等，为－56.5℃左右，但赤道上空的气温高于两极上空的气温。

(2)几乎不存在水蒸气，因而没有云、雾、雨、雪等现象。

(3)该层空气没有上下对流，只有水平方向的风，因此又叫平流层。因地球自西向东自转，下层空气通过摩擦作用而跟着地球自转，并通过摩擦作用带动上层空气，所以空气越高越稀薄，摩擦作用也越来越小，从而该层空气中形成与地球自转方向相反的风。

(4)同温层中的空气约占空气总质量的 1/4。

在对流层与同温层之间有一段过渡层，叫“亚同温层”，其厚度约为 1 km，但并没有明显的边界。

3. 中间层

同温层之上是中间层，其顶端高度约为 85 km。该层空气的质量约占空气总质量的 1/3 000。

4. 电离层

电离层的顶端高度约为 800 km。该层气体的特点是温度随高度增加而增加，例如在 200 km 高空，气温约为 400℃。这里的气体由于压强很低而大量电离成带正或负电荷的离子，因此称为电离层。

5. 逸散层

电离层以外的空气叫作逸散层，该层气体已经很稀薄了。但是根据人造卫星的探测数据推算，可以认为在 2 000～3 000 km 高空仍有空气分子存在，也就是说逸散层一直延伸到这一高度。

二、国际标准大气和大气的物理性质

我们所熟知的飞行器和弹丸，大都在对流层和平流层内飞行，这两层空气占总空气质量的绝大多数。前面说过，空气的压强、温度和高度有密切的关系，国际上规定了空气的标准值。

理想气体(指干燥空气)在海平面上的压强为 p_{ON}，即

$$p_{ON}=10\ 332\ \text{kgf}^{①}/\text{m}^2=1.013\ 25\times10^5\ \text{Pa}$$

① 1 kgf≈9.807 N。

p_{ON} 也称为一个大气压强(下标 ON 表示零高度上的标准值)。

海平面上的空气温度 t_{ON} 为

$$t_{ON}=15^{\circ}\mathrm{C}=(273+15)\ \mathrm{K}=288\ \mathrm{K}$$

式中,K 称为开氏温度单位或称绝对温度单位。

理想气体遵守气体状态方程式(本书为便于使用现有的弹道手册,公式仍用工程单位表示)

$$pV=RT \tag{2-1}$$

式中　p ——压强(Pa);

T ——绝对温度(K);

V ——比容($\mathrm{m^3/kg}$);

R ——气体常数,$R=29.27\ \mathrm{m/K}$。

若以比容 V 等于比重 γ 的倒数,而比重 γ 等于质量密度 ρ 乘以重力加速度 g,代入式(2-1)得

$$\frac{p}{\rho g}=RT \tag{2-2a}$$

或

$$\rho=\frac{p}{gRT} \tag{2-2b}$$

再把海平面上的气体参数代入式(2-2b),可得海平面的气体质量密度 ρ_{ON} 值为

$$\rho_{ON}=\frac{p_{ON}}{gRT_{ON}}=0.125\ \mathrm{kg\cdot s^2/m^4}$$

则比重为

$$\gamma_{ON}=\rho_{ON}g=1.225\ \mathrm{kg/m^3}$$

三、声速公式

扰动的传播通常是一个非定常的过程。假定在未扰动的静止空气中,气流的参数为 p,ρ,T,且速度为零;经过扰动之后,气流参数相应地变为 $p+\Delta p$,$\rho+\Delta\rho$,$T+\Delta T$,速度为 Δv。扰动波以速度 v 向前传播[见图 2-2(a)]。为了便于分析,利用相对性原理作下述转换,即假定扰动波不动,未扰动空气以速度 u 流向扰动波,而受过扰动的空气则以速度 $u-\Delta u$ 向波后流去[见图 2-2(b)]。

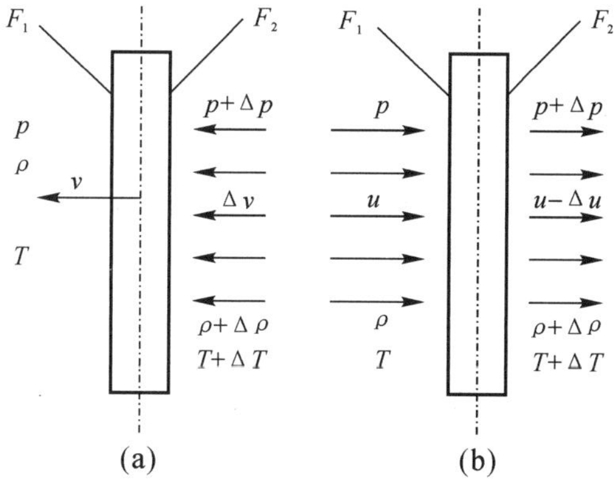

图 2-2　扰动传播

为了得到扰动波传播速度的表达式,沿流管在扰动波前后取两个无限靠近的切面 $F_1=F_2=F$。根据动量定理,有

$$(\rho+\Delta\rho)(u-\Delta u)F(u-\Delta u)-\rho uFu=pF-(p+\Delta p)F$$

由连续方程可知

$$(\rho+\Delta\rho)(u-\Delta u)F=\rho uF$$

则由以上两式可得

$$\rho u\Delta u=\Delta p \tag{2-3}$$

由连续方程还可得

$$(\rho+\Delta\rho)(u-\Delta u)=\rho u+\Delta\rho u-(\rho+\Delta\rho)\Delta u=\rho u$$

即

$$\Delta u=\frac{\Delta\rho}{\rho+\Delta\rho}u$$

代入式(2-3),有

$$\rho\frac{\Delta\rho}{\rho+\Delta\rho}u^2=\Delta p$$

即

$$u=\sqrt{\frac{\Delta p}{\Delta\rho}\frac{\rho+\Delta\rho}{\rho}} \tag{2-4}$$

这就是一般情况下扰动在空气中的传播速度。显然,它不仅与空气密度 ρ 有关,还与压力和密度的变化量有关,也就是与扰动的强弱有关。

考虑到在声音的传播过程中,压力 p 、密度 ρ 和温度 T 的变化很小,是一种弱扰动,因此令 $\Delta p\to 0$, $\Delta\rho\to 0$,即可得到声音的传播速度 a 为

$$a=\lim_{\Delta p\to 0,\Delta\rho\to 0}u=\sqrt{\frac{\mathrm{d}p}{\mathrm{d}\rho}}$$

由于扰动传播得很快(每秒几百米),而温度的变化又很小,可以认为在声音的传播过程中没有与外界发生能量交换,是一等熵过程。利用等熵关系

$$\frac{p}{\rho^K}=C$$

可得

$$a=\sqrt{\frac{\mathrm{d}p}{\mathrm{d}\rho}}=\sqrt{CK\rho^{K-1}}=\sqrt{K\frac{p}{\rho}} \tag{2-5}$$

再根据状态方程:

$$p=R\rho Tg$$

可得

$$a=\sqrt{K\frac{p}{\rho}}=\sqrt{KgRT}\approx 20\sqrt{T} \tag{2-6}$$

可以看出:声速 a 与空气压力 p 及密度 ρ 的绝对值无关,只与它们的比值相关;或者说声速 a 只取决于空气的温度。温度越高,改变单位密度所需的压力变化越大,空气越不容易压缩,声速越大;温度越低,空气越容易压缩,声速越小。

飞机飞行高度不同,大气温度不同,声速也不相同。在对流层范围内,随着高度升高,温度降低,空气越容易压缩,声速则减小。

在式(2-5)中,K 为绝热指数,$K=1.4$,将地面附近空气的 p 值和 ρ 值代入,可得地面声速为

$$a_{ON}=340.2\ m/s$$

飞行速度和气流中声速 a 的比值,叫作飞行马赫数,用符号 Ma 表示:

$$Ma=\frac{v}{a}$$

航空工程上根据马赫数的不同,把飞行速度划分为以下四个区域:

1)亚声速区:$Ma<0.75$;

2)跨声速区:$0.75\leqslant Ma<1.2$;

3)超声速区:$1.2\leqslant Ma<5.0$;

4)高超声速区:$Ma\geqslant 5.0$。

2.1.2　升力的产生和变化规律

飞机与空气相对运动、相互作用的结果,一方面使空气受到扰动,参数发生改变,另一方面使飞机受到动力 R 的作用。升力 Y 是空气动力 R 垂直于气流速度方向并指向上的分力。

飞机的升力 Y 主要由机翼产生。本节首先介绍机翼的几何参数,然后着重介绍机翼升力的产生和变化规律。

一、机翼的几何形状和几何参数

机翼按几何形状分为剖面形状、平面形状和前视形状。

1. 机翼的剖面形状(翼型)

与飞机对称面平行(或者与机翼前缘垂直)的机翼横切面叫机翼剖面,或叫翼剖面(翼型)。常见的翼型有平凸形、双凸形、对称形、圆弧形及菱形等几种(见图 2-3)。低速飞机的机翼一般采用不对称的平凸形翼型,高速飞机的机翼一般采用接近于对称的双凸形翼型或对称形翼型,有些超声速飞机采用菱形翼型。近年来,随着航空工业的发展还出现了一种超临界翼型(见图2-4)。这种翼型主要用于马赫数接近 1 的高速飞机。其上表面中部比较平坦,后部向下弯曲,下表面后部有一个向里凹进去的反曲段,上、下表面在后缘处相切。

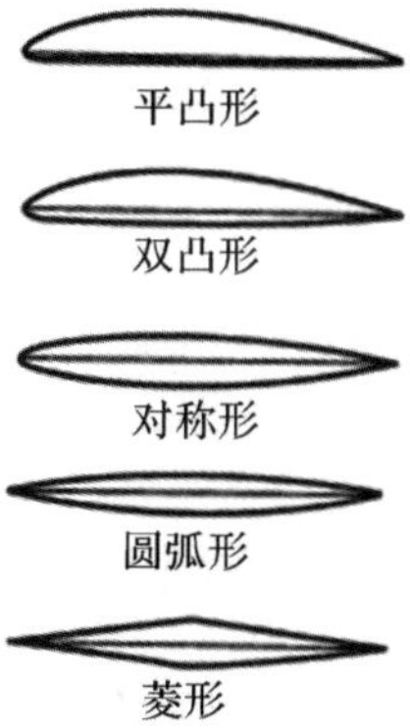

图 2-3　现代飞机的翼型

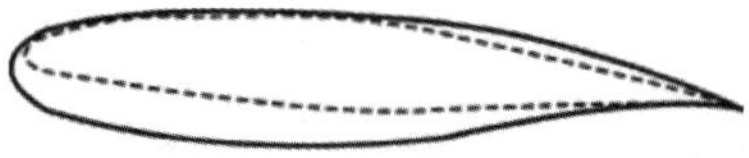

图 2-4　超临界翼型

各种翼型的几何形状可以用一些几何参数表示(见图 2-5)。这些几何参数主要有以下几种。

(1)弦长:在机翼上下周线之间作一系列内切圆,光滑连接各内切圆圆心所得的曲线,叫作翼型的中弧线。中弧线的前端点(前缘)A 和后端点(后缘)B 的连线叫翼弦。翼弦的长度叫作弦长，记为 b 。

(2)弯度：翼型弯度 f 指的是翼型中弧线偏离翼弦的程度，也就是中弧线上各点到翼弦的垂直距离。中弧线上凹为正弯度，下凹为负弯度。对称翼型的中弧线与翼弦相重合，弯度为零。通常说的弯度都是翼型最大弯度 f_{max} 与翼弦 b 的比值 f_{max}/b ，即最大相对弯度。例如，若某翼型的弯度为0.4%，即翼型的最大弯度与弦长之比为0.004，记为 $\bar{f}$ 。最大弯度所对应翼弦上的点到前缘 A 的距离 x_f 与弦长 b 之比 x_f/b ，记为 $\bar{x}_f$ ，通常称为最大弯度位置。

(3)厚度：翼型上、下周线之间垂直于中弧线方向的距离 c ，叫作翼型的厚度。对于弯度不大的，可近似地以垂直于翼弦方向的周线间距离表示。通常说的翼型厚度都是指最大厚度与弦长之比 c_{max}/b ，即最大相对厚度或厚弦比。例如，若某翼型厚度为12%，即该翼型的最大相对厚度或厚弦比为0.12。

翼型最大厚度所对应翼弦上的点到前缘 A 的距离 x_c 与弦长 b 之比 x_c/b ，记为 $\bar{x}_c$ ，通常称为最大厚度位置。

高速飞机，特别是超声速飞机的翼型一般都采用弯度为零、厚度较小而且最大厚度位置比较靠后的对称薄翼型。

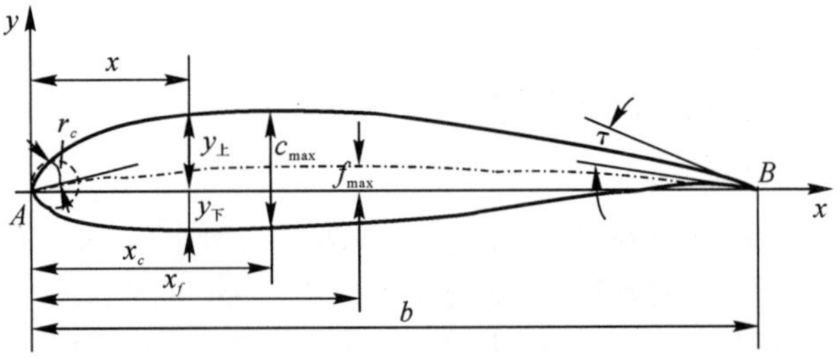

图 2-5 翼型的主要几何参数

2. 机翼的平面形状

机翼在翼弦平面上的投影称为机翼的平面形状。常见的机翼平面形状有矩形、梯形、后掠形和三角形等，如图2-6所示。

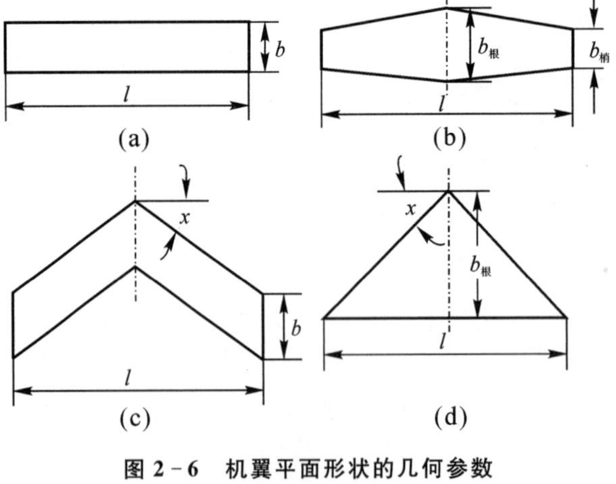

图 2-6 机翼平面形状的几何参数

(a)矩形；(b)梯形；(c)后掠形；(d)三角形

表征机翼平面几何形状的主要几何参数如下：

(1)翼展：机翼左右两端点之间的距离叫作翼展，记为 l 。

(2)机翼面积：机翼在翼弦平面内投影的面积叫作机翼面积，记为 S 。机翼面积一般包括被机身遮蔽的部分。

(3)展弦比：机翼面积 S 和翼展 l 之比 b_{cp} 叫作机翼的平均几何弦长，即有 $b_{cp}=\frac{S}{l}$。翼展 l 与平均几何弦长之比叫作机翼的展弦比，记为 λ ，则有

$$\lambda=\frac{l}{b_{cp}}=\frac{l^2}{S}$$

(4)梢根比：机翼翼梢弦长 $b_{梢}$ 和翼根弦长 $b_{根}$ 之比，叫作机翼梢根比，又称尖梢比。梢根比在 0～1 之间变化。梢根比的倒数叫作根梢比。

(5)后掠角：机翼前缘与垂直于飞机对称面的轴线之间的夹角叫作机翼的后掠角 χ 。

3. 机翼的前视形状

机翼的前视形状主要由机翼上反角 Ψ（见图 2－7)表示。它是指垂直于飞机对称面的轴线与翼弦平面之间的夹角。现代飞机的上反角在 ±8°之间。当 $\Psi>0$ 时，Ψ 叫作上反角；当 $\Psi<0$ 时，Ψ 叫作下反角。

图 2－7　机翼上反角

二、机翼表面的压力分布和升力的产生

飞机靠机翼产生升力，以支持它在空中飞行。机翼升力的产生是机翼与空气相对运动、相互作用的结果。在研究这种现象之前，先来学习流体(包括气体和液体)流动时的两个基本定理——“连续性定理”和“伯努利定理”。

先来做一个简单的实验。如图 2－8 所示，在一个容器中注满了流体，把进口和出口开关同时打开，让流体经过一根剖面积不等的管道流出来，并保持液面的高度不变，这时流体的流动便是稳定的流动。所谓稳定的流动，就是指物体流动时的物理特性，如速度、密度、压强等不随时间而变化。同时，假定流速不很快，认为流体是不可压缩的；此外，管道壁和容器壁没有漏损。那么根据质量守恒定律，在 1 s 内有多少质量的流体流入，就有多少质量的流体流出。即在相等的时间内，流过管道任一剖面的质量是相等的。例如在 1 s 内流过任一剖面 S_1，S_2 及 S_3 的流体质量均相等。否则流体的质量就会有增、有减而不符合质量守恒定律，而且流体的流动也会中断，这就违反了流体连续流动的本性。

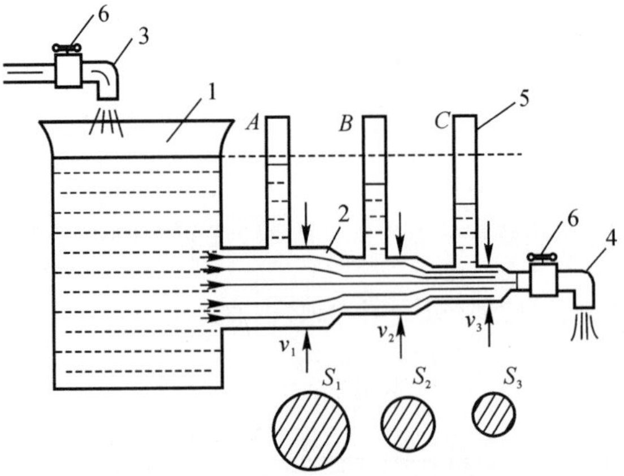

图 2-8　液体连续性定理的验证

1—容器;2—管道;3—进口;4—出口;5—测压管;6—开关

设单位时间内流过管道剖面 S_1, S_2, S_3 等处的流体质量为 m_1, m_2, m_3，即

$$m_1 = m_2 = m_3 \tag{2-7}$$

式中，m_1, m_2, m_3 均为常量。

由于

$$m = \frac{M}{t},\ \rho = \frac{M}{V},\ V = LS,\ v = \frac{L}{t}$$

式中　M ——流过管道流体的质量；

ρ ——流体的密度；

V ——流体的体积；

t ——时间；

S ——管道剖面积；

v ——流体的速度；

L ——一段管道长度。

可知

$$m_1 = \frac{M_1}{t} = \frac{\rho_1 V_1}{t} = \frac{(S_1 L_1)\rho_1}{t} = \frac{\rho_1 S_1 (v_1 t)}{t} = \rho_1 S_1 v_1 \tag{2-8}$$

将式(2-8)代入式(2-7)可得

$$\rho_1 S_1 v_1 = \rho_2 S_2 v_2 = \rho_3 S_3 v_3 = \text{常量}$$

由于流体是不可压缩的，即密度 ρ 没有变化，故上式中 ρ 可以消去，于是得

$$S_1 v_1 = S_2 v_2 = S_3 v_3 = \text{常量} \tag{2-9}$$

式(2-9)叫作“连续方程式”，用于描述液体的“连续性定理”。由式(2-9)可以看出，当液体在管道中稳定地流动时，在管道细的地方流速快，在管道粗的地方流速慢，即流体流速的快慢与管道剖面积成反比。在管道细的地方流体必须流得快才能赶上其他流体一道流出，否则会产生流体的堆积；而在管道粗的地方，流体必须流得慢一些，才能充满整个管道，而不产生空隙。流体的连续性定理是流体流动的一条重要基本定理，也是质量守恒定律的具体表现。

从图 2-8 中还可看出流体在管道中流动的快慢，可以用管道中流线的稠密来表示：凡是流线密的地方，表示管道剖面积小，流速快；反之就慢。所谓流线，简单地说就是流体微粒流动

的路线的一种形象表示法。

下面再介绍流体流动的另一个很重要的基本原理——伯努利定理。先举例说明，如图 2-9 所示，图中两只并行的船，按理说水在两船之间，好像一把楔子，应该始终把两船分开才是，然而实际情况是两只船不但不分开，反而会自行靠拢引起相撞。两船靠拢的原因是两船中间的压强小而外侧的压强大，造成内外侧的压强差，因而有作用力使两船互相靠拢。由连续性定理可看出，两只船中间由于船舷呈弧形，构成一个中间细、两头粗的流管，因此两船内侧的水流速度比外侧大。由此可以说凡是流速大的地方，流体的压强就小，凡是流速小的地方，流体的压强就大。

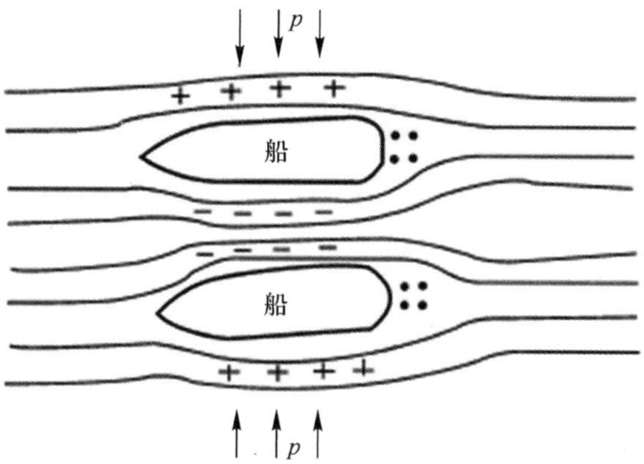

图 2-9　伯努利定理的验证

在日常生活中，类似的例子很多。夏天我们希望打开门窗，让室内的空气流通，即有“穿堂风”流过，使室内凉快。但常常是当有风流动时，打开着的门会自动关闭，这说明门后的流体流速小而压强大，门前边的流体流速大而压强小。因此有一个作用力在门后边，使门自动关闭。

为了证实上述结论，把图 2-8 所示的实验继续做完。在图中管道三个粗细不等的剖面处，装上三根粗细一样的测压管，它们起到压力表的作用。当进出水开关关闭时，管内流体没有流动，三根测压管内的液面高度相等，这表示管道中三个剖面不等的地方静压强是相等的。此时三个剖面处流体的流速均为零，液体没有流动。现在把进出水开关同时打开，使容器中液面高度保持不变，此时管道中的液体开始流动，三根测压管中的液面都降低了。这表示在液体流动之后，它的静压强减小了；而三根测压管的液面高度是不相等的，说明它们的压强不相等。A 管液面最高，表明剖面 S_1 处压强最大，这里的流速 v_1 最小。C 管的液面最低，表面剖面 S_3 处压强最小，并注意到这里的流速 v_3 最大。B 管的液面高度居中，表明剖面 S_2 上的压强介于 A 和 C 之间，并注意到这里的流速 v_2 也居中。因此可以和上述两个例子一并得出结论：当流体在一个流管中流动时，凡是流速大的地方静压强就小；反之静压强就大。稳定流动的液体，倘若流体是不被压缩的，在流动过程中没有能量增加或减少的情况下，流体的动压和静压之和（称为总压）总是等于常量，即

$$静压+动压=总压（常量）$$

如果用 p 表示静压，用 $\frac{1}{2}\rho v^2$ 表示动压（单位体积流动的动能），则上式可写为

$$p+\frac{1}{2}\rho v^2=总压（常量）$$

于是在管道的不同剖面 S_1,S_2,S_3 处,便有

$$p_1+\frac{1}{2}\rho v_1^2=p_2+\frac{1}{2}\rho v_2^2=p_3+\frac{1}{2}\rho v_3^2=\text{常量} \qquad (2-10)$$

式(2-10)称为"伯努利"方程式。式中,$\frac{1}{2}\rho v^2$ 叫作动压,它与速度 v 有关。静压 p 也就是压强,它是一种"压力势能"。

流体在管道中流动的总压是不变的常量,因此动压减少,即 v 减小,则静压 p 增大;反之则相反。这和前面讲的结论——流速大的地方压强小,流速小的地方压强大——是完全一致的。

上述的连续性定理(流体在管道中流动时,管道粗的地方流速小,管道细的地方流速大)和伯努利定理(流体在管道中流动时,流速大的地方压强小,流速小的地方压强大)可解释机翼产生升力的原因。

为了说明机翼升力的产生,下面研究翼型的烟风洞实验和压力分布测量试验。

1. 烟风洞试验

烟风洞试验(见图 2-10)用来观察空气流过翼型时的流动情况。

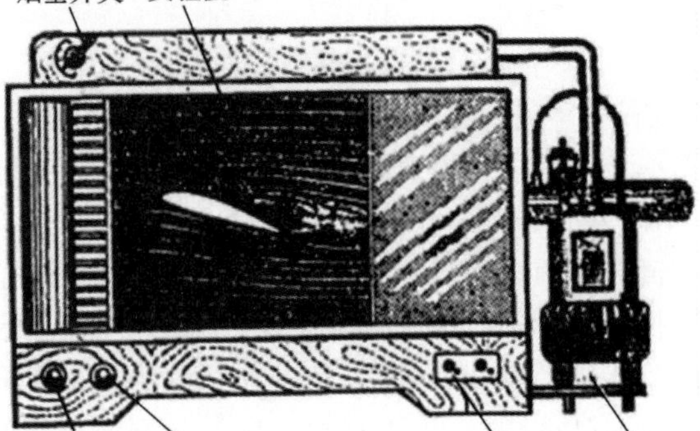

图 2-10 烟风洞实验

从烟风洞试验可以看到,随着气流流进机翼前缘,气流分为两股,沿机翼上、下表面继续向后流动。

在迎角为正的情况下,流经翼型下表面的气流流线先变疏(流管扩张),然后逐渐变密恢复原状,流经翼型上表面的气流流线先变密(流管收缩),然后逐渐变疏恢复原状。

正迎角增大,翼型上、下表面流线的疏、密变化更加明显。流经翼型上表面的流线进一步被挤压紧密,而流经翼型下表面的流线进一步被拉开而稀疏。

考虑到低速气流中气流速度与流管截面积的关系,在正迎角下,翼型上表面的气流速度将加快,而翼型下表面的气流速度将减慢,由伯努利定理可知,这将使翼型上表面的压力降低而使翼型下表面的压力升高。迎角越大,上述效果越明显。

2. 翼型表面压力分布测量

为了测量翼型表面的压力分布，事先在翼型上、下表面各开一系列小孔，并用橡皮管与气压计的各对应玻璃管相连通（见图 2-11）。压力计两端的两根玻璃管与大气相连通，管内液柱的高度 0—0 线表示大气压水平。与翼面某孔相通的玻璃管液柱低于 0—0 线表明该孔处的压力高于大气压力，反之则表明该孔处的压力低于大气压力。

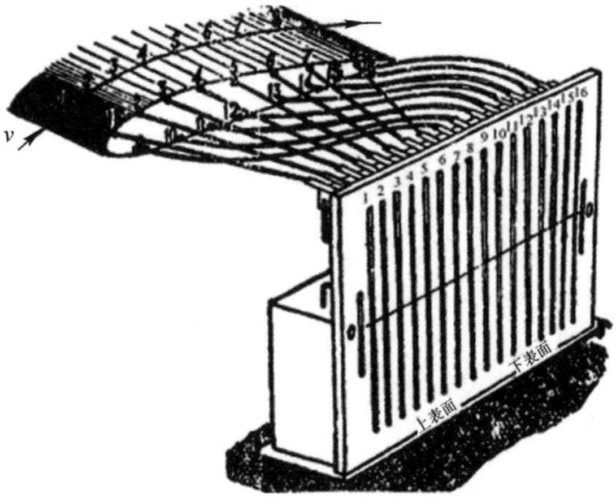

图 2-11　机翼表面压力分布测量

翼型被放入风洞的实验段内。实验开始后可以发现：在正迎角下，与上表面各孔相连通的玻璃管内，液柱被吸至 0—0 线之上；与下表面各孔相通的玻璃管内，液柱被压至 0—0 线以下。这表明上表面各点所受到的压力低于大气压力（上表面各点所受到的压力和大气压力之间的差值，叫作吸力），而下表面各点所受到的压力大于大气压力（下表面各点所受到的压力和大气压力之间的差值，叫作正压力或压力）。根据翼型表面各点所受到的吸力和压力的大小，可以用带箭头的线段画出如图 2-12 所示的压力分布图。图中箭头方向表示翼面蒙皮受力的方向。箭头向外，表示 $p_{局部}-p_{大气}<0$，受力为吸力；箭头向内，表示 $p_{局部}-p_{大气}>0$，受力为压力。

可以看出翼型表面的压力分布测量结果与风洞实验分析结果是一致的。

3. 升力的产生

由上述实验结果可以看出，当气流流过机翼表面时，由于气流参数（压力 p ）的变化，机翼表面各点将受到不同压力的作用。这些压力向量的合向量就是作用于机翼的总空气动力 $\boldsymbol{R}$，其垂直于气流速度方向上的分力记为升力 $\boldsymbol{Y}$。

三、升力公式和影响升力的因素

由上述内容可知，根据机翼表面的压力分布可以求得机翼升力。

假设有一矩形机翼，翼展为 l 。为了求得作用于机翼的升力值 Y，在翼面上取无限小微元面积 $\mathrm{d}S=l\mathrm{d}x'$，并以 θ 表示该微元面积切面与翼弦的夹角（见图 2-13）。

可以看出，翼面上任一微元面积对升力的贡献应为

$$\mathrm{d}Y=p_{局部}\cos(\theta+\alpha)\mathrm{d}S$$

式中 $p_{局部}$——该微元面积上的气流压力；

α ——机翼迎角。

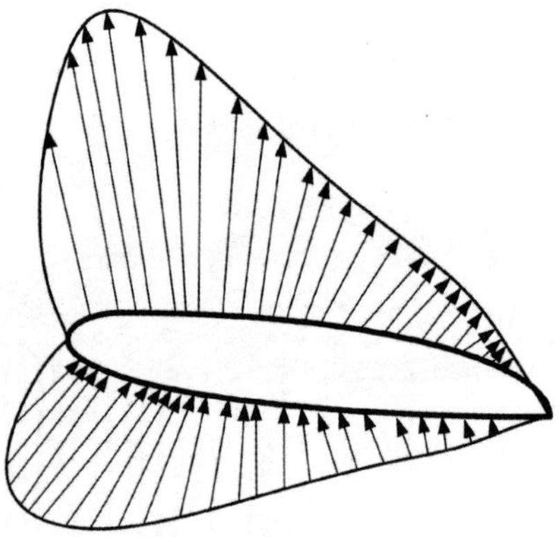

图 2-12 机翼表面的压力分布

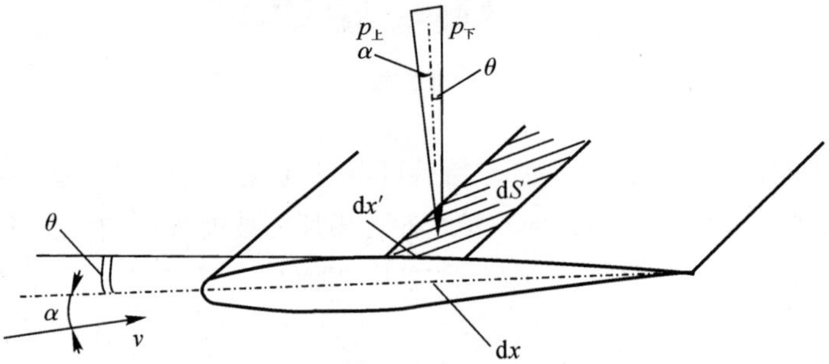

图 2-13 机翼上、下表面的压力分布

当迎角 α 不大时，近似地有

$$dx'\cos(\theta+\alpha)\approx dx'\cos\theta\approx dx$$

微元面积 dS 对升力的贡献可写成

$$dY=p_{局部}\cos(\theta+\alpha)l\,dx'\approx p_{局部}\,l\,dx$$

作用于机翼的升力应为上述各微元面积升力的总和，即

$$Y=\int_{翼表面}dY=\int_0^b p_下\,l\,dx+\int_b^0 p_上\,l\,dx=\int_0^b(p_下-p_上)l\,dx$$

考虑到实用中机翼表面的压力分布常以压力系数 $C_{p_{局部}}=\dfrac{p_{局部}-p_\infty}{\dfrac{1}{2}\rho v_\infty^2}$ 的形式给出（式中 p_∞ 为远前方气流静压，即大气压力；v_∞ 为远前方来流速度，即飞机飞行速度），取 $q_\infty=\dfrac{1}{2}\rho v_\infty^2$，$\bar{x}=\dfrac{x}{b}$，则有

$$Y=\int_0^b(p_下-p_上)l\,dx=lb\int_0^1[(q_\infty C_{p_下}+p_\infty)-(q_\infty C_{p_上}+p_\infty)]d\bar{x}=Sq_\infty\int_0^1(C_{p_下}-C_{p_上})d\bar{x}$$

式中　q_∞ ——远前方气流动压 $\frac{1}{2}\rho v_\infty^2$；

S ——机翼面积；

$C_{p_上}$——机翼上表面的压力系数。

$C_{p_下}$——机翼下表面的压力系数

以符号 C_y 代替积分 $\int_0^1 (C_{p_下} - C_{p_上})\mathrm{d}\bar{x}$，则有

$$Y = C_y q_\infty S \tag{2-11}$$

式中，C_y 为升力系数。

式(2-11)就是升力公式。由升力公式可以看出，机翼升力 Y 与机翼面积 S 、远前方气流动压 q_∞ 及升力系数 C_y 成比例。

升力系数 C_y 综合反映了迎角、机翼的几何形状及气流马赫数对升力的影响。迎角不同、机翼几何形状不同、马赫数不同，使得空气流过机翼时的流线谱不同，因此机翼表面的压力分布也不同。

根据
$$C_y = \int_0^1 (C_{p_下} - C_{p_上})\mathrm{d}\bar{x}$$

可以利用作图求面积的方法得到机翼的升力系数。方法如下：以翼面各点在翼弦上的投影至前缘的距离与弦长 b 的比值 $\bar{x}$ 为横坐标，以压力系数 $C_p = \dfrac{p_{局部} - p_\infty}{q_\infty}$ 为纵坐标，画出机翼上、下表面的压力分布曲线，如图 2-14 所示，称该图为坐标法表示的压力系数分布图。由积分的定义可知，坐标法表示的压力系数分布曲线所围的面积即为机翼的升力系数。

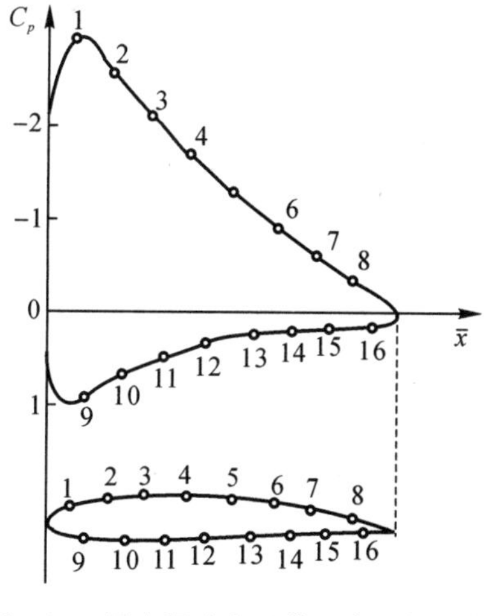

图 2-14　用坐标法表示的压力系数分布图

四、升力系数随迎角的变化规律

升力系数随迎角的变化规律大致如图 2-15 所示。由图 2-15 可以看出：

(1)在迎角不大的范围内，升力系数 C_y 随迎角 α 的增大而直线上升。升力系数曲线斜率(通常叫升力线斜率)为

$$C_y^\alpha = \frac{C_y}{\alpha}(\text{常数})$$

(2)在较大的迎角下，C_y 随迎角 α 的增大而增大，但是 $\frac{C_y}{\alpha}$ 随 α 的增大而减小。

(3)迎角 α 超过某迎角 $\alpha_{临}$ 以后，C_y 随 α 增大而减小。当 $\alpha = \alpha_{临}$ 时，C_y 达到最大值，对应的迎角 $\alpha_{临}$ 叫作临界迎角。

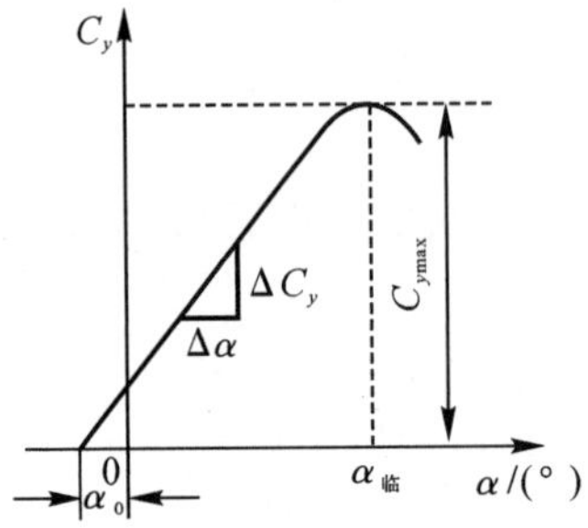

图 2-15　$C_y-\alpha$ 变化曲线图

升力系数随迎角出现上述变化规律的原因可以用不同迎角下的机翼流线谱和压力分布图(见图 2-16)来解释。

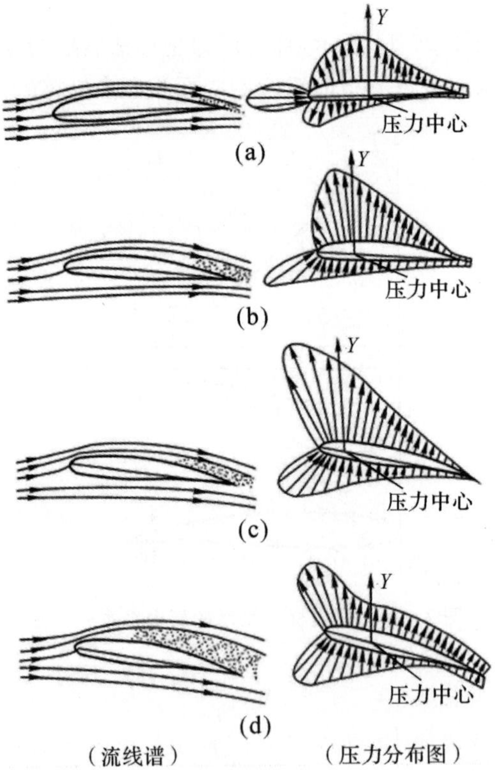

图 2-16　不同迎角下的流线谱和压力分布图

在不大的迎角内，流经机翼表面的气流基本上都能紧贴机翼表面平滑地向后流动。若迎角增大，机翼上表面前面的流线会被挤压得更紧，流管进一步收敛变细，流速加快、压力降低、吸力增大；而流经机翼下表面的气流受阻挡作用加强，流速减慢、压力提高。因此，升力系数 C_y 随迎角 α 呈线性增加。

迎角较大的情况下，流经机翼的气流在上表面后端局部地区不能紧贴翼面流动而出现“分离”现象，并且随着迎角增大，“分离”区域向前发展。这使得升力系数 C_y 随迎角增大而增大的速度逐渐减慢，即使 $C_y-\alpha$ 曲线向下弯曲，$\frac{\Delta C_y}{\Delta\alpha}$ 减小。

在迎角达到临界迎角后，上述“分离”现象已十分严重，继续增大迎角会使“分离”区迅速向前扩展，致使上表面前段流管变粗，流速减慢，吸力降低。此时，尽管在靠近后缘的一段翼面上吸力有所增加，但补偿不了前段吸力的下降，升力系数 C_y 随迎角 α 增大而减小。

在图 2－15 中还可以看到，当 $\alpha=0°$ 时，$C_y\neq0$。这是因为该升力系数曲线是由非对称翼型组成的机翼实验得到的。这种翼型具有正弯度，上表面凸出的比下表面凸出得多。当 $\alpha=0°$ 时，上表面的流速比下表面快，使得上表面的压力比下表面压力小，从而产生升力。$C_y=0$ 时的迎角 α_0 叫作零升力迎角。对于对称翼型，零升力迎角 α_0 等于零。

五、升力系数 C_y 随马赫数的变化规律

某机翼中等相对厚度，采用接近于对称的翼型，迎角 $\alpha=2°$ 时实验得到的升力系数 C_y 随马赫数的变化规律如图 2－17 所示。升力系数 C_y 具有这种随马赫数变化的规律的原因，在于空气压缩性影响程度及马赫数接近于 1 时机翼表面局部激波的形成和发展。

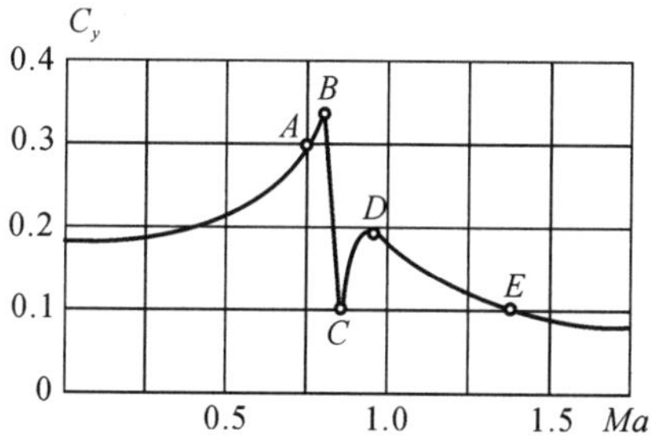

图 2－17　升力系数随马赫数的变化

1. 局部激波及其发展

(1)临界马赫数和局部激波。如上所述，当亚声速气流流过机翼表面时，在正迎角下，机翼上表面处的流线变密，流管变细，这会引起上表面的局部流速加快而大于前方来流速度(即飞行速度)。

根据能量方程

$$\frac{v^2}{2}+\frac{K}{K-1}RT=\text{常数}$$

可知上表面局部流速的加快必然会引起当地局部温度下降，使当地局部声速降低，从而使当地局部马赫数大于前方来流马赫数(即飞行马赫数)。显然这种变化在机翼上表面流线最密，流管最细的最低压力点处最大。

可以想象，随着来流速度增大，机翼上表面最低压力点处的局部流速相应增大，局部声速相应减小，有可能出现这样一种情况：尽管前方来流仍为亚声速气流，但是机翼上表面最低压力点处的局部流速已经等于当地局部声速。

机翼表面最低压力点处的局部流速等于当地局部声速时的前方来流速度 v_∞ 叫作临界速度，相应的马赫数叫临界马赫数或叫下临界马赫数，记为 $Ma_{临}$。

在来流速度 v_∞ 达到临界速度，来流马赫数等于 $Ma_{临}$ 之后，若继续增大来流速度使 $Ma_\infty > Ma_{临}$，原来处于最低点之前的亚声速气流的速度可能会达到当地局部声速而使等声速点前移，并在该点之后出现局部超声速区。在局部超声速区内，超声速气流沿机翼外凸表面流动时，不断膨胀加速而降低压力，使压力远远低于机翼后部的环境压力(大气压力)。由于超声速气流不能感受其下游的气流参数变化，当它冲入机翼后部的高压区时，必然会受到强烈的扰动而产生强扰动波，并以速度 $u=\sqrt{\dfrac{\Delta p}{\Delta\rho}\dfrac{\rho+\Delta\rho}{\rho}}$ 向前传播。在强扰动波前传的过程中，随着 Δp 的减小，传播速度逐渐减小，最后稳定在波速 u 等于机翼表面某处局部气流速度的地方，形成一气流参数发生突变的分界面，也就是激波(见图 2-18)。因为这种激波是由局部超声速气流产生的，所以又叫局部激波。

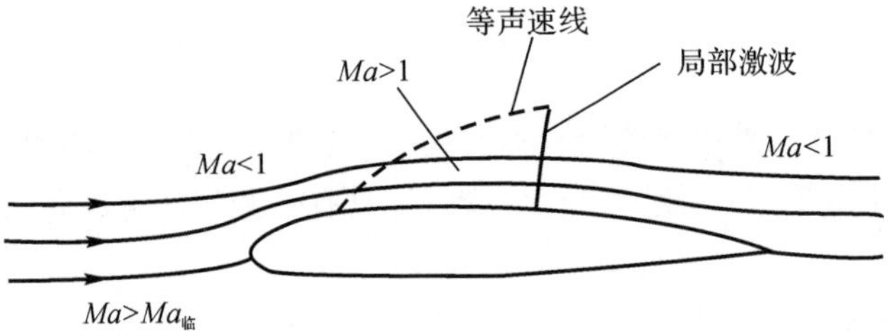

图 2-18　机翼的局部激波

(2)局部激波的发展。由翼型实验得到局部激波随来流马赫数增大而发展变化的情况如图 2-19 所示，可以看出，在来流马赫数 Ma_∞ 超过 $Ma_{临}$ 之后，机翼上表面首先出现局部超声速区和局部激波，并且随着 Ma_∞ 的增大，局部激波不断后移；下表面局部激波出现较晚，但随 Ma_∞ 增大而后移的速度较快，先到达后缘；下表面局部激波到达后缘后，继续增大 Ma_∞，上表面局部激波继续后移直至到达后缘。$Ma_\infty > 1$ 之后，机翼出现头部激波，并随 Ma 增大移近机翼前缘直至附体，这时机翼表面为超声速流动。头部激波开始附体时的来流马赫数叫作上临界马赫数。

局部激波随来流马赫数增大而出现上述发展变化规律的原因：在正迎角下，上表面流线弯曲程度较大，流管切面积变化较大，使流经上表面的气流增速较多，因而首先出现局部超声速区和局部激波；而下表面流线弯曲程度较小，流管变化较缓和，气流流经下表面时沿途压力变化较小，因而下表面出现局部超声速区和局部激波较晚，并且随 Ma_∞ 增大后移较快，首先到达后缘。

(3)飞行速度范围的划分：根据机翼局部激波的产生和发展情况，飞行速度大体上可以分为三个不同的范围：

1) $Ma_\infty < Ma_{临}$ 时的亚声速范围。在亚声速范围内，机翼上、下表面全为亚声速流动，没有局部激波存在。

2) $Ma_{临} \leqslant Ma_\infty < Ma_{上临}$ 时的跨声速范围。这里，$Ma_{上临}$ 是上临界马赫数。在跨声速范围内，机翼表面既有超声速气流，又有亚声速气流。在局部超声速区的后部有局部激波产生。

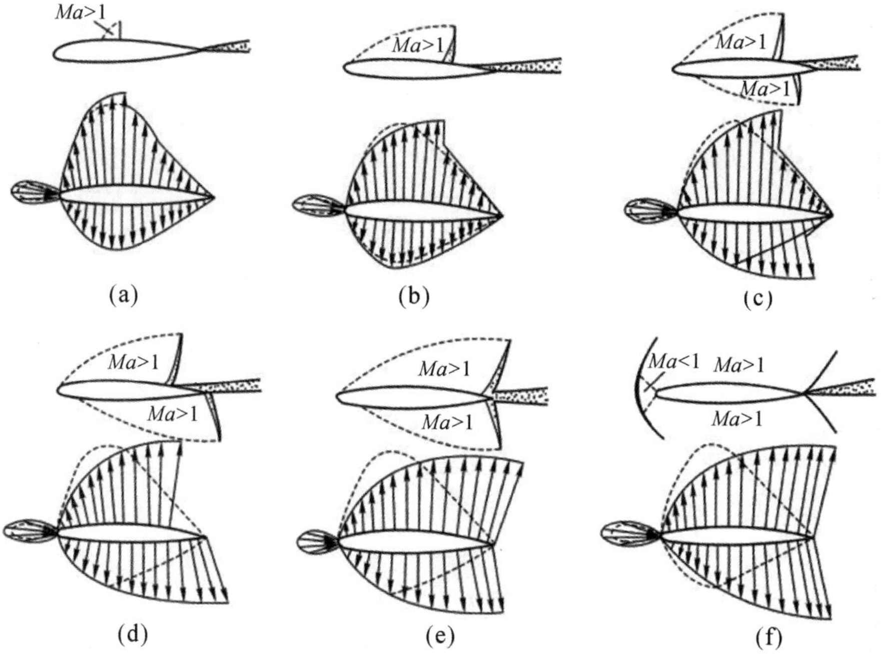

图 2-19　局部激波的发展和压力分布变化

(a)$Ma_{\infty}=0.75$;(b)$Ma_{\infty}=0.81$;(c)$Ma_{\infty}=0.85$;(d)$Ma_{\infty}=0.89$;(e)$Ma_{\infty}=0.98$;(f)$Ma_{\infty}=1.4$

3) $Ma_{\infty} \geqslant Ma_{上临}$时的超声速范围。此时,机翼表面全部为超声速气流。在机翼的头部有附体的头部激波(一般为斜激波),在机翼的后缘有尾部激波,在翼面上是一系列膨胀波(见图 2-20)。

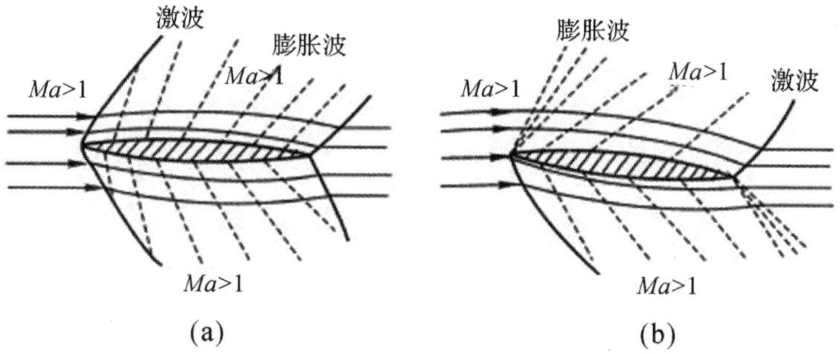

图 2-20　超声速飞行时机翼上的激波和膨胀波

2. 升力系数 C_y 随马赫数的变化规律

升力系数随马赫数的变化规律可以按上述三个速度范围分析。

(1)亚声速。

亚声速速度范围内,升力系数随马赫数变化的规律可参见图 2-17 所示的 A 点左侧曲线。

马赫数较小时,C_y 基本上不随马赫数的变化而变;当马赫数较大时,C_y 随马赫数的增大而增加。出现这种情况的原因在于气流的压缩性影响随马赫数增大而增加。

马赫数与压缩性影响的关系如下：

$$\frac{d\rho}{\rho}=-Ma^2\frac{dv}{v}$$

由此式可知，当马赫数很小(一般认为 $Ma<0.4$)时，由气流速度变化引起的气流密度的相对变化量很小，因此可以认为流经机翼表面的气流密度保持不变。根据不可压缩气体的伯努利方程，有

$$p_{局部}+\frac{1}{2}\rho v_{局部}^2=p_{\infty}+\frac{1}{2}\rho v_{\infty}^2$$

翼面各点的局部压力系数 $C_{p_{局部}}$ 为

$$C_{p_{局部}}=\frac{p_{局部}-p_{\infty}}{\frac{1}{2}\rho v_{\infty}^2}=\frac{\frac{1}{2}\rho v_{\infty}^2-\frac{1}{2}\rho v_{局部}^2}{\frac{1}{2}\rho v_{\infty}^2}=1-\left(\frac{v_{局部}}{v_{\infty}}\right)^2 \tag{2-12}$$

即根据不可压缩气体的连续方程，有

$$\frac{v_{局部}}{v_{\infty}}=\frac{S_{\infty}}{S_{局部}}$$

代入式(2-12)，可以得到

$$C_{p_{局部}}=1-\left(\frac{S_{\infty}}{S_{局部}}\right)^2 \tag{2-13}$$

由式(2-13)可知，当来流马赫数很小时，机翼表面各点的压力系数 $C_{p_{局部}}$ 完全由各对应点的流管切面积 $S_{局部}$ 与来流流管切面积 S_{∞} 的比值来确定。

实验表明，当迎角一定时，空气流过机翼表面的流线谱在低速范围内基本上不随来流速度而变，也就是说，机翼表面各点处的 $\frac{S_{\infty}}{S_{局部}}$ 不随 Ma_{∞} 变化，$C_{p_{局部}}$ 与 Ma_{∞} 无关。因此，升力系数基本上不随马赫数而变。

在 $Ma>0.4$ 之后，随着马赫数增大，空气的压缩性影响越来越显著。根据可压缩气体的连续方程，在流线谱(也即流管形状)基本不变的情况下，空气密度的任何增大(或减小)都会引起气流速度的相应减小(或增大)。因此，考虑到压缩性的影响，在机翼表面流速增大、压力和密度降低的地方，与不考虑压缩性影响情况相比，其流速将会有额外的增大，而压力则有额外的降低；相反，在流速减小、压力增大的地方，则压力有额外的增加。这使得机翼表面各点的压力系数的绝对值 $|C_{p_{局部}}|$ 增大，从而引起升力系数的增大。马赫数越大，压缩性影响越显著，升力系数增加得越多。因此在较大的马赫数下，升力系数随马赫数增大而增大。

(2)跨声速。

在跨声速速度范围内，升力系数随马赫数的变化规律参见图 2-17 所示的 A 点到 D 点的情况，即 $Ma_{\infty}>Ma_{临}$ 之后，随着 Ma_{∞} 的增大，C_y 迅速增加(AB 段曲线)，随后迅速减小(BC 段曲线)，然后又迅速增大。

AB 曲线段表示机翼上表面出现局部激波和局部超声速区，而下表面仍然没有出现局部激波全部为亚声速气流的情况。由于在局部超声速区内，气流沿机翼表面不断地做加速膨胀流动，压力迅速降低，不像做亚声速流动时过了最低压力点后压力不断增大，所以上表面的压力将明显低于亚声速流动的压力。因此，随着 Ma_{∞} 的增大，上表面局部超声速区不断扩大时，

上表面的吸力将迅速增大，从而使 C_y 随 Ma_∞ 增大而迅速增大。

BC 段曲线表示下表面出现局部激波并随 Ma_∞ 增大而迅速后移到机翼后缘的情况。此时由于下表面局部超声速区随 Ma_∞ 增大而扩大的速度大于上表面，因此下表面的吸力增加得比上表面快，从而使升力系数 C_y 随马赫数增大而减小。

CD 段表示下表面局部激波到达后缘之后上表面局部激波继续随 Ma_∞ 增大而后移的情况。C_y 随马赫数增大而增大。

(3)超声速。

在超声速速度范围内，升力系数 C_y 随马赫数增大而减小。这是因为进入超声速速度范围之后，机翼表面各点压力随来流马赫数增大而变化的速度低于动压变化的速度，从而使机翼表面的压力系数绝对值随 Ma_∞ 增大而减小。

应当指出，上述升力系数随马赫数的变化规律对于由类似翼型组成的矩形机翼可能是适合的。对于具有大后掠角机翼或三角形机翼，该情况将会有变化。这时，升力系数 C_y 或升力系数斜率 C_y^α 随马赫数变化的规律将大体上如图 2-21 所示。

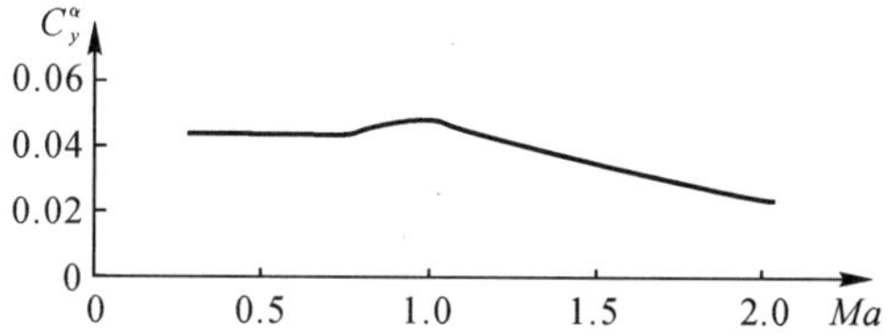

图 2-21　某型飞机机翼 C_y^α 随马赫数的变化规律

2.1.3　阻力

空气动力沿相对气流方向的分量称为阻力，在飞行中起着阻止飞机前进的作用，以 X 表示。与升力等于升力系数、动压及机翼面积的乘积一样，阻力也可以写为

$$X = C_x q S \tag{2-14}$$

式中，C_x 为阻力系数。对于一架确定的飞机，阻力系数 C_x 通常是飞机迎角和飞行马赫数的函数。根据产生原因的不同，阻力可以分为摩擦阻力、压差阻力、诱导阻力、激波阻力和干扰阻力。这些阻力的产生，大部分与空气的黏性及附面层现象有关。

一、附面层及其特点

观察油液流过物体表面的情况时，可以发现紧贴物面的油液由于油液黏性作用几乎是静止不动的；随着离开物面法线方向距离的增加，油液的流动速度逐渐增加并在离物面不远的地方达到主流速度；继续增大离开物面的距离时，油液流动的速度几乎保持不变。

空气流过飞机表面时，也发生类似的情况。在紧贴物体表面的地方，由于物面并非绝对光滑及物面与空气之间存在吸附作用，空气会像被表面粘住一样，速度为零；沿垂直于飞机表面法线方向向外，气流速度逐渐加快直至达到主流速度。通常把物面附近速度由零增加到 99% 主流速度的一层气流叫作气体附面层(或简单地叫作附面层)，如图 2-22 所示。

附面层的厚度随空气流过物面距离的增长而变厚。这是因为在空气流过物面的过程中，原来贴近附面层外边界的一层空气因受附面层内气流黏性的影响而不断减速，成为附面层内空气。

由于空气黏性很小而相对气流速度较大，飞机表面的附面层厚度一般很小。对于机翼，其前缘处的附面层厚度几乎为零，而距离前缘 1～2 m 处的附面层厚度约为几毫米到几十毫米。

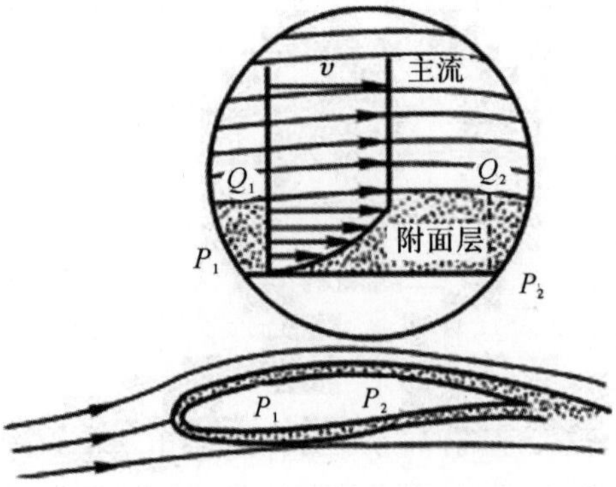

图 2-22 机翼表面的附面层

附面层的另一特点是其内部的压力沿物面的法线方向保持不变，且等于主流压力。也就是说在图 2-22 中，沿 P_1-Q_1，P_2-Q_2 等物面法线方向有

$$\frac{\partial_p}{\partial_n}=0$$

式中，n 为物面法线。物面上 P_1 点的压力与附面层边界上 Q_1 点的压力必须相等，否则，将会出现垂直物面方向的流动，但由于物面是刚性壁面，显然这是不可能的。

附面层中气流的流动情况也是不同的，一般机翼在最大厚度前，附面层的流动各层不相混合成层的流动，这一部分叫作“层流附面层”。在这以后，气流的流动变得杂乱无章，并出现了旋涡和横向流动，这部分叫作“紊流附面层”。层流变紊流的交界点叫作“转变点”a，转变点 a 以后的流动脱离了机翼表面而形成大量旋涡，这部分叫作“尾迹”(见图 2-23)。

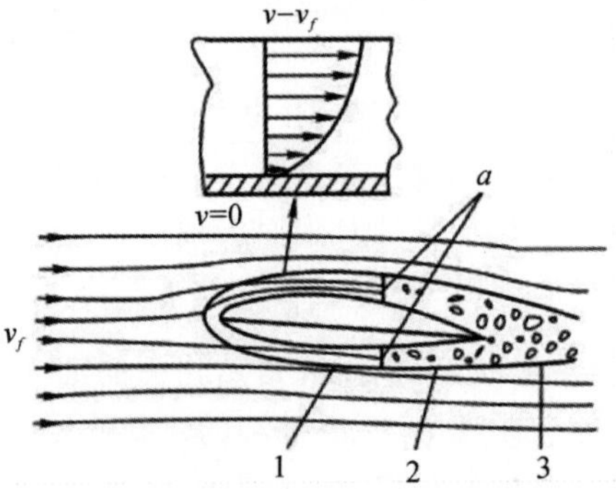

图 2-23 附面层中气流的运动情况

a —转变点；1—层流层；2—紊流层；3—尾迹

转变点的位置决定于翼剖面的形状、机翼表面的状况以及速度的大小。

二、摩擦阻力和压差阻力

1.摩擦阻力

如上所述，当气流流过物面时，在物面上会产生一层很薄的附面层，其紧贴物面的最底层相对气流速度为零。在该层上作用有两个力，一个是其上层气流作用于它的黏性力 $F_{黏}$，另一个是物面作用力 F'。由于该层气流速度始终为零，所以必然有

$$F_{黏}=F'$$

并且方向相反。

根据牛顿第三定律，物面给气流以作用力，气流必然会给物面以大小相等、方向相反的作用力 $F_{摩}$。显然 $F_{摩}$ 的大小和方向都与 $F_{黏}$ 一致，这就是摩擦阻力，它是在附面层中产生的。附面层内的气流速度自机翼表面向外一层一层地增大，在此内层气流阻滞了外层的流动，就产生了摩擦阻力。

考虑到附面层由层流转为紊流附面层之后，其速度剖面变得比较丰满，附面层底层的速度梯度增大，因此紊流附面层的摩擦阻力要比层流附面层大。因此要减小摩擦阻力必须设计好的翼型，使 a 点后移，且应保持飞机外表面光滑，无凹凸不平或粗糙的现象，因为这容易引起附面层变成紊流。此外，表面积大，阻力也会增大。

2. 压差阻力

压差阻力是由于运动着的物体前后产生的压强差而产生的阻力(见图 2-24)，压差阻力同物体的迎风面积、形状和在气流中的位置有关。

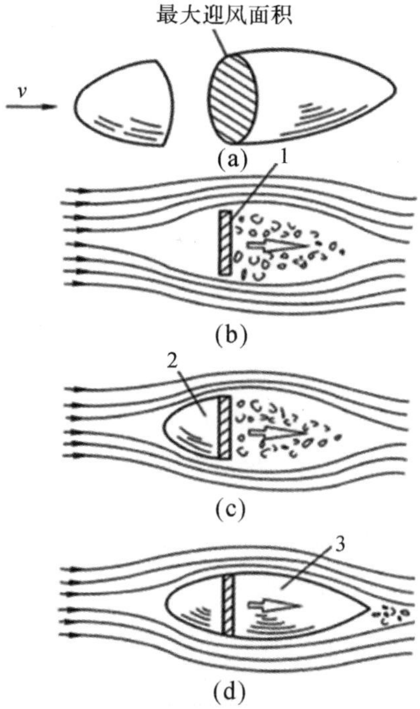

图 2-24　压差阻力的产生

1—圆平板；2—前圆锥；3—后圆锥

迎风面积就是物体垂直于气流的最大截面积[见图 2-24(a)]，迎风面积越大，阻力就越大。物体形状对压差阻力也有很大影响，例如在图 2-24(b)中，把一块圆平板放在空气流中，由于前后是平面，气流的前面形成离体，故流速慢、压强大。气流流到物体后面，形成紊流和旋涡，因此造成气流分离现象，压差阻力很大。如果把该物体的前部圆锥加上，虽然迎风面积没

有变化，但该物体形状有了变化，前部圆锥把前部高压区填满，即气流可以平滑地流过前部，这样前后压差大大降低，阻力也就减少。此时，压差阻力约降到图 2-24(b)中的 1/5，如图 2-24(c)所示。如果把后部圆锥也加上去，把后部紊流区和旋涡区也填满，这样压差阻力可进一步降低到原来的 1/25～1/20，如图 2-24(d)所示。

像这种前面圆钝后头尖，类似水滴形状的物体，我们习惯上称为"流线型"物体。此外物体在气流中的位置也会影响到压差阻力的大小。例如同是图 2-24 中的一个物体，顺着气流放置和斜对着气流放置，它们的压差阻力是不相同的。

因此要减少飞机的压差阻力必须把飞机各部分制成"流线型"的形状。

三、诱导阻力

诱导阻力是伴随升力而产生的一种阻力。为了说明诱导阻力的产生，下面先看一个随着升力而产生的现象——翼尖旋涡现象。

如图 2-25 所示，把机翼放在气流中并把一个用细线系住的小棉球放在翼尖附近。可以看到，当机翼具有正迎角(产生正升力)时，小棉球将会迅速地由机翼外侧向内侧旋转，并且随着机翼迎角增加，旋转速度增加；当迎角为负(产生负升力)时，小棉球则会反方向转动，即由机翼内侧向外侧方向转动。这说明在翼尖处的气流中存在着旋涡，并且旋涡运动的剧烈程度及方向与机翼的迎角有关。

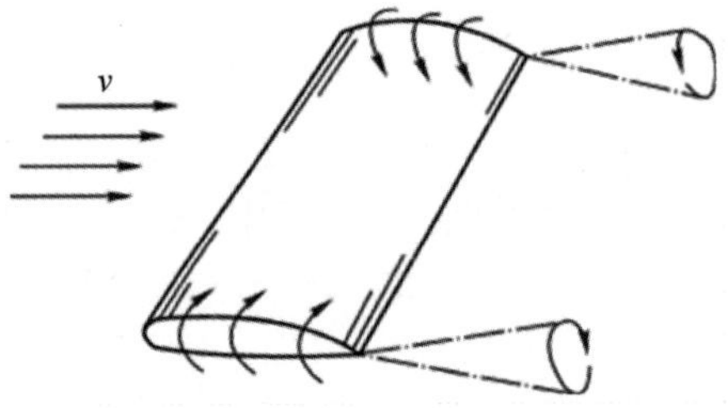

图 2-25　翼尖旋涡实验

在翼尖处出现翼尖旋涡的原因在于机翼上、下表面存在压力差。在迎角为正(产生正升力)的情况下，当气流流过机翼时，机翼下表面处的气流压力大于上表面处的气流压力。上、下表面间存在的压力差会促使下表面的气流绕过翼尖流向上表面，从而形成翼尖旋涡。显然，迎角越大，机翼上、下表面间的压力差越大，翼尖上、下表面空气的绕流越严重，翼尖旋涡越强，因而小棉球的旋转速度也就越快。在负迎角(产生负升力)的情况下，机翼上表面处的压力大于下表面处的压力，翼尖绕流的方向与正迎角时相反，因此翼尖旋涡的方向发生改变，小棉球的旋转方向也随之改变。

在正迎角的情况下，由于翼尖旋涡的存在，流过机翼的气流会产生一个垂直向下的附加速度 $\boldsymbol{v}_y$，使总的相对气流速度向下偏斜一个角度 ε(见图 2-26)。通常把附加速度 $\boldsymbol{v}_y$ 叫作下洗速度，而把角 ε 叫作下洗角。

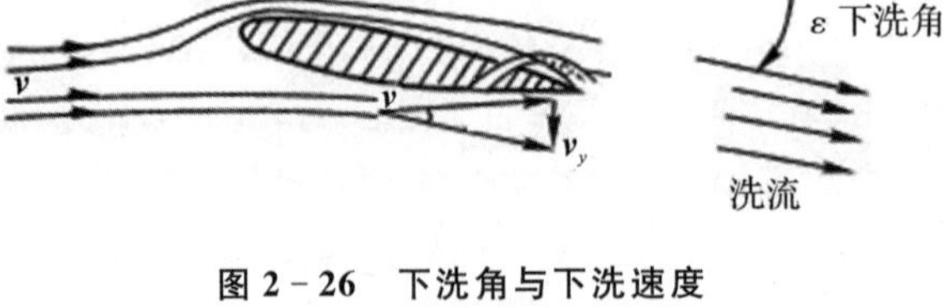

图 2-26　下洗角与下洗速度

在上一部分内容中曾指出，升力方向垂直于相对气流速度方向。气流向下偏斜一个 ε 角的结果，必将使升力 **Y** 随之向后倾斜一个角度 ε（见图 2－27）。升力倾斜之后，升力的方向将不再垂直于飞行速度的方向，并将在飞行速度的反方向产生一个分力 $\boldsymbol{X}_{诱}$，它起着阻碍飞机前飞的作用，即为诱导阻力。

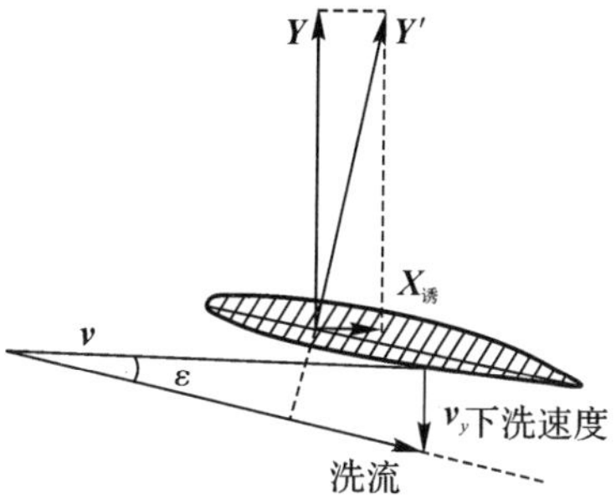

图 2－27　诱导阻力

由图 2－27 可知

$$X_{诱}=Y'\sin\varepsilon$$

由于下洗角 ε 一般不大，可以近似认为

$$\sin\varepsilon=\varepsilon$$

则有

$$X_{诱}=Y'\sin\varepsilon\approx Y'\varepsilon=C_y\ \frac{1}{2}\rho v^2 S\varepsilon \qquad (2-15)$$

由式(2－15)可知，当迎角增大时，翼尖旋涡将随之增强。这必然会引起下洗速度增大、下洗角增大。理论研究证明，对于椭圆形机翼，下洗角 ε 和升力系数 C_y 之间有下述关系：

$$\varepsilon=\frac{C_y}{\pi\lambda} \qquad (2-16)$$

对于其他平面形状的机翼，式(2－16)可改写为

$$\varepsilon=\frac{C_y}{\pi\lambda_{有效}}$$

式中：$\lambda_{有效}$ 为机翼的有效展弦比，$\lambda_{有效}=\dfrac{\lambda}{1+\delta}$，其中 δ 为与机翼梢根比有关的修正因子。

将 ε 的表达式代入式(2－17)，可以得到

$$X_{诱}=\frac{C_y^2}{\pi\lambda_{有效}}\ \frac{1}{2}\rho v^2 S \qquad (2-17)$$

写成阻力系数的形式，则有

$$C_{x诱}=\frac{C_y^2}{\pi\lambda_{有效}} \qquad (2-18)$$

由式(2－18)可以看出，诱导阻力系数与升力系数的二次方成正比，而与展弦比 λ 成反比。飞机做小速度平飞或做大机动动作时，升力系数一般较大，诱导阻力是飞行阻力的主要成分。高速飞机的展弦比一般较小，其诱导阻力相对说来比大展弦比的低速飞机要大。某些飞机采

用翼尖副油箱或端板，其目的就在于减弱翼尖绕流，减小诱导阻力。

四、激波阻力

当物体以声速或超声速运动时，扰动波的传播速度等于或小于飞机前进速度，这样，后续时间的扰动就会同已有的扰动波叠加在一起，形成较强的波，使空气遭到强烈的压缩而形成激波。跨声速时，形成正激波，超声速时，形成斜激波。扰动源和扰动波的运动如图 2－28 所示。

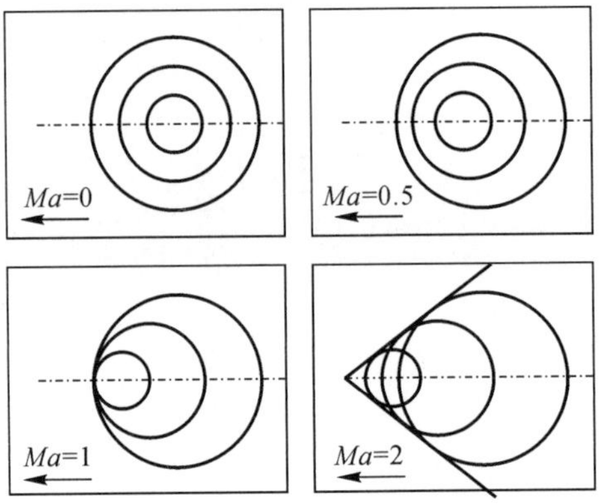

图 2－28　扰动源和扰动波的运动

飞机突破声障时形成的激波阻力如图 2－29 所示。

图 2－29　飞机突破声障

当飞机的飞行马赫数超过机翼（或者机身、尾翼等）的临界马赫数时，机翼（或者机身、尾翼等）的表面可能会出现局部超声速区和局部激波；当飞机的飞行马赫数超过 1 时，机翼、机身和尾翼等部件的前面会出现头部激波。这时飞机的飞行阻力将会显著地增大。这种随着激波的出现而产生的阻力就叫激波阻力（可简称为“波阻”），其系数则叫波阻系数。下面以机翼为例说明波阻的产生。

1．跨声速飞行中的波阻

如前所述，飞行马赫数超过机翼临界马赫数后，机翼表面会出现局部超声速区和局部激波。在局部超声速区内，气流在由前向后的流动过程中不断膨胀加速，压力迅速降低。由于压力降低的主要部位处于机翼的中、后段（见图 2－30），这将引起指向后方的水平分力显著增加。这个额外增加的水平分力起着阻碍飞机前飞的作用,就是跨声速飞行时的激波阻力。

跨声速飞行时引起阻力显著增加的另一个原因是激波和附面层相互干扰,引起附面层分离。

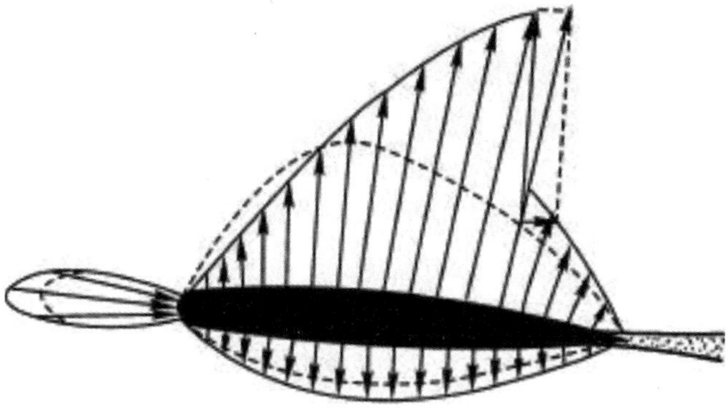

图 2-30　波阻的产生

我们知道,附面层内的气流在机翼表面处的速度为零,由机翼表面向外沿表面法线方向气流速度逐渐增大,并在附面层边界达到主流速度。这样,在主流速度为超声速气流的情况下,附面层内的气流按速度可分为两层,即超声速外层和亚声速底层(见图 2-31)。

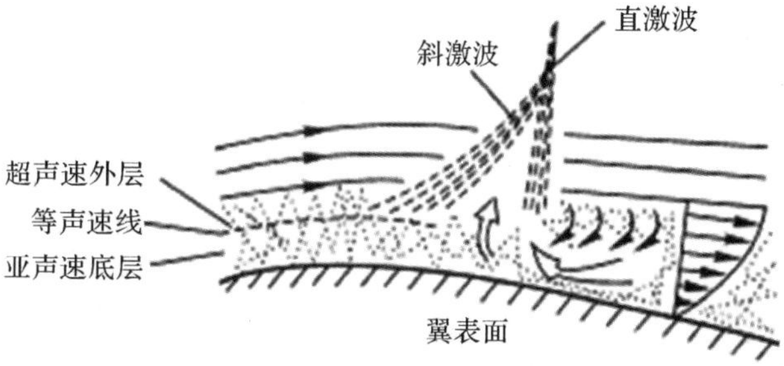

图 2-31　层流附面层和激波

由于在亚声速气流中,扰动可以前传,所以局部激波实际上只能到达附面层的超声速外层。这样,随着马赫数的增大,局部激波增强到一定程度后,激波前后就可能出现足够大的逆压梯度,使附面层气流发生倒流而造成附面层分离现象。这种分离是由激波和附面层相互干扰而产生的,因此一般叫作激波分离。

附面层激波分离后出现的涡流区压力将会进一步增大机翼的阻力。

2. 超声速飞行中的波阻

超声速飞行中,一般迎角较小,气流首先在机翼前缘通过头部激波而升高压力,然后经过机翼上、下表面不断膨胀加速而降低压力直至机翼后缘,最后通过尾部激波离开机翼(见图 2-32)。上、下表面的最低压力点均处于机翼后缘。明显不同于亚声速情况,超声速飞行时机翼表面的压力分布使作用于机翼的总空气动力 ***R*** 沿气流方向的分力,即超声速飞行的　助。这部分阻力就是阻碍飞机做超声速飞行的激波阻力。

可以看出激波阻力也是一种压差阻力。这种阻力只有在机翼表面出现超声速气流和激波时才存在，在亚声速飞行中是不存在激波阻力的。

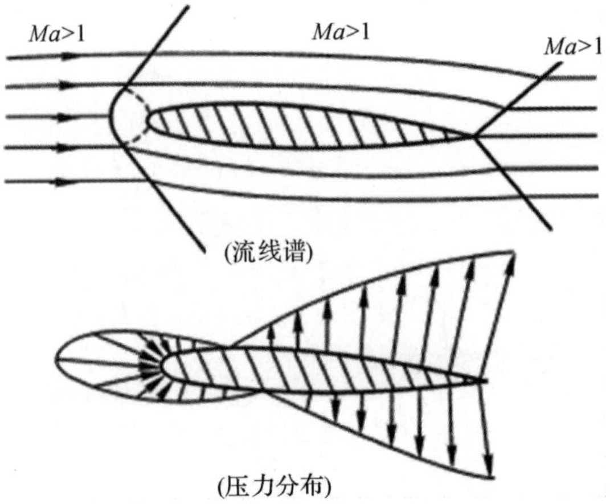

图 2-32　超声速时机翼上的流线谱和压力分布

五、飞机阻力系数随迎角和马赫数的变化规律

1. 全机阻力和阻力系数

飞机的飞行阻力应当包括各部件的上述各种阻力。当然，上述各种阻力在不同情况下各自所占的比例是不相同的。例如，亚声速飞行时，激波阻力为零，而在跨声速飞行时激波阻力可能会达到全机阻力的 70%～80%。

全机阻力除各部件的上述各种阻力之外，还应包括各部件间相互干扰产生的阻力——干扰阻力。

如图 2-33 所示，当机翼和机身组合在一起时，一方面机身和机翼表面的附面层结合处发生重叠而加厚[见图 2-33(a)]，另一方面结合处的流管形状会发生改变，在其后部出现明显的扩散管道[见图 2-33(b)]。这使得流经该处的气流在飞行速度不大时容易发生附面层分离现象或使附面层分离现象加剧(见图 2-34)，引起附加阻力。当飞行速度较大时，上述流管形状的变化会使结合处的局部流速加快，临界马赫数降低，从而引起波阻的增加。这种额外增加的阻力就是干扰阻力。

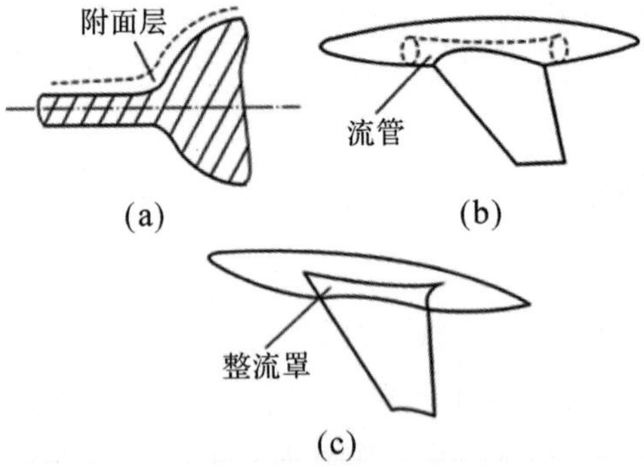

图 2-33　翼身结合处附面层、流管及整流罩

为了减少干扰阻力，通常在机翼机身结合处装整流包皮[见图2-33(c)]，某些跨声速飞机则往往采用蜂腰状机身。

综上所述，全机阻力 X 应为

$$X=\sum X_{摩}+\sum X_{压}+\sum X_{诱}+\sum X_{波}+\sum X_{干} \tag{2-19}$$

其中，符号 $\sum$ 表示对飞机各单独部件求和。式(2-19)可写成

$$X=\sum X_{摩}+\sum X_{压}+\sum X_{诱}+\sum X_{波}+\sum X_{干}=(C_{x摩}+C_{x压}+C_{x诱}+C_{x波}+C_{x干})qS \tag{2-20}$$

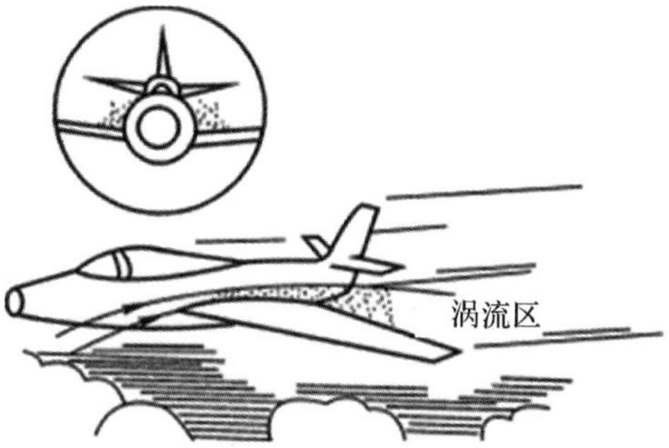

图2-34　翼身结合处的气流分离

2.阻力系数随迎角的变化规律

飞机阻力系数随迎角的变化规律大致如图2-35所示。在小迎角时阻力系数变化很小，并随迎角增大而增大，且变化的速度也加快。下面分析出现这种情况的原因。

在小迎角的条件下，机翼上、下表面的压力差较小，诱导阻力比较小；因为迎角小，机翼表面的压力变化也较缓和，机翼后部分离区很小，因而压差阻力也不是很大；摩擦阻力是阻力的主要组成部分，且只与附面层性质等因素有关，而与迎角无关。因此，阻力系数基本上不随迎角的变化而变。随着迎角增大，机翼升力逐渐增大，诱导阻力在全机所受阻力中的比例逐渐增大。当迎角增大到一定程度时，诱导阻力将会成为阻力的主要成分。由于诱导阻力与升力系数的二次方成正比，这时阻力系数将随 α 的增大而迅速增加。

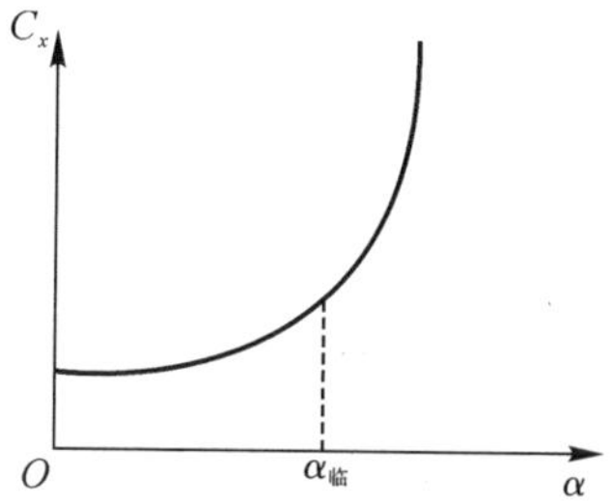

图2-35　C_x 随 α 变化的规律

当迎角接近或超过临界迎角时，迎角的继续增大将会引起机翼表面附面层分离现象的迅速加剧，使压差阻力迅速增大，从而造成阻力系数随迎角增大而迅速增加。

根据阻力系数随迎角的变化规律，在通常的飞行迎角范围内可以把阻力分为两项：一项是

与升力(即迎角)无关的项 C_{x0};另一项为与升力有关的项 AC_y^2。这时,飞机的阻力系数 C_x 可以写为

$$C_x = C_{x0} + AC_y^2 \tag{2-21}$$

式中 C_{x0}——零升阻力系数;

A ——诱导因子,其数值通常可以从飞机技术说明中找到。

3. 阻力系数随马赫数的变化规律

飞机阻力系数随马赫数的变化规律大体上可以分为三个不同速度范围,以零升阻力系数为例进行说明。

(1)亚声速阶段:在亚声速阶段,零升阻力系数 C_{x0} 基本上不随马赫数而变,只有当马赫数较大时才随着马赫数接近临界马赫数而逐渐增大。这是因为在小马赫数时空气压缩性影响很小,飞机各部件表面压力分布基本上不随马赫数而变;随着马赫数的增大,空气压缩性影响逐渐增大,这使得飞机头部、机翼前缘等压力较大的部位的压力增大,从而引起零升阻力系数增大。

(2)跨声速阶段:跨声速阶段,零升阻力系数随马赫数增大而迅速增大。其原因是马赫数超过临界马赫数后,飞机表面出现局部激波,并且随着飞行马赫数(即来流马赫数)增大,局部超声速区不断扩大,局部激波不断加强,使激波阻力迅速增大。特别是当出现激波分离时,阻力系数的增加将更为显著。

(3)超声速阶段:在超声速阶段,飞机表面基本上都是超声速气流,头部激波已经附体。这时机翼表面的压力分布形状基本不变,而压力的变化则小于速压的变化,因而使机翼表面(其他部件表面也有类似情况)的压力系数绝对值 $|C_{p局部}|$ 随马赫数增大而减小,从而使零升阻力系数随马赫数增大而减小。

由式(2-21)可以看出,飞机阻力系数随马赫数的变化规律与零升阻力系数基本相似。图 2-36 所示为三种不同飞机的零升阻力系数 C_{x0} 随马赫数的变化规律。

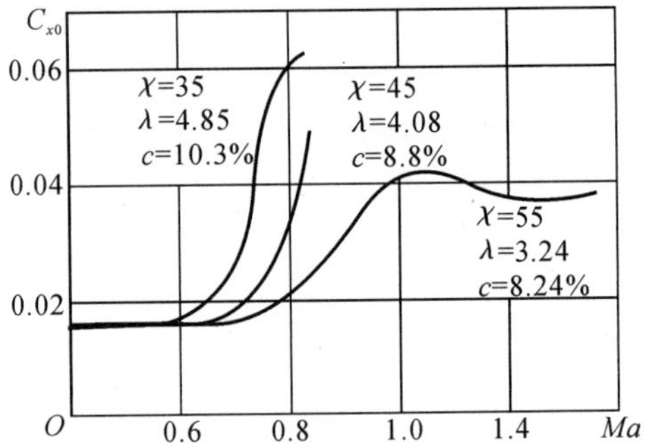

图 2-36 三种飞机的 C_{x0} 随马赫数的变化

2.1.4 飞机极线

随着现代飞机飞行速度的提高,机翼表面设计得越来越小,因而机身和平尾产生的升力有时也会成为不可忽略的成分。

本节首先简略地介绍机身和平尾产生的升力,然后介绍飞机极线及其应用。

一、全机升力的组成

1. 机身对升力的贡献

在飞行中，机身也会产生升力。根据有关资料提供的数据，某些现代飞机单独机身的升力可达单独机翼升力的 2%～3%。机身的存在除了可以直接产生升力外，它还会遮盖一部分机翼面积，使机翼-机身组合体的升力减小。

根据经验，对于中等以上展弦比的机翼，可以认为机翼机身组合体的升力和单独全机翼的升力相同，即

$$Y_{翼\text{-}身} = Y_{翼}$$

2. 平尾升力

在飞行中，平尾像一个缩小了的机翼，其产生升力的原理与机翼完全相同，所不同的是流经平尾的气流事先流过机翼和机身。由于气流是具有黏性的，当气流流过机翼和机身之后就要损失一部分能量，这使得平尾处的气流动压小于飞机前方来流速压，并有

$$k_q = \frac{q_{尾}}{q_{\infty}} = \frac{v_{尾}^2}{v_{\infty}^2} \tag{2-22}$$

式中，k_q 为速度(或动压)阻滞系数，其数值大小与尾翼的位置有关，一般由试验测定，近似计算时可取表 2－1 所列数值。

表 2－1　各种尾翼位置下的 k_q 值

飞机形式	尾翼平面相对于机翼平面的位置	k_q
正常式(尾翼在机翼之后)	尾翼安装在机身上，而且与机翼平面重合	0.85
	尾翼安装在机身上，而且与机翼平面成 45°～90°夹角	0.9
	尾翼位于机身上方或下方，并离开机身一个机身直径距离以上	1.0
鸭式	任意	1.0

此外，气流流过机翼和机身之后要产生下洗流，使平尾的有效迎角减小，并有

$$\alpha_{平尾} = \alpha - \varepsilon \tag{2-23}$$

式中　$\alpha_{平尾}$——平尾不偏转、平尾翼弦与机翼翼弦平行时的迎角；

α——机翼迎角；

ε——气流流过机翼和机身时产生的下洗角，如图 2－37(a)所示。

考虑到下洗角 ε 随机翼迎角增大而增大，并且在迎角不太大的范围内与迎角近似呈线性关系，式(2－23)可以写为

$$\alpha_{平尾} = \alpha - \varepsilon^{\alpha}\alpha = (1 - \varepsilon^{\alpha})\alpha \tag{2-24}$$

考虑到平尾在飞行过程中的偏角，则有

$$\alpha_{平尾} = (1 - \varepsilon^{\alpha})\alpha + \delta_z$$

式中，δ_z 为平尾后缘向下偏转的角度。如图 2－37(b)所示，据上所述，平尾升力为

$$Y_{平尾} = C_{y平尾}\frac{1}{2}\rho v_{平尾}^2 S_{平尾} = C_{y平尾}^{\alpha}\alpha_{平尾}\frac{1}{2}\rho v_{平尾}^2 S_{平尾} \tag{2-25}$$

式中，$C_{y平尾}$，$C_{y平尾}^{\alpha}$ 分别为平尾升力系数、平尾升力系数斜率。

3. 全机升力

全机升力为机翼-机身组合体升力和平尾升力之和，即

$$Y \approx Y_{翼-身} + Y_{平尾} \approx C_{y翼-身} \frac{1}{2}\rho v_{\infty}^{2} S + C_{y平尾} \frac{1}{2}\rho v_{平尾}^{2} S_{平尾} =$$

$$\left(C_{y翼-身}^{\alpha} \alpha + C_{y平尾}^{\alpha} \alpha_{平尾} k_q \frac{S_{平尾}}{S}\right) \frac{1}{2}\rho v_{\infty}^{2} S = \left[C_{y翼-身}^{\alpha} + C_{y平尾}^{\alpha}(1-\varepsilon^{\alpha}) k_q \frac{S_{平尾}}{S}\right] \alpha \frac{1}{2}\rho v_{\infty}^{2} S +$$

$$C_{y平尾}^{\alpha} \delta_z k_q \frac{S_{平尾}}{S} \frac{1}{2}\rho v_{\infty}^{2} S = C_y^{\alpha}\alpha \frac{1}{2}\rho v_{\infty}^{2} S + C_y^{\delta_z}\delta_z \frac{1}{2}\rho v_{\infty}^{2} S = (C_y^{\alpha}\alpha + C_y^{\delta_z}\delta_z) \frac{1}{2}\rho v_{\infty}^{2} S \tag{2-26}$$

式中 C_y^{α}—— 机升力系数斜率，$C_y^{\alpha} = C_{y翼-身}^{\alpha} + C_{y平尾}^{\alpha}(1-\varepsilon^{\alpha}) k_q \dfrac{S_{平尾}}{S}$；

$C_y^{\delta_z}$—— 单位平尾偏角产生的全机升力系数增量，或者叫作平尾效率，则有 $C_y^{\delta_z} = C_{y平尾}^{\alpha} \delta_z k_q \dfrac{S_{平尾}}{S}$

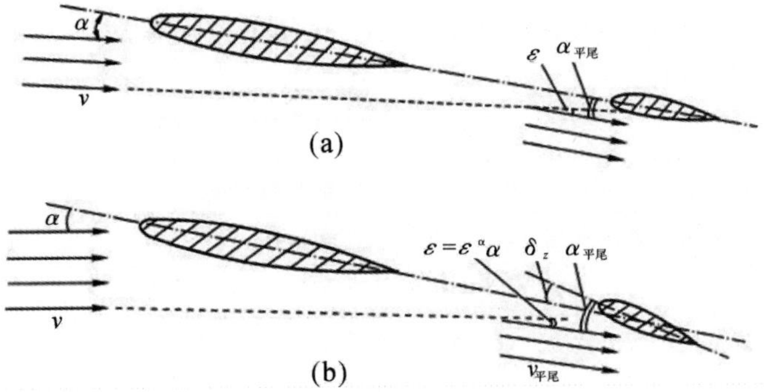

图 2-37 处机翼后方的平尾迎角

对于由不对称翼型组成的机翼-机身组合体，有

$$C_{y翼-身} = C_{y翼-身}^{\alpha}(\alpha + \alpha_0) = C_{y0} + C_{y翼-身}^{\alpha}\alpha$$

则有

$$Y = (C_{y0} + C_y^{\alpha}\alpha + C_y^{\delta_z}\delta_z) \frac{1}{2}\rho v_{\infty}^{2} S \tag{2-27}$$

或者

$$C_y = C_{y0} + C_y^{\alpha}\alpha + C_y^{\delta_z}\delta_z$$

式中，C_{y0} 为当 $\delta_z = 0$ 时的零迎角升力系数。C_{y0}，C_y^{α} 和 $C_y^{\delta_z}$ 一般可以在飞机技术说明书中找到。

二、飞机极线

由上述内容可以看出，飞机的升力系数和阻力系数都是迎角和马赫数的函数。在飞机飞行马赫数一定的情况下，利用 $C_y = f(\alpha)$ 和 $C_x = g(\alpha)$，可以得出 $C_y = f[g^{-1}(C_x)] = \bar{f}(C_x)$ 的关系。据此，以 C_x 为横坐标、以 C_y 为纵坐标作的曲线，就叫作飞机极线，如图 2-38 所示。

可以看出，当 C_x 轴和 C_y 轴采用统一比例时，坐标原点与飞机极线上的每一点的连线都代

表相应迎角条件下的一个总空气动力系数 $C_R=\sqrt{C_x^2+C_y^2}$ 。连线与横轴的夹角 φ 即为总空气动力 $R\left(\text{其中 } R=\sqrt{X^2+Y^2}=C_R\ \frac{1}{2}\rho v_\infty^2 S\right)$ 与相对气流方向之间的夹角；连线与纵轴的夹角，叫作性质角，记为 θ 。

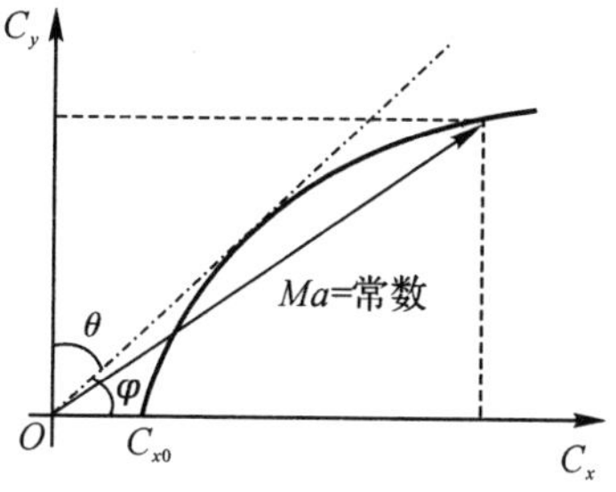

图 2－38　飞机极线

由于
$$\tan\theta=\frac{C_x}{C_y}=\frac{X}{Y}$$
可以看出，性质角 θ 越小，产生同一升力时产生的阻力越小，也就是飞机的空气动力性能越好。通常把 $K=\frac{C_y}{C_x}$ 叫作飞机的升阻比，则有
$$K=\frac{C_y}{C_x}=\frac{Y}{X}=\cot\theta \tag{2-28}$$
由式(2－28)可知，若 θ 越小，则升阻比越大。

三、飞机极线的应用

1．利用飞机极线计算平飞需用推力

飞机做等速平飞时，作用于飞机的所有外力(升力、阻力、发动机推力，见图 2－39)应该平衡，即
$$\begin{cases}Y+P\sin\alpha=G\\P\cos\alpha=X\end{cases}$$
式中　G ——飞机重力；

P ——发动机推力，假定发动机推力线与飞机纵轴平行。

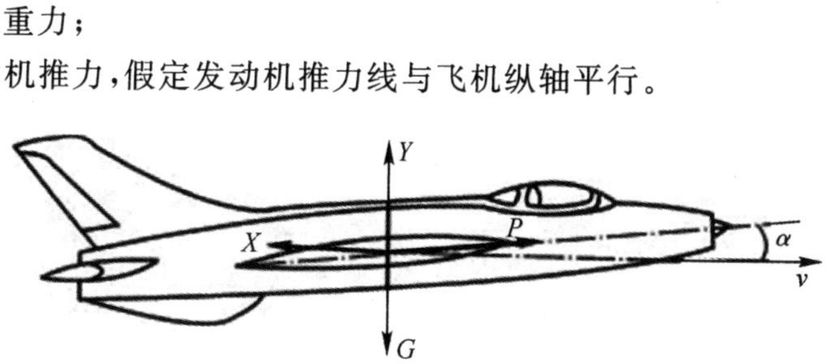

图 2－39　飞机平飞

在迎角 α 不大的情况下，近似地有
$$\begin{cases}Y=G\\P=X\end{cases}$$

当飞机飞行高度和速度 v 、重力 G 已知时，可求得

$$C_y=\frac{Y}{\frac{1}{2}\rho v^2 S}=\frac{G}{\frac{1}{2}\rho v^2 S}$$

然后查相应马赫数的飞机极线，可以求得 C_x 。由于

$$P=X=C_x\ \frac{1}{2}\rho v^2 S$$

可求得在该高度以速度 v 平飞所需要的推力。

2. 求飞机以不同马赫数飞行时的最大升阻比

由坐标原点向各不同马赫数的极线作切线，切点作对应的升阻比即为各对应极线的最大升阻比 $K_{\max}(Ma)$ 。

2.2 坐标系的建立

2.2.1 坐标系分类及其定义

飞机在空间的运动，可以看作是飞机质心的运动和飞机绕质心的转动两部分的合成。研究飞机质心运动，最方便的莫过于采用航迹坐标系为动坐标系，把加速度$\frac{\mathrm{d}\boldsymbol{V}}{\mathrm{d}t}$和诸外力在此坐标系上投影。但是考虑到诸外力的方向各不相同，重力 $\boldsymbol{G}$ 铅直向下，升力 $\boldsymbol{Y}$ 和阻力 $\boldsymbol{X}$ 则分别垂直和沿着速度方向，推力 $\boldsymbol{P}$ 则在飞机纵轴方向上，为了投影的方便，这里讨论几种常用的坐标系及它们之间的转换关系。

1. 地面坐标系（也称静止坐标系或地轴系）$OX_dY_dZ_d$

定义坐标原点 O 选在地面某点上；在水平面内，选定某一方向作为 OX_d 轴；自 O 点垂直向上的方向作为 OY_d 轴；按右手定则选垂直于 OX_dY_d 平面指向右方的方向作为 OZ_d 轴，显然 OX_dZ_d 平面在水平面内，如图 2-40 所示。规定在任一根轴内的转动角度及角速度矢量均以该角或角速度矢量的方向与坐标轴的正方向相同为正。从原点 O 到飞机质心 m 引矢径 $\boldsymbol{r}$，根据理论力学知识可知

$$\boldsymbol{v}=\frac{\mathrm{d}\boldsymbol{r}}{\mathrm{d}t}$$

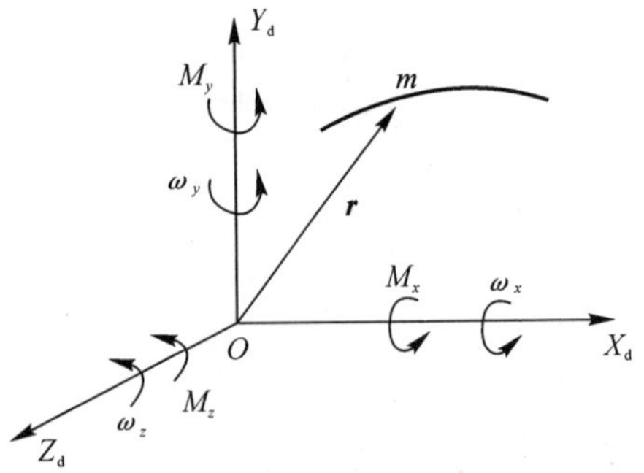

图 2-40 地面坐标系图

2. 惯性坐标系 $OX_gY_gZ_g$

定义坐标原点 O 在飞机质心上；三个坐标轴的正方向与地轴系的正方向相同，即坐标轴随飞机质心做移动而不转动。

3. 航迹坐标系（简称航迹轴系）$OXYZ$

定义坐标原点 O 在飞机质心上；OX 的正方向指向飞行速度 $\boldsymbol{v}$ 的正方向；OY 轴在铅垂平面内与 OX 轴相垂直，指向上方；OZ 轴与 OXY 平面相垂直，按右手定则指向右方。

4. 速度坐标系 $OX_sY_sZ_s$

定义速度坐标系的原点 O 在飞机质心上；OX_s 轴指向飞机速度 $\boldsymbol{v}$ 的正方向；OY_s 与 OX_s 相垂直且在飞机的对称平面内指向飞行员的头顶方向；OZ_s 轴与 OX_sY_s 面相垂直，指向右侧方。

5. 机体坐标系（简称机体系）$OX_tY_tZ_t$

定义机体系的原点 O 在飞机质心上；OX_t 轴在飞机的对称轴（飞机纵轴）上指向机头方向；OY_t 轴在飞机对称面内垂直于 OX_t 轴，并指向驾驶员头顶方向；OZ_t 轴则垂直于 OX_tY_t 平面指向右方。

6. 半机体坐标系 $OX_bY_bZ_b$（又称半机体系）

定义半机体系的原点 O 在飞机质心上；OX_b 轴在飞机对称面内，沿着速度矢量 $\boldsymbol{v}$ 的正方向；OY_b 轴在飞机对称面内垂直于 OX_b 轴，指向驾驶员头顶上方；OZ_b 轴垂直于 OX_bY_b 平面，指向右侧方向。

2.2.2　正交坐标系之间的转换公式

前面介绍了几个常用坐标系的定义，这些坐标系之间可以根据确定的角度关系进行相互之间的变换。下面首先介绍基准坐标系沿三个轴分别进行一个角度转换时，两坐标系之间的转换矩阵。

一、基本变换公式

设 $\boldsymbol{I}_0=[x_0\ y_0\ z_0]^{\mathrm{T}}$ 表示基准坐标系的列向量；$\boldsymbol{I}_i=[x_i\ y_i\ z_i]^{\mathrm{T}}(i=1,2,3)$ 表示基准坐标系沿 3 个轴分别进行一个角度转换时，形成新坐标系“1”“2”“3”的列向量。

1. 基准坐标系与“1”坐标系

基准坐标系绕其 y 轴转过 Ω_y 角，则得到“1”坐标系，如图 2 - 41 所示。

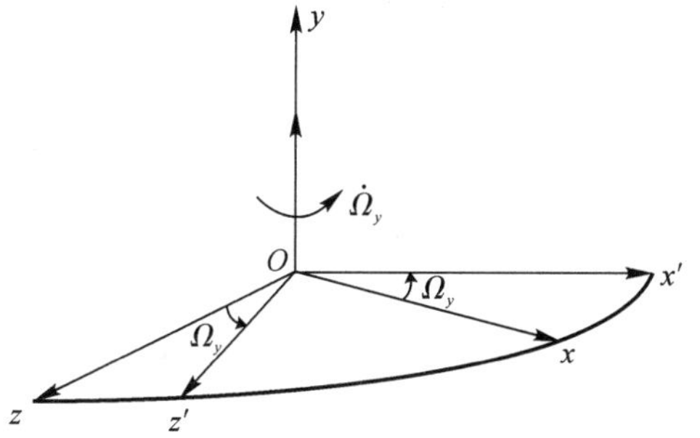

图 2 - 41　基准坐标系绕 y 轴旋转的示意图

"1"坐标系与基准坐标系之间的转换关系为

$$\boldsymbol{I}_1=\begin{bmatrix}x_1\\y_1\\z_1\end{bmatrix}=\begin{bmatrix}\cos\Omega_y & 0 & -\sin\Omega_y\\0 & 1 & 0\\\sin\Omega_y & 0 & \cos\Omega_y\end{bmatrix}\begin{bmatrix}x_0\\y_0\\z_0\end{bmatrix}=\boldsymbol{Y}_{\Omega_y}\boldsymbol{I}_0$$

转换矩阵为

$$\boldsymbol{Y}_{\Omega_y}=\begin{bmatrix}\cos\Omega_y & 0 & -\sin\Omega_y\\0 & 1 & 0\\\sin\Omega_y & 0 & \cos\Omega_y\end{bmatrix}$$

2. 基准坐标系与"2"坐标系

基准坐标系绕其 z 轴转过 Ω_z 角，则得到"2"坐标系，如图 2－42 所示。

"2"坐标系与基准坐标系之间的转换关系为

$$\boldsymbol{I}_2=\begin{bmatrix}x_2\\y_2\\z_2\end{bmatrix}=\begin{bmatrix}\cos\Omega_z & \sin\Omega_z & 0\\-\sin\Omega_z & \cos\Omega_z & 0\\0 & 0 & 1\end{bmatrix}\begin{bmatrix}x_0\\y_0\\z_0\end{bmatrix}=\boldsymbol{Z}_{\Omega_z}\boldsymbol{I}_0$$

转换矩阵为

$$\boldsymbol{Z}_{\Omega_z}=\begin{bmatrix}\cos\Omega_z & \sin\Omega_z & 0\\-\sin\Omega_z & \cos\Omega_z & 0\\0 & 0 & 1\end{bmatrix}$$

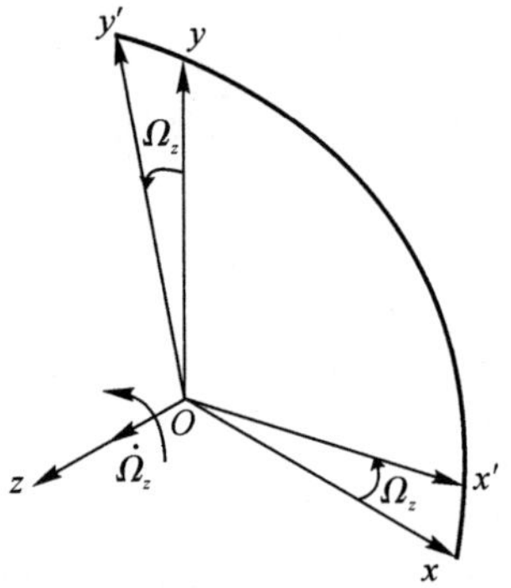

图 2－42　基准坐标系绕 z 轴旋转的示意图

3. 基准坐标系与"3"坐标系

基准坐标系绕其 x 轴转过 Ω_x 角，则得到"3"坐标系，如图 2－43 所示。

"3"坐标系与基准坐标系之间的转换关系为

$$\boldsymbol{I}_3=\begin{bmatrix}x_3\\y_3\\z_3\end{bmatrix}=\begin{bmatrix}1 & 0 & 0\\0 & \cos\Omega_x & \cos\Omega_x\\0 & -\sin\Omega_x & \cos\Omega_x\end{bmatrix}\begin{bmatrix}x_0\\y_0\\z_0\end{bmatrix}=\boldsymbol{X}_{\Omega_x}\boldsymbol{I}_0$$

转换矩阵为

$$\boldsymbol{X}_{\Omega_x}=\begin{bmatrix}1 & 0 & 0\\ 0 & \cos\Omega_x & \sin\Omega_x\\ 0 & -\sin\Omega_x & \cos\Omega_x\end{bmatrix}$$

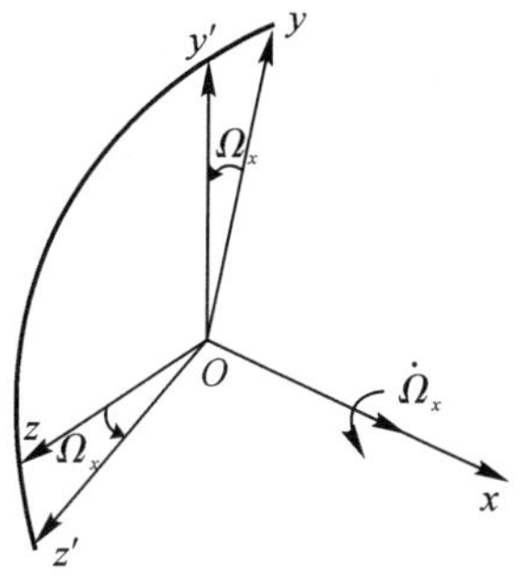

图 2-43　基准坐标系绕 x 轴旋转的示意图

我们一般称 Ω_y 为方位角，Ω_z 为俯仰角，Ω_x 为横滚角。在上述坐标系的转换过程中，需要注意以下几点：

(1)从基准坐标系转到“1”“2”或“3”坐标系时，若方位角、俯仰角、横滚角都存在，则一般需要遵循先转方位角，再转俯仰角，最后转横滚角的规则。因为一般情况下：

$$\boldsymbol{X}_{\Omega_x}\boldsymbol{Z}_{\Omega_z}\neq\boldsymbol{Z}_{\Omega_z}\boldsymbol{X}_{\Omega_x}$$

所以，当 Ω_x ，Ω_y ，Ω_z 均存在时，基准坐标系与“1”“2”“3”坐标系的关系如下：

$$\begin{cases}\boldsymbol{I}_1=\boldsymbol{Y}_{\Omega_y}\boldsymbol{I}_0\\ \boldsymbol{I}_2=\boldsymbol{Z}_{\Omega_z}\boldsymbol{Y}_{\Omega_y}\boldsymbol{I}_0\\ \boldsymbol{I}_3=\boldsymbol{X}_{\Omega_x}\boldsymbol{Z}_{\Omega_z}\boldsymbol{Y}_{\Omega_y}\boldsymbol{I}_0\end{cases}$$

(2)转换矩阵的逆是其转换矩阵的转置，即

$$\begin{cases}\boldsymbol{X}_{\Omega_x}^{-1}=\boldsymbol{X}_{\Omega_x}^{\mathrm{T}}\\ \boldsymbol{Y}_{\Omega_y}^{-1}=\boldsymbol{Y}_{\Omega_y}^{\mathrm{T}}\\ \boldsymbol{Z}_{\Omega_z}^{-1}=\boldsymbol{Z}_{\Omega_z}^{\mathrm{T}}\end{cases}$$

二、几组典型坐标系之间的转换关系

为了清楚地描述坐标系之间的转换关系，我们先定义几个常用角度：

俯仰角 ϑ ：飞机纵轴 OX_t 与水平面的夹角，以上仰为正，下俯为负。

偏航角 ψ ：飞机纵轴 OX_t 在水平面上的投影方向 OX'_t 与预定飞行方向 OX 之间的夹角，以机头左偏为正，机头右偏为负(见图 2-44)。

倾斜角(滚动角) γ ：坡度角，即飞机立轴 OY_t 与通过飞机纵轴 OX_t 的铅垂面之间的夹角，沿 OY_t 方向观察立轴向右偏为正，立轴向左偏为负(见图 2-45)。

迎角 α ：飞行速度向量在飞机对称面内的投影与机体纵轴 OX_t 之间的夹角。当 OX_t 轴在

投影线之上时迎角为正，反之为负。

侧滑角 β ：飞行速度向量与飞机对称面之间的夹角。当飞行速度向量指向飞机右方时，侧滑角为正，否则为负。

航迹倾斜角 θ ：飞行速度向量（即 OX_s 轴）与水平面之间的夹角。

航迹偏转角 ψ_c ：飞行速度向量在水平面上的投影与地面轴 OX_d（预定航向）之间的夹角。

速度轴系倾斜角 γ_c ：速度系 X_sOY_s 平面与铅垂面之间的夹角。

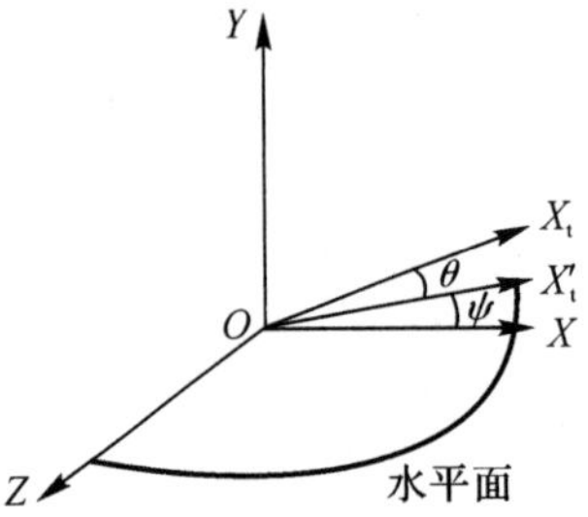

图 2-44　俯仰角和偏航角示意图

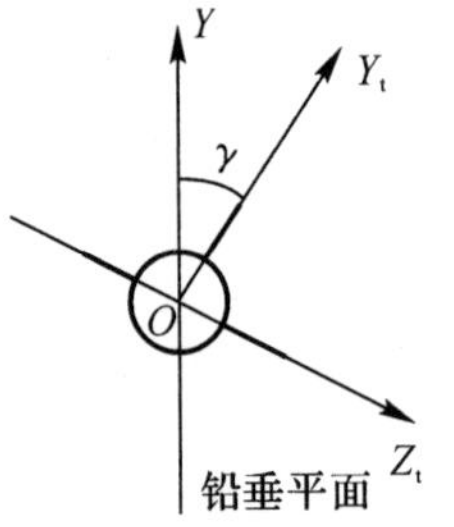

图 2-45　滚动角示意图

1. 惯性系与航迹系

航迹系与惯性系的关系以及航迹系与地轴系的关系，除了移动部分不相同外，其转动的角度关系是一样的，故我们一般以惯性系为基准系。

在惯性系 $OX_gY_gZ_g$ 的基础上先绕 OY_g 轴沿①所示方向转动一个航迹偏转角 ψ_c ，到达 $OX'Y_gZ$ 的新位置，再绕新位置的 OZ 轴沿②所示方向旋转一个航迹倾斜角 θ ，到达 $OXYZ$ 系的位置（见图 2-46）。

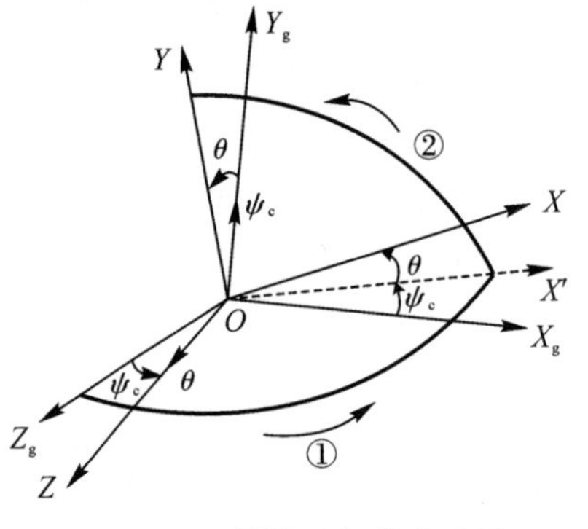

图 2-46　惯性系与航迹系图

由此可以得到惯性系与航迹系之间的转换关系为

$$\boldsymbol{I}=\boldsymbol{Z}_{\theta}\boldsymbol{Y}_{\psi_c}\boldsymbol{I}_{g}$$

得到惯性系与航迹系之间的转换矩阵为

$$\boldsymbol{T}=\boldsymbol{Z}_{\theta}\boldsymbol{Y}_{\psi_c}$$

2. 惯性系与速度系

由图 2-47 可以看出，速度系是在航迹系的基础上再绕 OX 轴沿③所示方向旋转了一个

γ_c 角而得到的，称 γ_c 为速度系倾斜角。因此惯性系与速度系的转换关系为

$$\boldsymbol{I}_s = \boldsymbol{X}_{\gamma_c} \boldsymbol{Z}_{\theta} \boldsymbol{Y}_{\psi_c} \boldsymbol{I}_g \tag{2-29}$$

转换矩阵为

$$\boldsymbol{T} = \boldsymbol{X}_{\gamma_c} \boldsymbol{Z}_{\theta} \boldsymbol{Y}_{\psi_c} \tag{2-30}$$

3. 惯性系与机体系

机体系是在惯性系的基础上分别逐步绕 Y，Z，X 轴转动了飞机偏航角 ψ、飞机俯仰角 ϑ 及飞机倾斜角（又称横滚角）γ。因此惯性系与机体系的转换关系，与惯性系对速度系的关系相类似，只不过转动的角度不一样而已（见图 2-48）。

参照式（2-29）有

$$\boldsymbol{I}_t = \boldsymbol{X}_{\gamma} \boldsymbol{Z}_{\vartheta} \boldsymbol{Y}_{\psi} \boldsymbol{I}_g$$

相应的转换矩阵为

$$\boldsymbol{T} = \boldsymbol{X}_{\gamma} \boldsymbol{Z}_{\vartheta} \boldsymbol{Y}_{\psi}$$

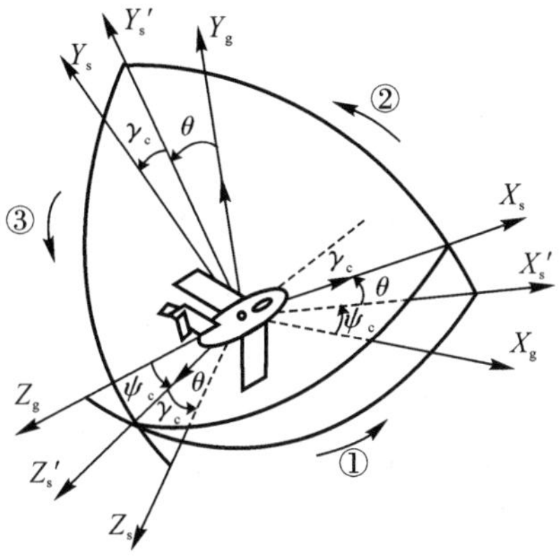

图 2-47　惯性系和速度系图

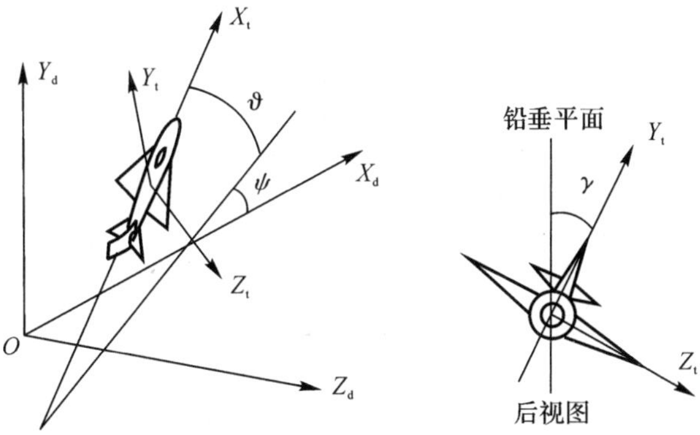

图 2-48　惯性系与机体系图

4. 航迹系与机体系

这里我们需要注意，与上面的转换不同，机体系是在航迹系的基础上逐次绕 X，Y，Z 轴

旋转而成的，如图 2－49 所示。

在航迹系基础上，绕 X 轴转到 γ_c 角，成为速度系；在速度系基础上，绕 Y_s 轴转动侧滑角 β 成为半机体系；在半机体系的基础上，绕 Z_b 轴转动迎角 α 成为机体系。

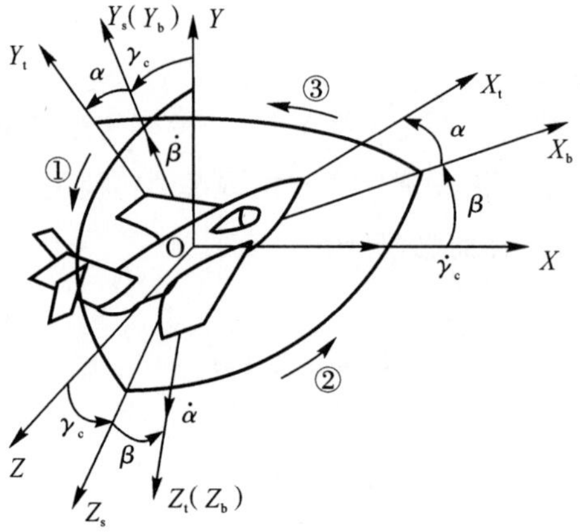

图 2－49　航迹系与机体系的关系图

航迹系与机体系的转换关系为

$$\boldsymbol{I}_t=\boldsymbol{Z}_\alpha\boldsymbol{Y}_\beta\boldsymbol{X}_{\gamma_c}\boldsymbol{I}$$

转换矩阵为

$$\boldsymbol{T}=\boldsymbol{Z}_\alpha\boldsymbol{Y}_\beta\boldsymbol{X}_{\gamma_c}$$

由于 $\boldsymbol{I}_t$ 还可以表示为

$$\boldsymbol{I}_t=\boldsymbol{X}_\gamma\boldsymbol{Z}_\vartheta\boldsymbol{Y}_\psi\boldsymbol{I}_g$$

所以

$$\boldsymbol{X}_\gamma\boldsymbol{Z}_\vartheta\boldsymbol{Y}_\psi\boldsymbol{I}_g=\boldsymbol{Z}_\alpha\boldsymbol{Y}_\beta\boldsymbol{X}_{\gamma_c}\boldsymbol{I}=\boldsymbol{Z}_\alpha\boldsymbol{Y}_\beta\boldsymbol{X}_{\gamma_c}\boldsymbol{Z}_\theta\boldsymbol{Y}_{\psi_c}\boldsymbol{I}_g$$

即

$$\boldsymbol{X}_\gamma\boldsymbol{Z}_\vartheta\boldsymbol{Y}_\psi=\boldsymbol{Z}_\alpha\boldsymbol{Y}_\beta\boldsymbol{X}_{\gamma_c}\boldsymbol{Z}_\theta\boldsymbol{Y}_{\psi_c}$$

利用上式，可以找到各角度之间的关系，见表 2－2。

表 2－2　各坐标系间的关系

惯性系 $OX_gY_gZ_g$				
$\psi_c\rightarrow\theta$	航迹系 $OXYZ$			
$\psi_c\rightarrow\theta\rightarrow\gamma_c$	γ_c	速度系 $OX_sY_sZ_s$		
$\psi\rightarrow\vartheta\rightarrow\gamma$	$\gamma_c\rightarrow\beta\rightarrow\alpha$	$\beta\rightarrow\alpha$	机体系 $OX_tY_tZ_t$	
$\psi\rightarrow\vartheta\rightarrow\gamma\rightarrow-\alpha$ $\psi_c\rightarrow\theta\rightarrow\gamma_c\rightarrow\beta$	$\gamma_c\rightarrow\beta$	β	$-\alpha$	半机体系 $OX_bY_bZ_b$

表 2-2 中，自上面的坐标系向下面的坐标系转换，按箭头方向旋转相应的角度，得到转换矩阵；反之，则按箭头的反方向旋转相应的负角度得到转置了的转换矩阵。

2.3　飞行动力学方程的建立

飞机动力学方程是飞机运动规律的数学描述。考虑到飞机是一个极其复杂的动力学系统，准确地写出它的动力学方程是非常困难和复杂的。对本节所讨论的动力学方程做如下简化假设：

(1)忽略地球的旋转运动和地球曲率，即所谓平板静止地球假设，从而略去地球运动产生的离心加速度以及地球旋转和飞机运动产生的哥氏加速度；

(2)忽略重力加速度随飞行高度的变化；

(3)忽略飞机的弹性形变和旋转部件的影响，即把飞机看成为刚体，也不考虑飞机飞行质量的变化。

根据上述假设，飞机在空中的运动相当于一个具有六个自由度的刚体运动：三个描述重心线运动的自由度和三个描述绕重心转动的自由度。

1. 飞机的重心运动方程(力方程)

根据力学原理，飞机的重心运动方程为 $m\boldsymbol{a}=\sum\boldsymbol{F}$，其中 m 为飞机质量，$\boldsymbol{F}$ 为作用于飞机的外力合矢量，$\boldsymbol{a}$ 为飞机重心的加速度矢量，则有

$$\boldsymbol{a}=\frac{\mathrm{d}\boldsymbol{v}}{\mathrm{d}t}=\frac{\delta\boldsymbol{v}}{\delta t}+\boldsymbol{\omega}\times\boldsymbol{v} \tag{2-31}$$

式中　$\boldsymbol{v}$ ——重心的速度矢量；

$\boldsymbol{\omega}$ ——坐标系的转动角速度矢量；

$\delta\boldsymbol{v}$ ——坐标系不转动时飞机速度矢量对时间的导数，称为局部导数。

对于机体轴系，把飞机重心加速度 $\boldsymbol{a}$ 的表达式代入重心运动方程，并写成沿三个坐标系的分量形式，可以得到

$$\left.\begin{aligned}m\left(\frac{\mathrm{d}v_x}{\mathrm{d}t}+\omega_y v_z-\omega_z v_y\right)&=\sum X\\ m\left(\frac{\mathrm{d}v_y}{\mathrm{d}t}+\omega_z v_x-\omega_x v_z\right)&=\sum Y\\ m\left(\frac{\mathrm{d}v_z}{\mathrm{d}t}+\omega_x v_y-\omega_y v_x\right)&=\sum Z\end{aligned}\right\} \tag{2-32}$$

式中，$\sum X$，$\sum Y$，$\sum Z$ 分别为 $\boldsymbol{F}$ 沿机体纵轴、立轴和横轴的投影分量。

在式(2-32)中为了简化，标志机体轴系的下标均已省略，以下将采用类似的表达形式，不再另作说明。现在我们来导出式(2-32)。

飞机在空间做运动时，其速度矢量 $\boldsymbol{v}$ 的大小在变化，其方向也随飞机不断地改变飞行姿态而变化。设动坐标系在空间绕质心做旋转运动，其旋转角速度为 $\boldsymbol{\omega}$，任选一原点固连于质心上

的动坐标系 $OXYZ$,则 $\boldsymbol{w}$ 和 $\boldsymbol{v}$ 可表示为

$$\left.\begin{aligned}\boldsymbol{\omega}&=\boldsymbol{\omega}_x\boldsymbol{i}+\omega_y\boldsymbol{j}+\omega_z\boldsymbol{k}\\\boldsymbol{v}&=v_x\boldsymbol{i}+v_y\boldsymbol{j}+v_z\boldsymbol{k}\end{aligned}\right\}\tag{2-33}$$

式中,$\boldsymbol{i}$,$\boldsymbol{j}$,$\boldsymbol{k}$ 分别为动坐标系三个轴上的单位矢量。随着动坐标系在空间的旋转,虽然 $\boldsymbol{i}$,$\boldsymbol{j}$,$\boldsymbol{k}$ 的模不变,但其方向却是不断变化的。故飞机运动学方程为

$$\boldsymbol{a}=\frac{\mathrm{d}\boldsymbol{v}}{\mathrm{d}t}=\frac{\mathrm{d}v_x}{\mathrm{d}t}\boldsymbol{i}+v_x\frac{\mathrm{d}\boldsymbol{i}}{\mathrm{d}t}+\frac{\mathrm{d}v_y}{\mathrm{d}t}\boldsymbol{j}+v_y\frac{\mathrm{d}\boldsymbol{j}}{\mathrm{d}t}+\frac{\mathrm{d}v_z}{\mathrm{d}t}\boldsymbol{k}+v_z\frac{\mathrm{d}\boldsymbol{k}}{\mathrm{d}t}\tag{2-34}$$

由理论力学知(见图 2-50)

$$\left.\begin{aligned}\frac{\mathrm{d}\boldsymbol{i}}{\mathrm{d}t}&=\boldsymbol{\omega}\times\boldsymbol{i}\\\frac{\mathrm{d}\boldsymbol{j}}{\mathrm{d}t}&=\boldsymbol{\omega}\times\boldsymbol{j}\\\frac{\mathrm{d}\boldsymbol{k}}{\mathrm{d}t}&=\boldsymbol{\omega}\times\boldsymbol{k}\end{aligned}\right\}\tag{2-35}$$

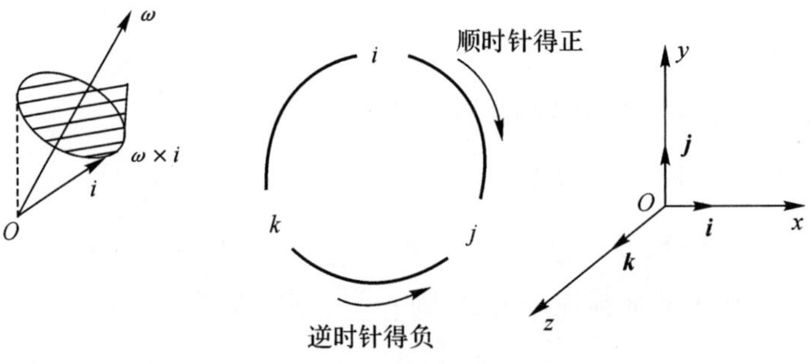

图 2-50　叉乘示意图

把式(2-35)代入式(2-34)并注意到式(2-33)的分量表示法,则有

$$\begin{aligned}\boldsymbol{a}=\frac{\mathrm{d}\boldsymbol{v}}{\mathrm{d}t}=&\frac{\mathrm{d}v_x}{\mathrm{d}t}\boldsymbol{i}+\frac{\mathrm{d}v_y}{\mathrm{d}t}\boldsymbol{j}+\frac{\mathrm{d}v_z}{\mathrm{d}t}\boldsymbol{k}+\\&v_x[(\omega_x\boldsymbol{i}+\omega_y\boldsymbol{j}+\omega_z\boldsymbol{k})\times\boldsymbol{i}]+v_y[(\omega_x\boldsymbol{i}+\omega_y\boldsymbol{j}+\omega_z\boldsymbol{k})\times\boldsymbol{j}]+\\&v_y[(\omega_x\boldsymbol{i}+\omega_y\boldsymbol{j}+\omega_z\boldsymbol{k})\times\boldsymbol{k}]\end{aligned}\tag{2-36}$$

根据矢量代数知识,展开式(2-36)第四项(第五、六项依此类推)得 $v_x(\omega_x\boldsymbol{i}\times\boldsymbol{i}+\omega_y\boldsymbol{j}\times\boldsymbol{i}+\omega_z\boldsymbol{k}\times\boldsymbol{i})$。而 $\boldsymbol{i}\times\boldsymbol{i}=\boldsymbol{0}$, $\boldsymbol{j}\times\boldsymbol{i}=-\boldsymbol{k}$, $\boldsymbol{k}\times\boldsymbol{i}=\boldsymbol{j}$ 。

如图 2-50 所示,单位矢量叉乘时,顺时针相邻两矢量相叉乘,得正的第三个矢量,逆时针相邻的两矢量相叉乘,得负的第三个矢量。

故上式第四项为 $v_x(\omega_z\boldsymbol{j}-\omega_y\boldsymbol{k})$,则

$$\begin{aligned}\boldsymbol{a}=\frac{\mathrm{d}\boldsymbol{v}}{\mathrm{d}t}=&\frac{\mathrm{d}v_x}{\mathrm{d}t}\boldsymbol{i}+\frac{\mathrm{d}v_y}{\mathrm{d}t}\boldsymbol{j}+\frac{\mathrm{d}v_z}{\mathrm{d}t}\boldsymbol{k}+\\&v_x(\omega_z\boldsymbol{j}-\omega_y\boldsymbol{k})+v_y(\omega_x\boldsymbol{k}-\omega_z\boldsymbol{i})+v_z(\omega_y\boldsymbol{i}-\omega_x\boldsymbol{j})=\\&\left(\frac{\mathrm{d}v_x}{\mathrm{d}t}+v_z\omega_y-v_y\omega_z\right)\boldsymbol{i}+\left(\frac{\mathrm{d}v_y}{\mathrm{d}t}+v_x\omega_z-v_z\omega_x\right)\boldsymbol{j}+\left(\frac{\mathrm{d}v_z}{\mathrm{d}t}+v_y\omega_x-v_x\omega_y\right)\boldsymbol{k}\end{aligned}\tag{2-37}$$

按动坐标系的三个轴分量,写成动力学方程式,可得

$$\begin{cases} m\left(\dfrac{\mathrm{d}v_x}{\mathrm{d}t}+\omega_y v_z-\omega_z v_y\right)=\sum X \\ m\left(\dfrac{\mathrm{d}v_y}{\mathrm{d}t}+\omega_z v_x-\omega_x v_z\right)=\sum Y \\ m\left(\dfrac{\mathrm{d}v_z}{\mathrm{d}t}+\omega_x v_y-\omega_y v_x\right)=\sum Z \end{cases}$$

如果动坐标系选得恰到好处，式(2－32)将具有最简单的形式。

若选用航迹坐标系为所讨论的动坐标系，则飞机质心速度矢量 $\boldsymbol{v}$ 在该坐标系三个轴上的投影分量，分别是

$$v_x=v\ ,\ v_y=0\ ,\ v_z=0$$

代入式(2－32)，便得到选用航迹坐标系为动坐标系时的运动方程式：

$$\left.\begin{aligned} a_x&=\frac{\mathrm{d}v}{\mathrm{d}t} \\ a_y&=v\omega_z \\ a_z&=-v\omega_y \end{aligned}\right\} \tag{2－38}$$

动坐标系对于惯性系的旋转角速度矢量 $\boldsymbol{\omega}$，在航迹系的三个轴上的投影分量(见图 2－46)为

$$\left.\begin{aligned} \omega_x&=\dot{\psi}_c\sin\theta=\frac{\mathrm{d}\psi_c}{\mathrm{d}t}\sin\theta \\ \omega_y&=\dot{\psi}_c\cos\theta=\frac{\mathrm{d}\psi_c}{\mathrm{d}t}\cos\theta \\ \omega_z&=\dot{\theta}=\frac{\mathrm{d}\theta}{\mathrm{d}t} \end{aligned}\right\} \tag{2－39}$$

将式(2－39)代入式(2－38)得

$$\left.\begin{aligned} m\frac{\mathrm{d}v}{\mathrm{d}t}&=\sum X \\ mv\frac{\mathrm{d}\theta}{\mathrm{d}t}&=\sum Y \\ m\left(-v\cos\theta\frac{\mathrm{d}\psi_c}{\mathrm{d}t}\right)&=\sum Z \end{aligned}\right\} \tag{2－40}$$

式(2－40)便是航迹坐标系的飞机质心动力学方程式。

在一般情况下，飞机在飞行时，受到的诸外力如图 2－51 所示。

重力 $\boldsymbol{G}$：铅直向下，沿惯性轴系的 OY_g 反方向。

升力 $\boldsymbol{Y}$：沿半体轴系 OY_b 的正方向。

阻力 $\boldsymbol{Q}$：沿半体轴系 OX_b 的反方向。

侧向力 $\boldsymbol{Z}$：沿半体轴系 OZ_b 的正方向(当飞机有侧滑角时，即产生侧向力 $\boldsymbol{Z}$)。

发动机推力 $\boldsymbol{P}$：沿机体轴系 OX_t 的正方向(一般飞机，翼弦常对 OX_t 轴倾斜一个角度 φ)。

根据诸外力的作用方向，用相对于航迹轴系的转换关系矩阵，便可方便地求出诸外力在航迹轴系三个轴上的投影分量。因此可得

$$\left.\begin{aligned}
&m\frac{\mathrm{d}v}{\mathrm{d}t}=P\cos(\alpha-\varphi)\cos\beta-Q\cos\beta+Z\sin\beta-G\sin\theta\\
&mv\frac{\mathrm{d}\theta}{\mathrm{d}t}=P[\sin(\alpha-\varphi)\cos\gamma_c+\cos(\alpha-\varphi)\sin\beta\sin\gamma_c]-Q\sin\beta\sin\gamma_c+\\
&\qquad Y\cos\gamma_c-G\cos\theta-Z\cos\beta\sin\gamma_c\\
&-mv\cos\theta\frac{\mathrm{d}\psi_c}{\mathrm{d}t}=P[\sin(\alpha-\varphi)\sin\gamma_c-\cos(\alpha-\varphi)\sin\beta\cos\gamma_c]+\\
&\qquad Q\sin\beta\cos\gamma_c+Y\sin\gamma_c+Z\cos\beta\cos\gamma_c
\end{aligned}\right\}\tag{2-41}$$

式(2－41)是在考虑了有倾斜角 γ_c 及侧滑角 β 时，在最普通的飞行状态下，按空间各坐标系转换关系建立起来的，因而对一般的飞行器都具有普遍适用的意义。

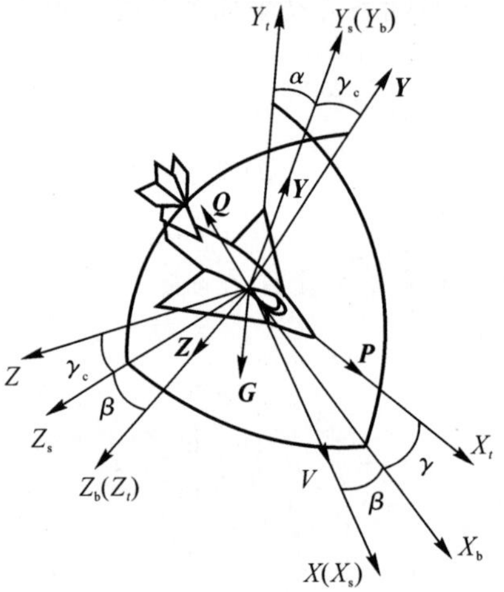

图 2－51　诸外力图

2. 飞机绕重心的转动方程(力矩方程)

根据力学原理，飞机绕重心的转动方程为 $\frac{\mathrm{d}\boldsymbol{H}}{\mathrm{d}t}=\sum\boldsymbol{M}$，其中 $\boldsymbol{M}$ 为作用于飞机的外力矩合矢量，$\boldsymbol{H}$ 为飞机绕重心的动量矩。将 $\frac{\mathrm{d}\boldsymbol{H}}{\mathrm{d}t}=\frac{\delta\boldsymbol{H}}{\delta t}+\boldsymbol{\omega}\times\boldsymbol{H}$ 代入动量矩方程，并写成分量形式，有

$$\left.\begin{aligned}
&\frac{\mathrm{d}H_x}{\mathrm{d}t}+\omega_yH_z-\omega_zH_y=\sum M_x\\
&\frac{\mathrm{d}H_y}{\mathrm{d}t}+\omega_zH_x-\omega_xH_z=\sum M_y\\
&\frac{\mathrm{d}H_z}{\mathrm{d}t}+\omega_xH_y-\omega_yH_x=\sum M_z
\end{aligned}\right\}\tag{2-42}$$

式中：$\sum M_x$，$\sum M_y$，$\sum M_z$ 分别为 $\sum\boldsymbol{M}$ 在机体纵轴、立轴和横轴上的投影分量；H_x，H_y，H_z 分别为动量矩 $\boldsymbol{H}$ 在机体纵轴、立轴和横轴上的投影分量，有

$$\left.\begin{aligned} H_x &= I_x\omega_x - I_{xy}\omega_y \\ H_y &= I_y\omega_y - I_{xy}\omega_x \\ H_z &= I_z\omega_z \end{aligned}\right\} \tag{2-43}$$

式中，I_x，I_y，I_z 及 I_{xy} 分别为飞机绕机体纵轴、立轴、横轴的转动惯量及飞机对机体纵轴和立轴的惯性积。

将式(2-43)代入式(2-42)可以得到

$$\left.\begin{aligned} I_x\frac{\mathrm{d}\omega_x}{\mathrm{d}t} - (I_y - I_z)\omega_y\omega_z - I_{xy}\left(\frac{\mathrm{d}\omega_y}{\mathrm{d}t} - \omega_z\omega_x\right) &= \sum M_x \\ I_y\frac{\mathrm{d}\omega_y}{\mathrm{d}t} - (I_z - I_x)\omega_z\omega_x - I_{xy}\left(\frac{\mathrm{d}\omega_x}{\mathrm{d}t} + \omega_y\omega_z\right) &= \sum M_y \\ I_z\frac{\mathrm{d}\omega_z}{\mathrm{d}t} - (I_x - I_y)\omega_x\omega_y - I_{xy}(\omega_x^2 - \omega_y^2) &= \sum M_z \end{aligned}\right\} \tag{2-44}$$

当机体坐标系和惯性轴系十分接近时(现代飞机机身细长比越来越大，通常十分接近)，可以近似地认为 $I_{xy} \approx 0$，式(2-44)可近似地写为

$$\left.\begin{aligned} I_x\frac{\mathrm{d}\omega_x}{\mathrm{d}t} - (I_y - I_z)\omega_y\omega_z &= \sum M_x \\ I_y\frac{\mathrm{d}\omega_y}{\mathrm{d}t} - (I_z - I_x)\omega_z\omega_x &= \sum M_y \\ I_z\frac{\mathrm{d}\omega_z}{\mathrm{d}t} - (I_x - I_y)\omega_x\omega_y &= \sum M_z \end{aligned}\right\} \tag{2-45}$$

式(2-41)，式(2-44)或式(2-45)即为由六自由度飞机刚体动力学方程，或者叫作飞机的基本运动方程。可以看出这是一些非线性的运动微分方程。在通常的情况下，这组微分方程只能通过数值计算进行求解，所得的结果为一系列离散的数值。

第3章 飞机的性能

3.1 飞机的飞行性能

3.1.1 性能计算的原始数据

一、飞机的重量

通常，对于给定的飞机，在各种使用情况下的质量或质量的突然变化（如投炸弹、付油箱等）都是可以事先确定的。因燃料消耗而引起的质量的变化可根据飞机的需用推力及相应的发动机耗油率进行计算。

在飞行过程中，飞机的质量虽然是不断变化的，但为了简化计算，我们常把飞机质量当作某一个已知的常量。我们也可以对不同的性能选有不同的质量，以使计算较为合理。

二、飞机的空气动力

1. 升力特性

一般飞机的升力主要是靠机翼产生的。水平尾翼及机身的升力很小，因此在计算中可以认为飞机的升力系数就是机翼的升力系数（$C_y = C_{y翼}$），而机翼升力系数曲线随迎角 α 的变化率也就是飞机的升力系数曲线随迎角 α 的变化率，即 $C_y^\alpha = C_{y翼}^\alpha$。

2. 阻力特性

在升力为零时，不仅机翼有阻力（摩擦阻力及压差阻力），机身、尾翼、发动机短舱等也会有阻力，而且相互之间还存在着干扰阻力，所以飞机的零升阻力系数就应写成

$$C_{x0} = C_{x0翼} + \frac{1}{S}(C_{x0身}\ S_{身} + C_{x0尾}\ S_{尾} + \cdots) \qquad (3-1)$$

当升力系数增加时（即 α 角增大），不但机翼阻力会增加，而且机身、尾翼等的压差阻力也会随之而增大，因此飞机的升力阻力系数就比机翼的大。根据实验，有下述关系：

$$C_{x升} = AC_y^2 \qquad (3-2)$$

式中，A 称为诱导阻力因子，可由飞机技术说明书中查得。

图 3-1 给出了某飞机的 C_{x0} 及系数 A 与马赫数的关系曲线，飞机的阻力系数公式可表示为

$$C_x = C_{x0} + AC_y^2 \qquad (3-3)$$

将图 3-1 对应的 C_{x0} 及 A 和 C_y 值，代入式(3-3)求出的各马赫数的 C_y-C_x 曲线称为飞

机的极曲线(或极线)。

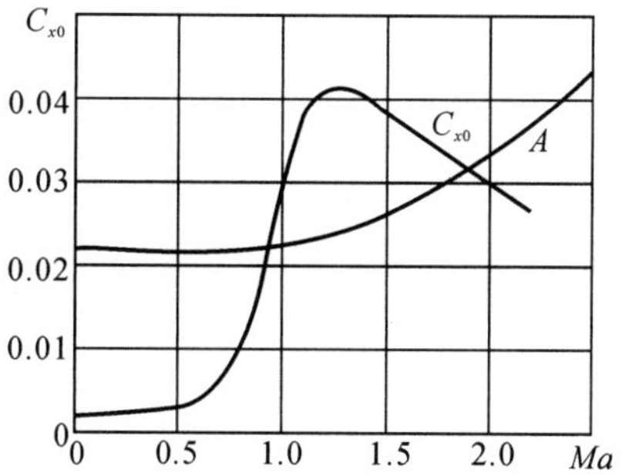

图 3-1　某飞机的 C_{x0} 及 A 与马赫数的关系

三、飞机的平飞需用推力

保持飞机做等速水平直线飞行的条件是:动力装置提供的推力应当等于飞机的迎面阻力,飞机的升力则应当等于飞机的重力。假定发动机推力的方向和飞行方向一致,那么上述条件就可以表示为

$$P_{平需}=Q=C_x\frac{1}{2}\rho v^2 S \tag{3-4}$$

$$G=Y=C_y\frac{1}{2}\rho v^2 S \tag{3-5}$$

从式(3-4)可知,飞机做等速水平飞行时,发动机提供的推力完全用于克服飞机的迎面阻力。通常我们把克服飞机迎面阻力所需的推力,称为飞机的平飞需用推力,并记为 $P_{平需}$。将式(3-5)除式(3-4)可得

$$P_{平需}=\frac{G}{\left(\frac{C_y}{C_x}\right)}=\frac{G}{K} \tag{3-6}$$

式中,$K=\frac{C_y}{C_x}$ 称为升阻比,可由飞机极线求得。

表示需用推力随飞行速度变化的曲线,称为需用推力曲线。为了确定飞机的性能,首先需要绘制海平面的需用推力曲线,其方法如下:

(1)给出一系列马赫数,计算出相应的飞行速度。

(2)根据平飞公式算出升力系数,平飞公式如下:

$$\left.\begin{aligned}&G=C_y\frac{1}{2}\rho v^2 S\\&C_y=\frac{2G}{\rho S v^2}\\&C_y=\frac{2G}{\rho S Ma^2 a^2}=\left(\frac{2G}{\rho S a^2}\right)\frac{1}{Ma^2}=\frac{C}{Ma^2}\end{aligned}\right\} \tag{3-7}$$

式中,常数 $C=\frac{2G}{\rho S a^2}$。

(3)根据飞机极线图,查出每一升力系数 C_y 对应的阻力系数 C_x,并算出其相应的升阻比

$K=\dfrac{C_y}{C_x}$。

当已知 C_{x0} 和 A 时，也可根据公式 $C_x=C_{x0}+AC_y^2$ 求出 C_x，随后再算出 K。

(4)根据已知重量和每个马赫数下的 K，算出平飞所需推力，即 $P_{平需}=\dfrac{G}{K}$。

(5)以 v（或 Ma）为横坐标，$P_{平需}$ 为纵坐标，绘出平飞所需推力曲线图。

例 3.1　计算某超声速歼击机在 $H=8$ km 的平飞所需推力曲线。

解：　由 $H=8\ 000$ m，$S=23$ m^2，$G=64\ 778$ N

得　$\rho=0.524\ 8$ kg/m^3，$a=308$ m/s$=1\ 108.8$ km/h

经计算可得

$$C=\frac{2G}{\rho a^2 S}=\frac{2\times 64\ 778}{0.524\ 8\times 308^2\times 23}=0.113$$

绘出的平飞所需推力曲线，如图 3-2 所示。

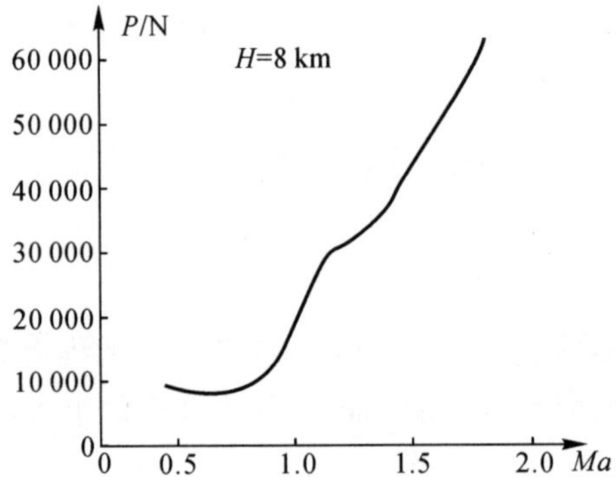

图 3-2　平飞所需推力曲线(某超声速飞机)

四、动力装置的可用推力

动力装置的可用推力，一般是指飞机上所有发动机都以满油门状态工作时所能提供的最大推力。它等于每台发动机的可用推力扣除进、排气及泄气等损失后乘以发动机台数的总推力，因此它和发动机的特性有很大关系。下面介绍两个重要特性。

1. 飞行速度对发动机可用推力的影响

由发动机原理知道发动机的可用推力为

$$P_{发}=\frac{G_{空}}{g}(C-v) \tag{3-8}$$

式中　$G_{空}$ ——每秒钟进入发动机的空气量(kg/s)；

　　C ——发动机的喷流速度。

可见，当飞行速度开始增加时，由于速度差 $C-v$ 减少，而空气在压缩机进口处产生的冲压又不大，所以进气量增加很少，于是发动机的可用推力略有下降，如图 3-3 中的 AB 段所示。在飞行速度继续增加的过程中，随着冲压作用的不断增大，进入发动机的空气量和喷气速度也在不断增加，所以发动机推力又会随着飞行速度的增加而迅速增大，如图 3-3 中的 BC 段所示。当飞行速度达到 Ma_p 时，可用推力已达到最大值。此后，若飞行速度继续增大，则会因冲压作用大而使进入压缩机的空气温度急剧增高，压缩机出口处和涡轮前的燃气温度也会不断增加。为了使涡轮不致过热，此时不得不降低燃料与空气的混合比，使涡轮前的燃气温度不致超过规定数值。这样就限制了喷气速度的提高，因而 $C-v$ 减小，发动机的可用推力也随之迅速降低，如图 3-3 中的 CD 段所示。

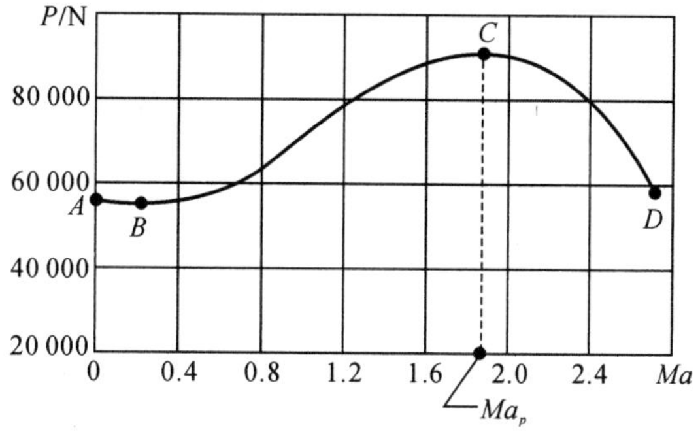

图 3-3　某发动机在海平面上的推力曲线

2. 飞行高度对可用推力的影响

飞行高度增加，空气密度降低，发动机的进口量随之减少，故涡轮喷气发动机的可用推力也随高度的增加而降低。但是在对流层中(海拔 11 000 m 以下)，随高度增高而温度降低，发动机的增压比增大，故有延缓推力下降的作用。然而在同温层中(海拔 11 000 m 以上)，气温不再降低，气温降低对发动机的好处没有了，因此可用推力的下降程度就比变温层内更激烈一些，如图3-4 所示。

图 3-5 所示为不同高度的可用推力曲线。由图可见，随着飞行高度的增加，可用推力减少，且变化趋势相一致。但是它们的 Ma_p 值却由 $H=0$ 时的 $Ma_p=1.9$ 增加到 $H=11\ 000$ m 时的 $Ma_p=2.4$，此后 Ma_p 不再增加。这是因为在对流层内增加高度，大气温度降低，在与低空相同的冲压作用下，发动机压缩机的空气温度也较低，涡轮不致过热，这就可以在继续增大速度、提高冲压的情况下增大推力，因此 Ma_p 较高。但在海拔 11 000 m 以上，温度不再下降，于是 Ma_p 也就基本不变。

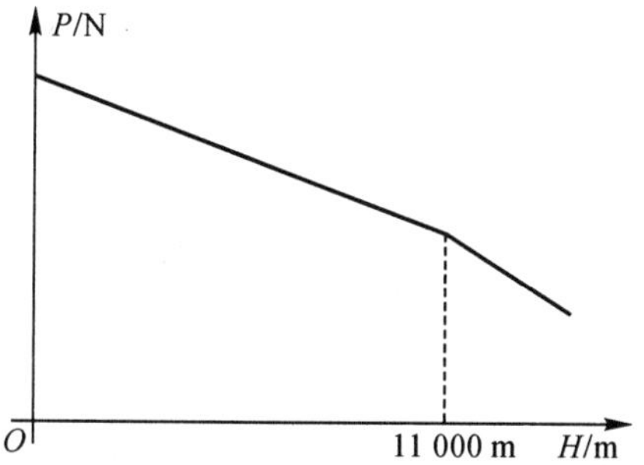

图 3-4　飞行高度对发动机可用推力的影响

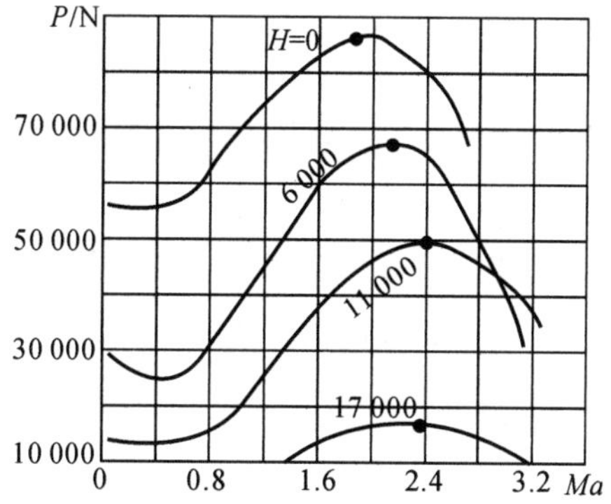

图 3-5　某发动机在不同高度的可用推力曲线

3.1.2　用简单推力法计算飞机的平飞性能

飞机的平飞性能主要包括最大平飞速度、最小平飞速度及平飞速度范围，通常计算时可取飞机重量为平均重量：

$$G_{平} = \frac{1}{2}(G_{起} + G_{落})$$

式中　$G_{起}$——起飞重量；

$G_{落}$——降落时的重量。

把各个高度上平飞时需用推力曲线和相应飞机高度上的可用推力曲线用同一坐标系绘制在一张图上，该图称为推力曲线图，如图 3-6 所示。按可用推力曲线与平飞所需推力曲线，图解确定飞机基本飞行性能的方法，通常称为简单推力法。

用图 3-6 可以确定以下各性能。

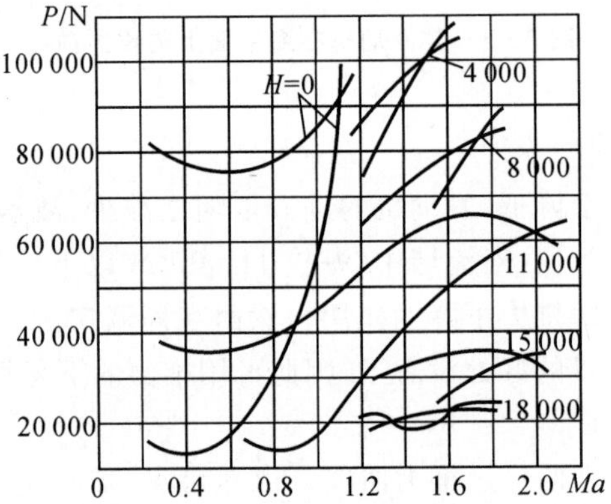

图 3-6　超音速飞机的推力曲线图

一、最大平飞速度 v_{max}

从推力曲线图可以看出，各高度的最大平飞速度 v_{max} 应由该高度的可用及需用推力曲线的最右交点来确定，因为此时的 $P_{平需} = P_{可用}$，$Y = G_{平}$。可以用下式来表示：

$$v_{max} = \sqrt{\frac{2P_{可用}}{C_x \rho S}} \tag{3-9}$$

由图 3-6 可知，该超声速飞机随高度的增加，最大平飞速度也增加，但超过海拔 11 000 m 以后，最大平飞速度又开始下降。

二、最小平飞速度 v_{min}

最小平飞速度一般是指飞机未放襟翼时的最小飞行速度，根据 $Y = G$，可得

$$v = \sqrt{\frac{2G_{平}}{C_y \rho S}} \tag{3-10}$$

可见，若 C_y 达到最大，则速度 v 减至最小。但为了保证飞行时的安全，在此最小速度飞行时，飞机必须具有最低限度的操纵性，以应付紧急情况。因此，在最小平飞速度时所对应的 C_y 为 $C_{y安全}$，且有

$$C_{y安全} = aC_{ymax翼}$$

式中，a 在 0.7～0.9 范围内取值。因此有

$$v_{min}=\sqrt{\frac{2G_{平}}{\rho SC_{y安全}}} \tag{3-11}$$

由式(3-11)还可看出，随着飞行高度的增加，ρ 将减少，故最小速度 v_{min} 也随之增大，如图 3-7 所示。

三、飞行范围

飞机的飞行速度、高度和过载的范围，常用飞行包线表示。

飞行包线一般包括两类，一类是高度-速度包线，此种包线按不同过载给出；另一类是过载-速度包线，此种包线按不同高度给出。下面简要介绍一下常见的平飞高度-速度包线。如图 3-7 所示为飞机可以进行等速平飞的速度和高度范围。

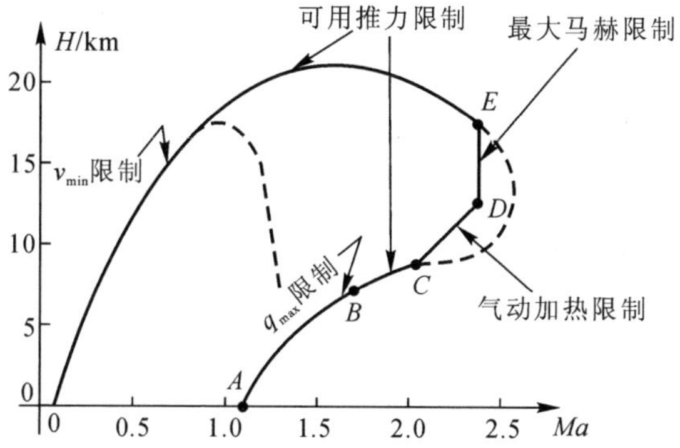

图 3-7　超声速飞机的飞行范围

从高度-速度包线可以直接看出飞机的平飞速度范围。所谓平飞速度范围是指最大速度与最小速度之间的速度范围。平飞速度范围越大，机动性越好。

平飞速度包线除受到可用推力及 v_{min} 的限制外，还受到以下条件的限制。

1. 飞机结构强度的限制

为了保证飞机结构不致因过大的气动载荷而毁坏，就必须限制它的最大动压 q_{max}（$q_{max}=\frac{1}{2}\rho v_{max}^2$，歼击机最大动压为 7 500 ～ 8 800 kg/m^2），故

$$Ma_q=\frac{v_{max}}{a}=\frac{1}{a}\sqrt{\frac{2q_{max}}{\rho}} \tag{3-12}$$

由式(3-12)可知，因高度增加，ρ 减小而 Ma_q 增大，故 q_{max} 的限制只对低空段(AB 段)有影响。

2. 气动加热的限制

气流流过机体表面要形成附面层，而在附面层底层，气流速度阻滞为零，气温升高，即产生所谓气动加热现象。马赫数越大，飞机表面的温升就越高，对铝合金结构的飞机来说，马赫数超过 2 以后就要考虑气动加热的影响，不过由于高度上升而密度下降，故马赫数的限制随高度的增加而放宽，如图 3-7 的 CD 段。

3. 最大马赫数的限制

有的飞机由于空气动力布局的原因，当飞行马赫数达到某一程度时，会出现操纵稳定性严重恶化的现象，所以要对 Ma_{max} 加以限制，如图 3－7 的 DE 段所示。

3.1.3 用简单推力法计算飞机的上升性能

飞机在做等速直线上升飞行时，与水平等速直线飞行相比，多了一个航迹倾斜角 θ（又称爬升角）。

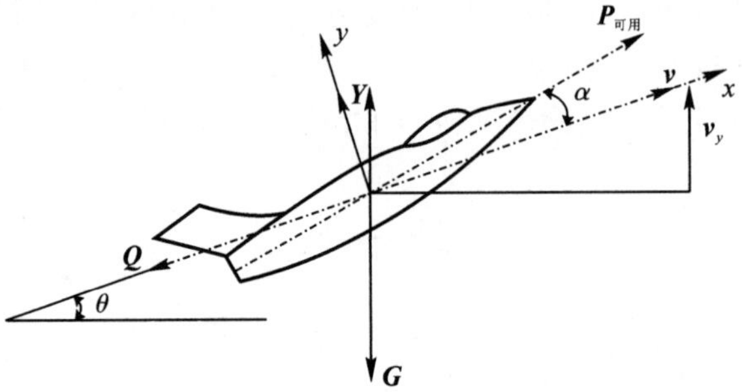

图 3－8 上升时作用在飞机上的力

由图 3－8 按航迹坐标系可建立力如下平衡方程式：

$$\left.\begin{aligned} P_{可用}\cos\alpha &= Q + G\sin\theta \\ Y + P_{可用}\sin\alpha &= G\cos\theta \end{aligned}\right\} \tag{3-13}$$

通常飞机在爬升时的迎角 α 较小，可近似认为

$$\sin\alpha = 0 \text{ , } \cos\alpha = 1$$

故式(3－13)可化为

$$\left.\begin{aligned} P_{可用} &= Q + G\sin\theta \\ Y &= G\cos\theta \end{aligned}\right\} \tag{3-14}$$

一、最大爬升角 θ_{max}

由于 $Q = P_{平需}$，故式(3－14)又可写成

$$\left.\begin{aligned} \sin\theta &= \frac{P_{可用} - P_{平需}}{G} = \frac{\Delta P}{G} \\ \theta &= \arcsin\frac{\Delta P}{G} \end{aligned}\right\} \tag{3-15}$$

式中，ΔP 称为剩余推力，对应于每一个速度，都可直接从推力曲线图上量得，显然 ΔP 大，θ 角也大，则有

$$\theta_{max} = \arcsin\frac{\Delta P_{max}}{G} \tag{3-16}$$

由式(3－16)求出的 θ_{max} 就叫作最大爬升角，增加 θ_{max} 值对超低空飞行是有利的，对应此时的飞行速度，叫作最陡上升速度，以 $v_{陡升}$ 来表示。

二、最快上升率 v_{ymax}

飞机上升时，每秒钟上升的高度叫作上升率，以 v_y 表示。飞机上升率越大，上升到预定高

度所需的时间就越短，最快上升率是飞机作战时的一项重要性能指标。

由图 3 - 8 可知

$$v_y = v\sin\theta = v\,\frac{\Delta P}{G} \tag{3-17}$$

把推力曲线图上每一速度下查得的 ΔP 代入式(3 - 17)就可求得对应的 v_y，作出曲线图如图 3 - 9 所示，便可得到最快上升率 $v_{y\max}$。此时对应的飞行速度称为最快上升速度，以 $v_{快升}$ 表示，它始终比 $v_{陡升}$ 要大，因为这时 $v\Delta P$ 的值大。

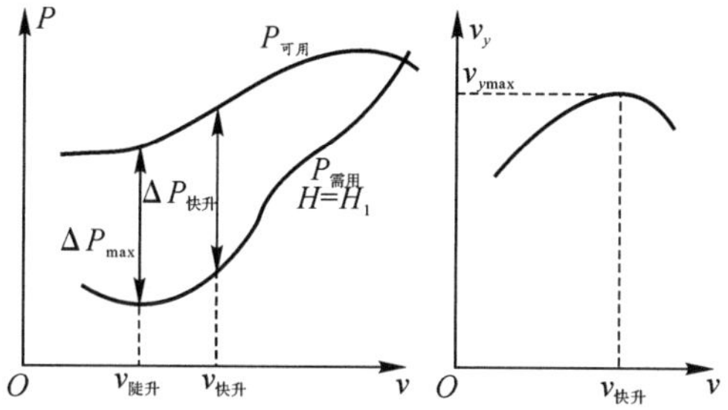

图 3 - 9　最大爬升角、最快上升率与 ΔP 及相应速度的关系

三、理论升限与实用升限 $H_{\max}$

由图 3 - 6 可知，$H=0$ 时的 $\Delta P_{\max}$ 最大，此后随高度的增加，$\Delta P_{\max}$ 越来越小，故 $v_{y\max}$ 也相应地下降。当 $P_{可用}$ 与 $P_{平需}$ 两条曲线相交时，没有剩余推力，$v_{y\max}=0$，也就是没有能力再继续升高，此时的飞行高度就叫作飞机的理论升限(或静升限) $H_{\max理}$，如图 3 - 10 所示的 a 及 a' 点。但在接近此高度时，飞机的上升率也渐趋于零。从理论上讲，要达到理论升限所需的飞行时间将趋于无穷大，因此理论升限只是一个虚值。

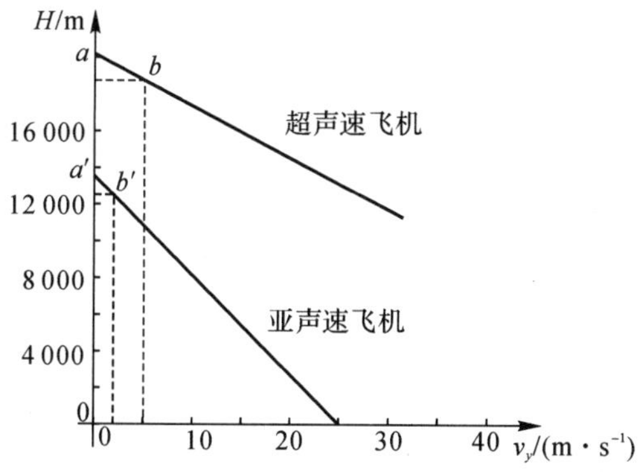

图 3 - 10　飞机的理论升限和实用升限

一般对于超声速飞机，常规定 $v_{y\max}=5$ m/s 时，所对应的高度为实用升限 $H_{\max}$，对于亚声速飞机则取 $v_{y\max}=0.5$ m/s，图 3 - 10 所示的 b 及 b' 点即代表两者的实用升限。

3.1.4　飞机的机动性能

所谓机动性能，就是飞机改变飞行状态(速度、高度及飞行方向)的能力。改变飞行状态的范围越大以及改变飞行状态所需的时间越短，飞机的机动性能就越好。机动性能是飞机的又一个重要性能指标，尤其在格斗时更显得重要。

一、平飞时的加、减速性能

平飞加、减速性能突出了飞机改变飞行速度能力的大小，现代喷气飞机的最大速度不断提高，平飞速度范围日益扩大，加减速的幅度也随之增大。因此，对飞机的速度机动性能，就提出了更高的要求。

一般采用由 $0.7v_{max}$ 加速到 $0.97v_{max}$ 的时间为加速性能的指标，采用由 v_{max} 减速到 $0.7v_{max}$ 的时间作为减速性能指标。

平飞和加、减速飞行的条件为

$$\left.\begin{aligned} &Y=G \\ &\frac{G}{g}\frac{dv}{dt}=P-Q=\Delta P \end{aligned}\right\} \tag{3-18}$$

显然，飞机的加、减速度 $\frac{dv}{dt}$ 取决于剩余推力 ΔP 的大小和符号。加速飞行时，驾驶员应尽量加大油门，并且随着飞行速度的增加，不断操纵驾驶杆以减少飞机的迎角，使 $Y=G$ 的条件随时得到满足；减速飞行时，驾驶员应尽量收小油门并打开减速板，并且随着飞行速度的减小不断拉驾驶杆以增大迎角，也保持 $Y=G$ 随时成立。

由式(3-18)可得

$$dt=\frac{G}{g(p-Q)}dv \tag{3-19}$$

因此，从速度 v_1 加速到 v_2 的飞行时间为

$$t=\int_{v_1}^{v_2}\frac{Gdv}{g(P-Q)} \tag{3-20}$$

而

$$dL=vdt=v\frac{Gdv}{g(P-Q)} \tag{3-21}$$

因此，从速度 v_1 加速到 v_2 飞行距离为

$$L=\int_{v_1}^{v_2}\frac{Gvdv}{g(P-Q)} \tag{3-22}$$

利用图解积分法可求得由速度 v_1 加速到 v_2 时的时间 t 及距离 L 。

二、俯冲、跃升及动升限

俯冲和跃升都是同时改变速度和高度的一种机动飞行，但前者主要是将飞机的位能转化为动能，而后者主要是将动能转换为位能的飞行动作。我们只分析跃升的特性，而俯冲与其原理相同，过程相反。

跃升的性能好坏，由跃升时间尤其是跃升所增加的高度 ΔH 来表示，跃升时间短且增加的高度大，则跃升性能好。

设进入跃升时的飞行状态为 (v_1,H_1)，总能量为 E_1，改出跃升时的飞行状态为 (v_2,H_2)，总能量为 E_2。在跃升过程中，近似地认为 $P-Q$ 的平均作用可忽略，则推力和阻力所做之功的总和为零，而升力 Y 始终与运动航迹垂直而不做功。所以，做功的能力主要是飞机的重力 G 。由于

$$E_1=\left(H_1+\frac{v_1^2}{2g}\right)G \qquad (3-23)$$

$$E_2=\left(H_2+\frac{v_2^2}{2g}\right)G \qquad (3-24)$$

应用能量守恒定理可知 $E_1=E_2$，故有

$$\Delta H=H_2-H_1=\frac{1}{2g}(v_1^2-v_2^2) \qquad (3-25)$$

由式(3-25)可看出，起始跃升速度 v_1 越大，跃升改出高度上的速度 v_2 越小，则跃升的高度增量越大。将起始跃升高度的最大平飞速度 v_{1max} 及跃升改出高度的 v_{2max} 代入式(3-25)，即可求得最大的高度增量：

$$\Delta H_{max}=\frac{1}{2g}(v_{1max}^2-v_{2max}^2) \qquad (3-26)$$

前面说到在理论升限处，飞机的上升率为零，这是在等速直线飞行条件下得到的。但对于超声速飞机来说，它在理论升限的高度上的速度远大于 v_{min}，因此还可以通过减速上升而增加高度，如图 3-11 所示。

在静升限处，虽然起始跃升高度最高（$H=18\ 000$ m），但由于 v_{1max} 较小（仅为 1 700 km/h），ΔH_{max} 也就小，所以通过跃升所能达到的能量高度并不是最大的。反而从较低的高度（如 $H=15\ 600$ m）处却能获得最大的能量高度（$H_{能}=29\ 500$ m），这个能量高度的最大值就叫作动升限。

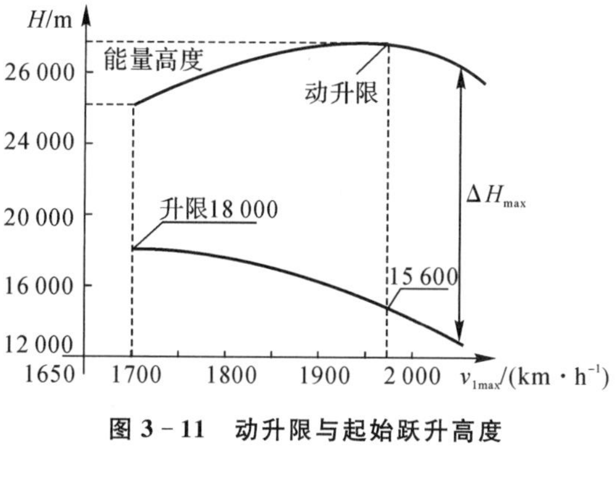

图 3-11　动升限与起始跃升高度

应当指出，动升限与静升限是两个不同的概念。前者是利用飞机的速度暂时获得的高度，在该高度上推力小于阻力，飞机不能做稳定平飞；而后者是依靠发动机的可用推力所取得的高度，在该高度上，推力等于阻力，飞机可以做稳定平飞。由于飞机在动升限与静升限之间的动力高度范围内，还可以保持一定时间的减速平飞，因此，在作战时，可以利用动力高度飞行的方法攻击在我机静升限以上的目标。

三、飞机的盘旋性能

飞机在水平面内的机动飞行性能，着重反映了飞机的方向机动性，其比较典型的动作是盘旋。它是指飞机连续转弯不小于 360°的飞行。盘旋中，飞机可以带侧滑也可以不带侧滑。飞机速度及盘旋半径可以随时间而变，也可以不随时间而变。在各种盘旋情况下，不带侧滑，飞

行速度及盘旋半径不随时间变化的盘旋,称为正常盘旋,它具有一定的代表性。正常盘旋时作用在飞机上的诸外力如图 3-12 所示。

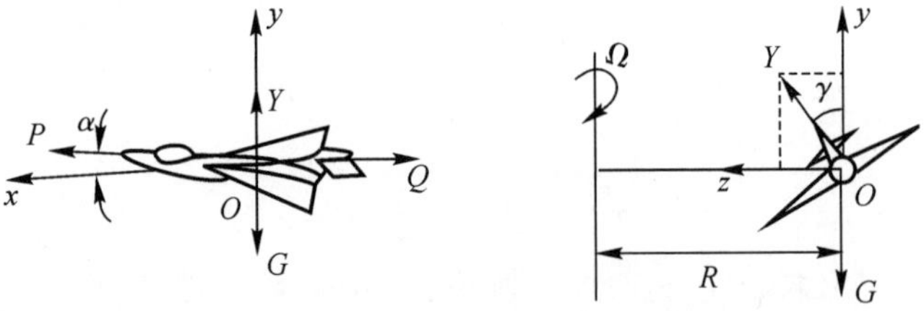

图 3-12 正常盘旋飞行时作用在飞机上的力

为了获得必要的使飞机盘旋的向心力,飞机做正常盘旋时必须带倾斜角 γ(又称滚转角)。沿航迹坐标系的三个轴可列出质心运动方程为

$$\left.\begin{aligned} &P\cos\alpha - Q = 0 \\ &\frac{Gv^2}{gR} = (P\sin\alpha + Y)\sin\gamma \\ &(P\sin\alpha + Y)\cos\gamma = G \end{aligned}\right\} \tag{3-27}$$

式中,R 为盘旋半径。

因正常盘旋时的迎角 α 不太大,可近似认为 $P\cos\alpha \approx P$,$P\sin\alpha \approx 0$,于是式(3-27)可简化为

$$\left.\begin{aligned} &P = Q \\ &Y\sin\gamma = \frac{G}{g}\frac{v^2}{R} = \frac{G}{g}v\Omega \\ &Y\cos\gamma = G \end{aligned}\right\} \tag{3-28}$$

式中,Ω 为盘旋角速度。由式(3-28)第 2 式可得到

$$R = \frac{G}{g}\frac{v^2}{Y\sin\gamma} = \frac{1}{g}\frac{v^2}{n_y\sin\gamma} \tag{3-29}$$

由式(3-28)第 3 式可得

$$\frac{Y}{G} = \frac{1}{\cos\gamma}$$

所以

$$n_y = \frac{Y}{G} = \frac{1}{\cos\gamma} \tag{3-30}$$

则称 n_y 为过载。

又因为

$$\sin\gamma = \sqrt{1-\cos^2\gamma} = \sqrt{1-\frac{1}{n_y^2}} = \frac{\sqrt{n_y^2-1}}{n_y} \tag{3-31}$$

将式(3-31)代入式(3-29)得盘旋半径为

$$R = \frac{v^2}{g\sqrt{n_y^2-1}} \tag{3-32}$$

盘旋一周的时间为

$$T=\frac{2\pi R}{v}=\frac{2\pi}{v}\frac{v^2}{g\sqrt{n_y^2-1}}=\frac{2\pi v}{g\sqrt{n_y^2-1}} \tag{3-33}$$

分析式(3-32)和式(3-33),不难看出,对应同一过载 n_y,飞机速度越大,R 及 T 也越大。若保持同一速度,则 n_y 越大,R 及 T 就越小。由式(3-30)可看出倾角 γ 越大,则 n_y 就越大,要减小盘旋半径就必须增大 γ 角,要增加 γ 角又必须加大迎角,因此 $C_{y安全}$ 就成为正常盘旋的第一个限制因素。

此外,对应一定速度,为了使飞机不掉高度,盘旋时的迎角应比平飞时大(因 $Y\cos\gamma=G$),因而盘旋时阻力也相应增加,故盘旋时需用推力为

$$P_{盘旋}=\frac{Y_{盘}}{K}=\frac{G}{\cos\gamma}\frac{1}{K}$$

将式(3-30)代入上式得

$$P_{盘旋}=\frac{n_yG}{K} \tag{3-34}$$

可见,正常盘旋的需用推力将随过载的增加而变大,因此可用推力就成为正常盘旋的第二个限制因素。

由于人的生理条件及飞机结构强度的原因,要限制飞机在正常盘旋时所产生的过载不得超过最大值 $n_{y\max}$,故 $n_{y\max}$ 又成为正常盘旋的第三个限制因素。

我们把正常盘旋用盘旋推力曲线图来表示,如图 3-13 所示,这样就可以加深印象。它和 3.1.1 小节所讲的原理相同,只不过是用 n_yG 代替原来的飞行重量 G ,便可求得不同过载时的盘旋需用推力曲线。

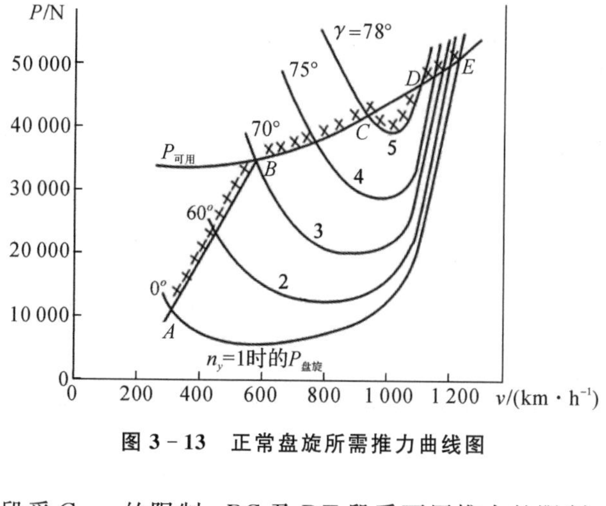

图 3-13　正常盘旋所需推力曲线图

图 3-13 中 AB 段受 $C_{y安全}$ 的限制,BC 及 DE 段受可用推力的限制,CD 段则表示受最大过载 $n_{y_{\max}}$ 的限制。只有在阴影线以下以及 $n_y=1$ 的需用推力曲线以上,才是实现正常盘旋的范围。习惯上,把处于曲线 $ABCDE$ 上的飞行状态称为极限盘旋状态,所对应的性能称为极限盘旋性能。

3.1.5　飞机的续航性能

飞机的续航性能直接影响飞机的活动范围和持续作战的能力,所以也是飞机性能好坏的

标志之一。

一、名词意义

1.航程

飞机沿指定方向，在平静大气中耗尽其可用燃料时所飞过的水平距离，称为飞机的航程，以千米计，如图 3-14 所示。

严格说来，当飞机爬升到巡航高度以及从巡航高度下滑至地面所经过的水平距离，也应计算在航程内，但由于它们相对于巡航航程来说是比较小的，所以一般所说的航程计算，主要是指巡航阶段(即 $L_{巡}$)。

2.航时

飞机耗尽可用燃料在空中飞行的总时间，称为航时。同上述道理，一般所述即为巡航阶段的航时。

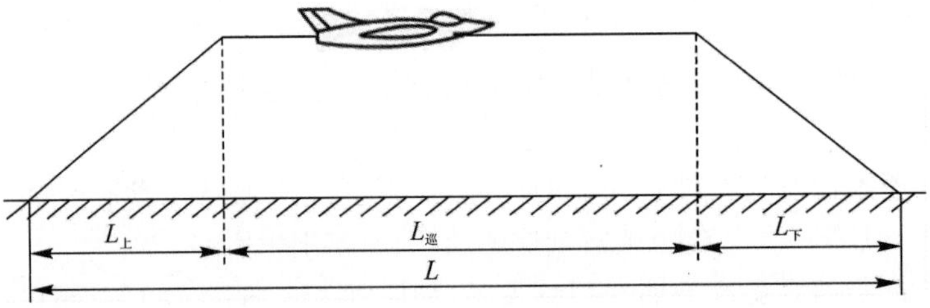

图 3-14 飞机的航程

3.可用燃料量 $Q_{可用}$

通常，飞机上所装载的燃料并不能全部为巡航阶段所用。应扣除飞机爬升、下滑阶段的用油，扣除飞机起飞前地面试车用油和考虑到气象条件等安全因素所留的备用油，以及油箱的构造等原因致使少量燃料不能用完的剩油等，即

$$Q_{可用}=Q_{总}-(Q_{备用}+Q_{地面}+Q_{剩余}+\cdots) \tag{3-35}$$

$$Q_{巡}=Q_{可用}-(Q_{上升}+Q_{下滑}) \tag{3-36}$$

4.动力装置的单位燃料消耗率 C_e

喷气发动机每发出 1 kgf 在一小时内所消耗的燃料质量，称为发动机的单位燃料消耗率，单位为 kg/(kg · h)，它是发动机的转速 n 、飞行高度 H 和飞行速度 v 的函数，其变化趋势如图 3-15 所示。

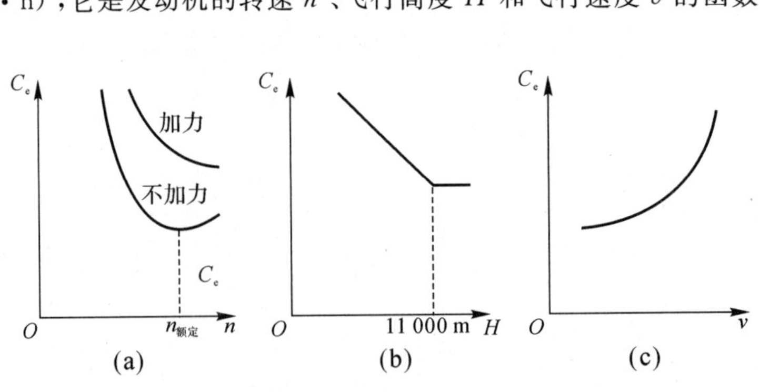

图 3-15 发动机耗油率 C_e 与 n 、H 及 v 的关系图

此处所讨论的 C_e 是指涉及进、排气损失后的发动机燃料消耗率。

5. 小时耗油量 $q_{时}$

飞机每飞行一小时所消耗的燃料质量，称为小时耗油量。如果飞机在巡航时的需用推力是 $P_{平需}$，那么小时耗油量 $q_{时}$(单位为 kg/h)可表示为

$$q_{时}=P_{平需}\,C_e \tag{3-37}$$

将式(3-6)代入式(3-37)后可得

$$q_{时}=\frac{GC_e}{K}$$

所以有

$$T_{巡}=\frac{Q_{巡}}{q_{时}}=\frac{K}{GC_e}Q_{巡}=\frac{Q_{巡}}{P_{平需}\,C_e} \tag{3-38}$$

6. 公里耗油量

飞机沿水平方向每飞行一公里所消耗的燃料质量，称为公里耗油量。如果飞机的巡航飞行速度为 v，则公里耗油量可表示为

$$q_{里}=\frac{q_{时}}{v}=\frac{GC_e}{Kv} \tag{3-39}$$

$$L_{巡}=\frac{Q_{巡}}{q_{里}}=\frac{Kv}{GC_e}Q_{巡}=\frac{Q_{巡}\,v}{P_{平需}\,C_e} \tag{3-40}$$

7. 巡航飞行重量

飞机在巡航飞行过程中，随燃料的逐渐减少，飞行重量将不断地减轻，其瞬时变化率为

$$-\mathrm{d}G=\mathrm{d}Q=q_{时}\,\mathrm{d}t \tag{3-41}$$

$$\mathrm{d}t=-\frac{\mathrm{d}G}{q_{时}}=-\frac{k}{GC_e}\mathrm{d}G \tag{3-42}$$

因巡航开始时的飞机重量为 G_1，巡航终了时的重量为 G_2，且 $G_2=G_1-Q_{巡}$，故考虑重量变化时的续航时间为

$$T_{巡}=-\int_{G_1}^{G_2}\frac{K}{GC_e}\mathrm{d}G=\int_{G_2}^{G_1}\frac{K}{GC_e}\mathrm{d}G \tag{3-43}$$

同理，考虑重量变化时的航程为

$$L_{巡}=\int_{G_2}^{G_1}\frac{Kv}{GC_e}\mathrm{d}G \tag{3-44}$$

式中，K，C_e 都随 G 而变化，计算起来比较复杂，可用图解积分法求解。有时为了计算简便，可取平均重量为

$$G_{巡}=\frac{1}{2}(G_1+G_2)=G_1-\frac{Q_{巡}}{2} \tag{3-45}$$

二、飞机续航性能的计算

飞机在飞行过程中，由于燃料的消耗，重量不断减轻，为了保持等速水平飞行，就必须减少迎角和发动机的转速，因此 C_y、$P_{平需}$ 和 C_e 都随 G 而变化，计算起来也比较复杂。为了便于计算，我们取平均重量来计算。

首先按某一高度，设一组马赫数及 v，并由下式可求得一组 C_y：

$$G_{平均}=Y=\frac{1}{2}\rho v^2 SC_y \tag{2-46}$$

由极曲线查得 C_x ,代入式(3-46),得

$$P_{平需}=Q=\frac{1}{2}\rho v^2 SC_x \tag{2-47}$$

这样就可求得 $P_{平需}$。对应发动机转速特性曲线又能查到 C_e,再代入式(3-38)和式(3-40)就可得到该高度的续航时间、航程与不同巡航速度之间的关系。

同理,另选一高度,再重复上述计算,便可得到其他高度的续航性能特性。

值得指出的是,有的发动机没有给出单独的转速特性曲线,那就要先求出 $\frac{P_{平需}}{P_{额定}}$ 的值,再查该高度的速度特性曲线,这样也可求出 C_e 来。

三、影响续航能力的因素

影响续航性能的因素主要是飞行速度、高度等,因为在可用燃料量一定的条件下,航程和航时的长短取决于每公里耗油量和每小时耗油量的大小。而每千米耗油量和每小时又取决于巡航飞行的速度和高度。

此外,风、气温、单发飞行和燃料装载量也会对航程或者航时有一定影响。风向、风速的变化会影响飞机的航程,但不影响飞机的航时,因为在保持同一空速下:顺风飞行,地速增大,每公里耗油量减小,航程增加;逆风飞行,地速减小,每公里耗油量增大,航程减小。

气温的变化只影响飞机的航时,不影响飞机的航程,因为当保持同一高度和马赫数飞行时,平飞所需推力不变:气温降低,发动机耗油量减少,每小时耗油量随之减小,故平飞航时增长;气温升高,每小时耗油量增加,故平飞航时变短。

保持久航速度或远航速度做单发飞行,航程和航时比双发飞行的长。

燃料装载量增加,一方面引起飞行重量增加,平飞所需推力增加,每公里耗油量和每小时耗油量增加,使飞机的航程和航时减少;另一方面,燃料装载量增加,平飞可用燃料量增加,又会使航程、航时增加。由于后者影响大于前者,所以燃料装载量增加的结果使航程、航时增加。

3.2 飞机的稳定性和操纵性

3.2.1 机动飞行与空战

飞机改变速度、高度、航向以及其他飞行姿态的飞行,叫作机动飞行,也叫特技飞行。当飞机只在一个平面内运动时,运动方程式可以简化。

当飞机在垂直面内运动时,侧滑角 β 、倾斜角 γ 及角速度 $\frac{\mathrm{d}\psi_c}{\mathrm{d}t}$(即 ω_x 和 ω_y)均等于零。在这种情况下,运动方程式具有如下简单形式:

$$\left.\begin{aligned} m\frac{\mathrm{d}v}{\mathrm{d}t}&=P\cos(\alpha-\varphi)-Q-G\sin\theta \\ m\frac{\mathrm{d}\theta}{\mathrm{d}t}v&=P\sin(\alpha-\varphi)+Y-G\cos\theta \end{aligned}\right\} \tag{3-48}$$

飞机在垂直面内的运动如下所示：

(1)下滑$(-\theta)$，爬升$(+\theta)$，如图3-16(a)所示；

(2)俯冲，如图3-16(b)所示；

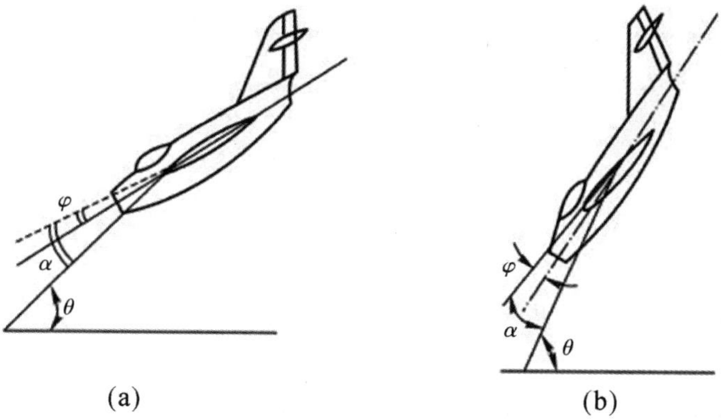

图3-16　飞机在垂直面内的运动

(3)进入俯冲和退出俯冲；

(4)急跃升；

(5)筋斗飞行；

(6)半筋斗横滚，如图3-17所示。

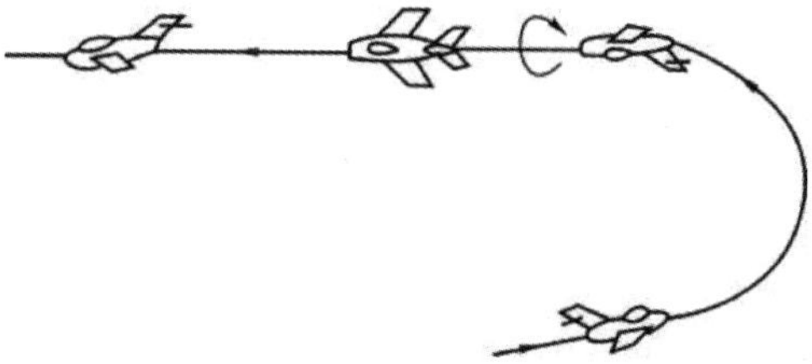

图3-17　飞机半筋斗横滚

当飞机在水平面内运动时，飞行航迹对地平面倾斜角θ及角速度$\dfrac{d\theta}{dt}$均等于零，因而运动方程具有下面的形式：

$$\left.\begin{aligned}&m\frac{dv}{dt}=P\cos(\alpha-\varphi)\cos\beta-Q\cos\beta+Z\sin\beta\\&P[\sin(\alpha-\varphi)\cos\gamma_c+\cos(\alpha-\varphi)\sin\beta\sin\gamma_c]+Y\cos\gamma_c=\\&\qquad Q\sin\beta\sin\gamma_c+Z\cos\beta\sin\gamma_c+G\\&-mv\frac{d\psi_c}{dt}=P[\sin(\alpha-\varphi)\sin\gamma_c-\cos(\alpha-\varphi)\sin\beta\cos\gamma_c]+\\&\qquad Q\sin\beta\cos\gamma_c+Y\sin\gamma_c+Z\cos\beta\cos\gamma_c\end{aligned}\right\}\qquad(3-49)$$

飞机的运动，符合上面所规定的条件称为水平转弯或水平盘旋。如果水平盘旋时侧滑角$\beta=0$，则称为正常盘旋，式(3-49)将具有更简单的形式：

$$\left.\begin{aligned}&m\frac{\mathrm{d}v}{\mathrm{d}t}=P\cos(\alpha-\varphi)-Q\\&P\sin(\alpha-\varphi)\cos\gamma_c+Y\cos\gamma_c=G+Z\sin\gamma_c\\&-mv\frac{\mathrm{d}\psi_c}{\mathrm{d}t}=P\sin(\alpha-\varphi)\sin\gamma_c+Y\sin\gamma_c+Z\cos\gamma_c\end{aligned}\right\}\qquad(3-50)$$

飞机在水平面的运动如下所示：

(1)正常盘旋，如图 3-18(a)所示；

(2)战斗盘旋，如图 3-18(b)所示；

(3)战斗转弯；

(4)战斗半滚；

(5)全横滚。

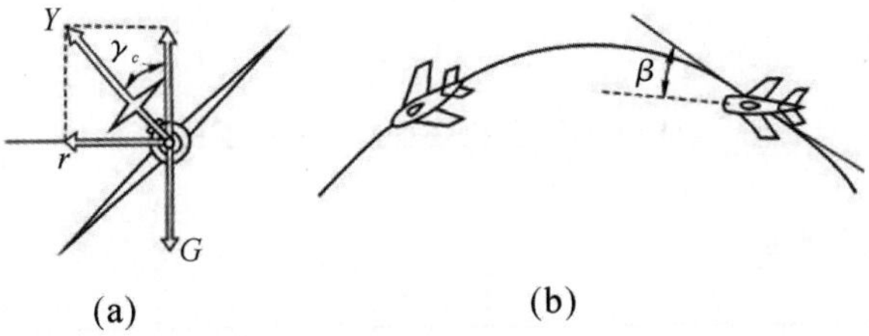

图 3-18 飞机在水平面内运动

3.2.2 飞机的稳定性与操纵性

不管一架飞机的飞行性能有多好，但是如果稳定性和操纵性不好，也就是说在空中受到外来干扰就不能恢复原来的飞行状态，或者不听从操纵、不按驾驶员的意图灵活地飞行，这种飞机是不能完成任务的。

一、飞机的稳定性

稳定性是指平直飞行的飞机，在外力的干扰下，破坏了原有的飞行状态，而当外来干扰消失后，飞机能自动恢复到原来的飞行状态。

要说明飞机的稳定性，先举一个例子：一个圆球在地面上能稳定是作用在它上面的外力相平衡的结果，如图 3-19(a)所示，当稍微加一点外力时，它不平衡而离开原来的位置，不过一旦外力取消，圆球立即恢复到它原来的位置，这种现象叫作“平稳”或“稳定”。图 3-19(b)的情况则相反，当稍加一个外力后它就离开原位，外力取消后，球不能恢复到原来位置，这种情况叫作“不稳定”。图 3-19(c)的情况则是“随遇稳定”，这时圆球处于随时稳定状况而不论是否有外力干扰。

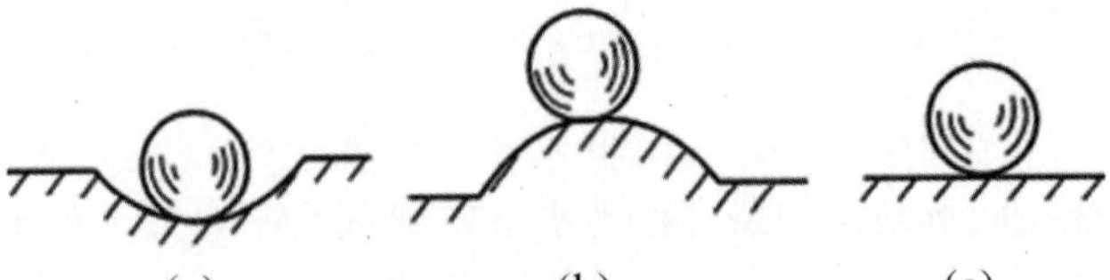

图 3-19 稳定性

飞机在空中飞行，也有上述三种情况。当平直飞行时，升力 **Y** 与重力 **G** 大小相等，方向相反，推力 **P** 与阻力 **Q** 大小相等，方向相反，各外力互相抵消，各外力矩也互相抵消，这架飞机便处于平衡状态。倘若受到一个外力(矩)的干扰，例如突然吹来一阵风，破坏了它的平衡。在外力(矩)消失后，驾驶员不用操纵飞机，而靠飞机的某个部件产生的反作用力(矩)能恢复到原来的飞行状态，这架飞机就是稳定的，否则这架飞机就是不稳定的；如果外力(矩)消失后，这架飞机转入另一种飞行状态，那么这架飞机就是随遇稳定的。

飞机的稳定与否，可按固连于机体的三个坐标轴来考虑。该机体坐标系的纵轴为 OX，横轴为 OZ，立轴为 OY，绕这三根轴可做三种姿态的转动，绕 OX 轴的转动叫作横滚，绕 OZ 轴的转动叫作俯仰，绕 OY 轴的转动叫作偏航，因此绕三根轴就有三个方向的稳定性，如图 3－20 所示。例如，纵向稳定性就是指当有干扰外力矩时，飞机产生抬头或低头飞行，当干扰力矩取消后，飞机能自动产生恢复力矩，使飞机恢复到原来的状态。我们就称这架飞机具有纵向稳定性，否则称为纵向不稳定。其他方向的稳定性与此类似。

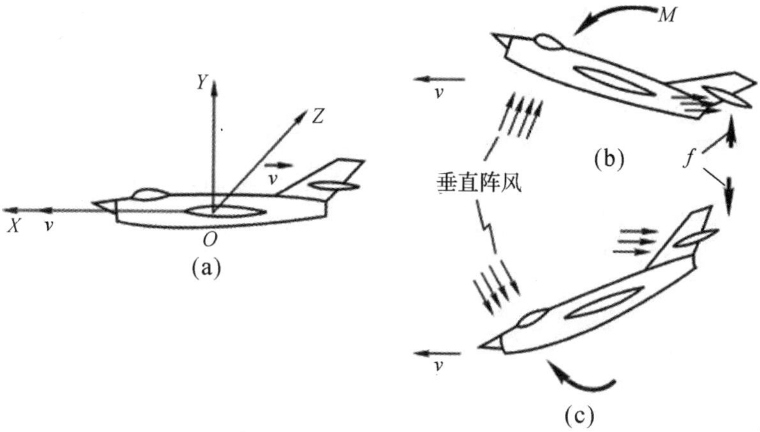

图 3－20　飞机的纵向稳定性分析

影响飞机纵向稳定性的主要因素是水平尾翼和飞机重心位置，如图 3－20 所示。若机头遇到垂直阵风，将产生一个绕重心 O 顺时针转动的干扰力矩，使飞机抬头，如图 3－20(b)所示。飞机一旦抬头，水平气流作用在水平尾翼上使尾翼升力 f 增大，产生一个逆时针的恢复力矩 M。一旦干扰力矩消失，飞机在恢复力矩的作用下，经过短暂的摇摆而稳定地恢复到原来的平直飞行状态。如果机头碰到向下吹的垂直阵风的干扰，其发生的情况和上述相反，最后也使飞机恢复到原来的平直飞行状态，如图 3－20(c)所示。

对飞机方向稳定性影响最大的是垂直尾翼，另外，飞机机身的侧面迎风面积、机翼的后掠角以及发动机短舱等也对方向稳定性有一定的影响，图 3－21 表明垂直尾翼起了稳定方向的作用。

起初飞机稳定地飞行，如图 3－21(a)所示，倘若有一阵风突然吹来，使机头右偏，产生了偏航角 ψ，阵风消失后，由于惯性，飞机仍前进了一段距离，此时相对气流 **v** 吹到偏斜的垂直尾翼上，产生了一个向右的附加力 f，便产生了一个使机头逆时针转动的恢复力矩 M_1[见图 3-21(b)]，使机头转回到原来的方向，飞机经过短暂的摇摆而稳定在原航向上飞行。

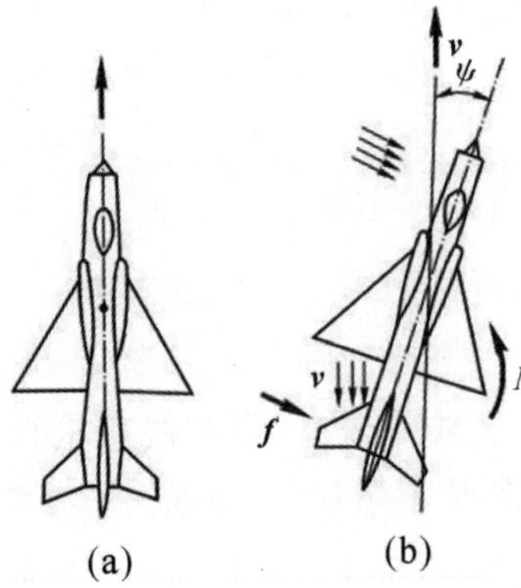

图 3-21 飞机方向稳定性分析

飞机绕 OX 轴转动的稳定性叫作侧向稳定性。保证飞机侧向稳定的主要条件有飞机的上反角和后掠角。

先讨论上反角的侧向稳定作用，如图 3-22 所示。当飞机稳定飞行时，如果有一阵风吹到右翼使右翼抬起，左翼下沉，则飞机绕纵轴发生倾斜，这时升力 $\boldsymbol{Y}$ 也跟着倾斜。本来，升力 $\boldsymbol{Y}$ 与重力 $\boldsymbol{G}$ 同在铅垂线上互相平衡，一旦 $\boldsymbol{Y}$ 发生倾斜，$\boldsymbol{Y}$ 与 $\boldsymbol{G}$ 的合力 $\boldsymbol{R}$ 的作用使飞机沿着 $\boldsymbol{R}$ 的方向向左下方滑过去，这种动作叫作“侧滑”。

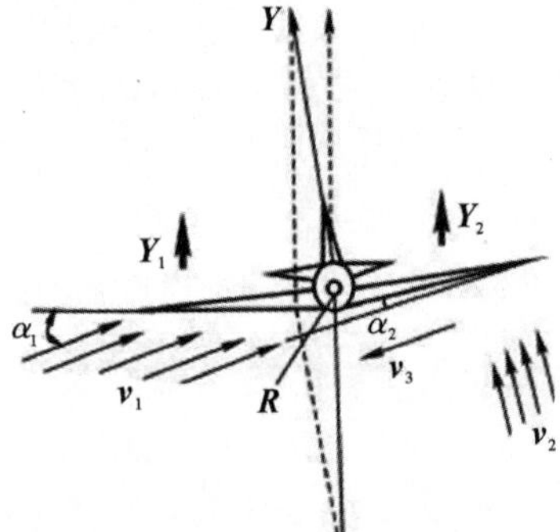

图 3-22 上反角的作用

飞机侧滑后，相对气流 $\boldsymbol{v}_3$ 吹到带上反角的机翼上，使左边升力 $\boldsymbol{Y}_1$ 大于右边升力 $\boldsymbol{Y}_2$，两个机翼升力差构成一个恢复力矩 M。当阵风消失后，飞机经过短暂的偏摆而恢复到原来的飞行状态上。上反角越大，侧向稳定性越好，反之下反角则起到不稳定的作用。

然后讨论后掠角对侧向稳定性的影响，如图 3-23 所示。假设一架大后掠角飞机(设没有上反角)原本处于稳定飞行状态，左翼下方突然受到阵风($\boldsymbol{v}_2$)的干扰，使飞机向右边倾斜。前面讲过由于升力 $\boldsymbol{Y}$ 的倾斜角与重力 $\boldsymbol{G}$ 构成合力 $\boldsymbol{R}$ 而使飞机沿着 $\boldsymbol{R}$ 的方向侧滑，沿侧滑方向的

相对阵风以 v_3 的速度吹到机翼上，由于后掠角的原因，作用在右翼上的垂直分速度 v_a 大于左翼上的垂直分速度 v_c。v_a 和 v_c 是机翼产生升力的有效速度，所以右翼上产生的升力大于左翼上的升力，这样会立即产生一个恢复力矩 M 使飞机朝着原来的姿态倾斜回去。当干扰消失后，经过短暂的摆动，飞机即恢复到原来的稳定飞行状态。

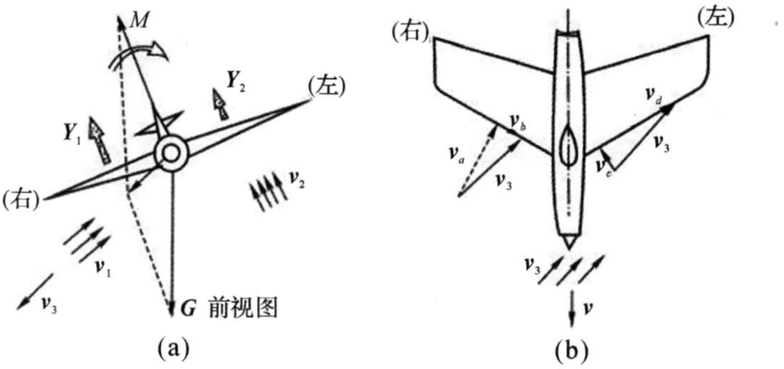

图 3-23　后掠角的作用

后掠角越大，恢复力矩也越大，侧向稳定作用也越强。但是在高速飞机上，由于要减少阻力，后掠角总是设计得较大，这就有可能导致侧向过分稳定，反而不利于飞机的操纵，因此有必要采用下反角以抵消一部分侧向稳定性。

飞机的侧向稳定性和方向稳定性是相互紧密联系和影响的，两者配合起来叫作飞机的"横侧稳定"。横侧稳定性配合得好的飞机，在做转弯、横滚动作时，驾驶员操作起来很方便。

二、飞机的操纵性

飞机操纵性能好，指驾驶员操纵起飞机来很得心应手。飞机操纵性能不好，则指驾驶员操作飞机非常困难。

飞机在稳定飞行中，如果驾驶员用不大的力加在驾驶杆上或脚蹬上，改变一下舵面的偏转角，飞机就能很快跟着反应，改变其飞行状态，这架飞机就是操纵性能好的。

飞机受操纵而做曲线飞行时，会产生法向和切向加速度及惯性力，所产生的惯性力与重力之比称为"过负荷"，或简称"过荷"。由于飞机结构材料强度以及飞行员生理状况的限制，过荷不能超过某一数值，所以操纵飞机做曲线飞行时，也就受到过荷的限制。

飞机的操纵是通过以下三个操纵面来完成的。

(1)升降舵：当驾驶员向后拉(或向前推)驾驶杆时，通过一系列的连杆、杠杆的作用，使装在水平尾翼后端的升降舵面向上(向下)偏转，气流作用在升降舵上，便产生向下(或向上)的尾翼升力 $f_{纵向}$。此力产生一个绕飞机重心 O 的转动力矩 M_1(或 M_1')，使飞机绕侧向轴 OZ 做爬升(或下滑)飞行，如图 3-24 所示，此操纵称为纵向(或俯仰)操纵。

(2)方向舵：方向舵是靠驾驶员的脚蹬来带动的，右脚踩右蹬，安装在垂直尾翼后方的方向舵通过一系列的杠杆、钢索的传动而向右偏转，相对气流便产生一个作用力 $f_{横向}$ 使飞机产生一个绕重心 O 而顺时针转的力矩 M_3，使飞机向右转，如图 3-25 所示。反之，左脚踩左蹬，飞机便向左转,绕 OY 轴做偏航运动,此操纵称为方向操纵。

(3)副翼:要使飞机做横滚动作,驾驶员可以向右(或向左)压驾驶杆,装在机翼外端的左、右两片副翼,通过一系列连杆、杠杆的传动,使右副翼向上,左副翼向下(或者相反),致使右翼升力减少,左翼升力增大,产生一个顺时针的力矩 M_4,使飞机绕 OX 轴向顺时针做横滚动作,称“侧向操纵”。反之,会得到相反的动作,如图 3-26 所示。

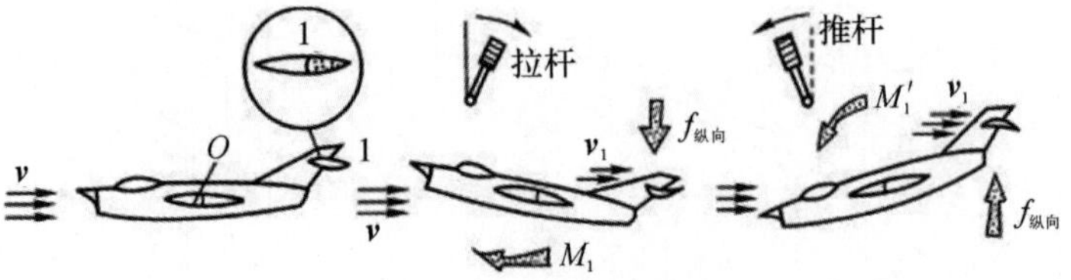

图 3-24 飞机的纵向操纵

1—升降舵;v_1—作用于水平尾翼的相对风速;O—重心

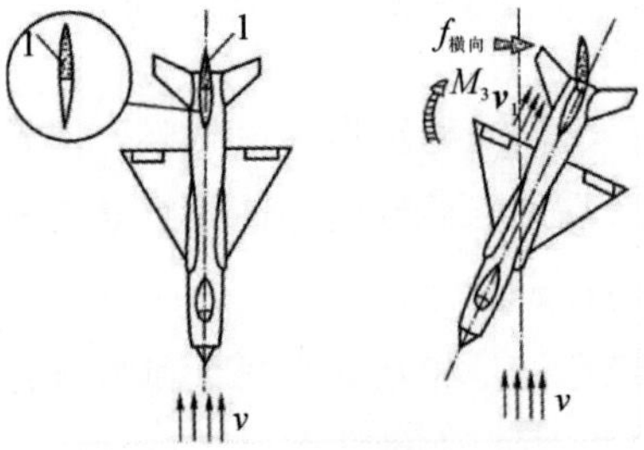

图 3-25 飞机的方向操纵

1—垂直尾翼;v_1—作用于垂直尾翼的相对风速

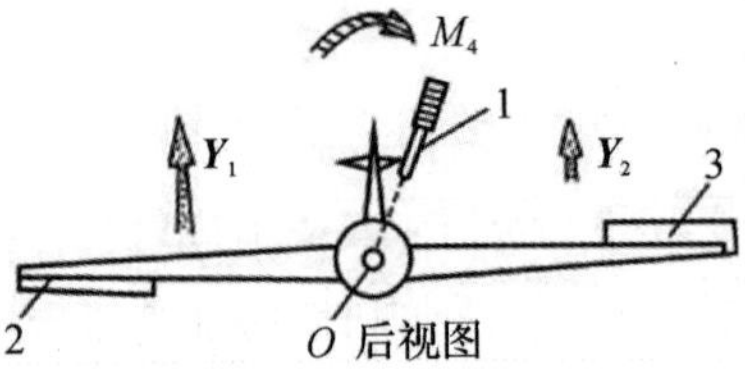

图 3-26 飞机的副翼操纵

1—向右压驾驶杆;2—左副翼向下;3—右副翼向上;M—向右横滚的力矩

在大后掠角机翼上,当迎角较大时,在翼尖处气流的分离现象较严重,因此副翼的作用降低。为了防止气流在翼尖处分离,在机翼上安装了翼刀,翼刀可以增大飞机的侧向稳定性和操纵性。

飞机的侧向操纵性和方向操纵性能也是密切联系、互相配合的。例如若要使飞机向右转弯,不但要踩右蹬使飞机向右转,而且要向右压驾驶杆使飞机向右倾斜,两者相互配合,转弯的动作才能做得又快又好,如图 3-27 所示。正像在赛跑中,在跑道上拐弯时要把身体向内侧倾斜,才能顺利转弯一样,飞机转弯时利用倾斜后空气动力的侧向分力 **Z** 帮助飞机转弯。

上述三种舵面的翼剖面都是对称剖面,在不操纵时舵面两边的空气动力是相等的,不会产生一边轻一边重的现象。驾驶杆和脚蹬的操纵动作必须设计得适合人的习惯动作，例如推杆时机头下俯、拉杆时机头上仰等，以免驾驶时造成混乱。

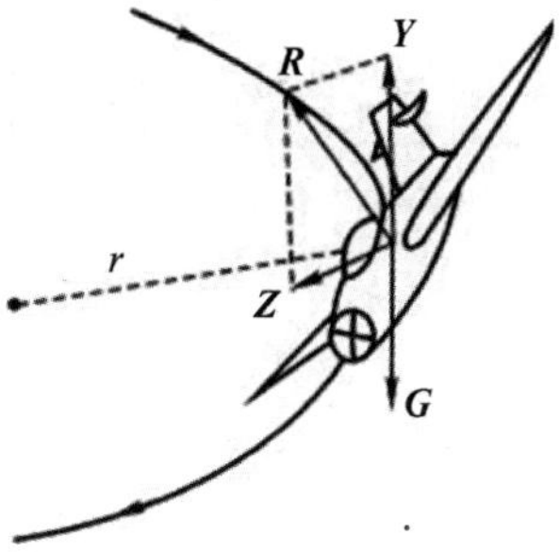

图 3-27　飞机的横向操纵

R—总空气动力；***Z***—向心力；*r*—航迹曲率半径

第4章　空空导弹飞行原理

4.1　导弹的组成和类别

4.1.1　导弹的组成与功能

导弹由导引系统、飞行控制系统、引战系统、推进系统、能源系统和弹体系统等组成。导引系统和飞行控制系统又构成制导与控制系统。

一、导引系统

空空导弹的导引系统接收并处理来自目标、导弹火控系统和其他来源的信息，产生输出给飞行控制系统的导引指令和其他指令，使导弹按一定轨迹飞行。

空空导弹导引系统主要有红外导引系统、雷达导引系统和惯性导引系统等。

1. 红外导引系统

红外导引系统简称红外导引头，它通过敏感目标的红外辐射能量来探测、跟踪目标。目标的红外辐射能量可能来自发动机喷口、发动机尾喷流，也可通过目标壳体表面气动加热。

早期的空空导弹红外导引系统，只能探测目标发动机喷口的红外辐射。而飞机喷口的红外辐射具有明显的方向性，所以导弹只能在目标尾后一定范围内探测到目标，实施目标尾后攻击。当前空空导弹红外导引系统，能探测到目标发动机尾喷流的红外辐射、目标壳体表面气动加热的红外辐射，在目标的侧方、前方均能探测到目标，可以实现全向攻击。

目标红外辐射能量在大气中传输会被吸收和散射，尤其是大气中的二氧化碳、水汽对红外能量有明显的衰减作用，所以红外导引头的使用受到气象条件的限制，在雨、雪、雾的条件下不能使用，无全天候性能。

2. 雷达导引系统

雷达导引系统简称雷达导引头，它可以利用接收来自目标的电磁波探测和跟踪目标。大气条件对电磁波的影响较小，所以雷达导引头具有全天候性能。雷达导引系统按雷达体制可分为脉冲体制、连续波体制和脉冲多普勒体制。法国玛特拉 R530 导弹采用的是脉冲体制，美国的麻雀系列导弹、意大利的阿斯派德导弹采用的是连续波体制，美国的先进中距 AIM－120 导弹采用的是脉冲多普勒体制。

3. 惯性导引系统

用惯性器件作为测量元件的导引系统，称为惯性导引系统。惯性导引系统通常用作导弹的中制导，在末制导导引头尚未捕获、跟踪目标之前使用。惯性导引系统根据惯性原理产生导引信号，使导弹按一定轨迹飞行。

惯性导引系统要产生导引信号，必须知道目标在惯性坐标系中的位置、速度等数据以及导弹在惯性坐标系中位置、速度、姿态等导航参数。前者由导弹火控系统通过数据链传输系统传输给导弹，计算出导引信号，传输给导弹飞行控制系统，控制导弹飞行。

二、飞行控制系统

飞行控制系统用来控制和稳定导弹的飞行。它控制导弹体的俯仰运动、偏航运动及导弹的横滚运动，使导弹在弹道上具有稳定的飞行姿态，较好的阻尼特性、响应特性及合理的侧向过载，按预定的导引规律飞向目标。

通常空空导弹的俯仰轴与偏航轴是对称的，所以俯仰与偏航是两个相同的控制通道，另一个是横滚控制通道。根据导弹工作原理的要求，对导弹的横滚控制有两种形式，一种是对导弹横滚角度的控制，另一种是对导弹横滚角速度的抑制。可以用俯仰舵或偏航舵的差动来控制横滚运动，也可以用气动陀螺舵来抑制导弹的横滚角速度。

导弹机动一般通过舵面的偏转产生气动力来实现。目前也可采用先进的推力矢量控制技术，通过改变发动机推力的方向来产生控制力矩，实现对导弹的飞行控制。推力矢量控制的优点是使导弹获得大的机动能力和快的反应速度，作用原理如图 4-1 所示。正常的发动机推力沿导弹的 OX_1 轴方向，如图 4-1(a)所示；当发动机推力方向改变后，发动机推力与 OX_1 轴成一夹角 ε，如图 4-1(b)所示。这样发动机推力 $\boldsymbol{P}$ 沿 OY_1 轴方向就有一分量 $\boldsymbol{P}_y$，$\boldsymbol{P}_y$ 作用在弹体上产生一力矩，可以改变导弹运动方向。

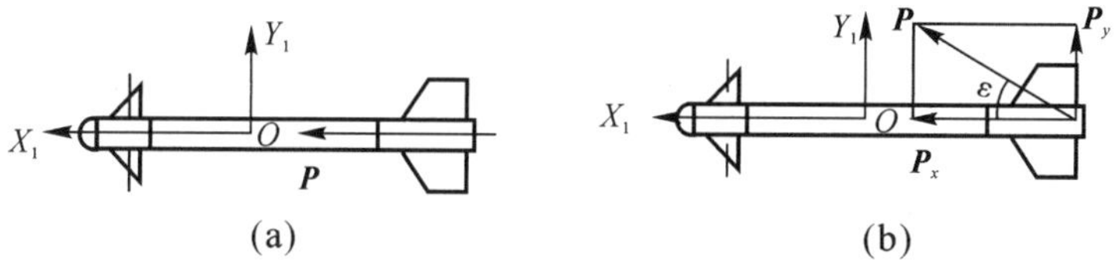

图 4-1　推力矢量控制作用原理图

三、引战系统

空空导弹引战系统由引信、安全与解除保险机构、战斗部组成。它的功用是当导弹飞至目标附近处时，按预定的要求引炸战斗部，毁伤目标。

(1)引信用于产生战斗部引炸信号，有近炸引信、触发引信和自炸引信 3 种。

1)导弹飞向目标过程中，当导弹与目标的距离、相对速度及交会的几何关系满足预定要求时，近炸引信工作，产生引炸信号，引炸战斗部。通常空空导弹直接命中目标的概率不高，多数情况是存在一定的脱靶距离，所以近炸引信是空空导弹的主要引信。

2)当导弹直接命中目标时，触发引信利用导弹与目标的撞击产生引炸信号。

3)当导弹遇靶未炸或脱靶时，经过一定飞行时间后，自炸引信自动给出引炸信号，使导弹在空中爆炸。这样既可保证安全又可避免泄露导弹信息。

(2)安全与解除保险机构用于导弹在地面勤务操作中、挂飞状态下及导弹发射后飞离载机一定的安全距离内，确保导弹不会被引炸；而在导弹飞离载机一定的时间和距离后，确保导弹可靠地解除保险，根据引信的引炸信号引炸战斗部。

(3)战斗部是导弹的有效载荷，用来直接毁坏目标，其威力的大小需与导弹的导引精度(遇靶距离)相匹配。目前空空导弹的战斗部主要有破片式和杆式两种。

1)破片式战斗部爆炸后在一定范围内产生大量的高速飞散的破片直接打击目标。战斗部爆炸后的冲击波对目标也有一定的毁坏作用。破片的形式有立方体形、圆球形等。

2)杆式战斗部又分连续杆式和离散式两种。连续杆式战斗部爆炸后,预制杆状破片形成一个连续放射的环带,迅速扩大直至断裂。环带的速度很高,当它遇到目标时,可将目标的某个部位割裂,毁坏目标。断裂后的环带呈破片状,仍有一定的毁坏效果,但毁坏效果急剧下降。离散杆式战斗部的作用原理类似破片式战斗部,它的杆状破片并不连接成环,但分布呈环带。

四、推进系统

空空导弹推进系统用于为导弹飞行提供动力,使导弹获得所需的飞行速度和射程。空空导弹推进系统一般为固体火箭发动机,有单级推力发动机、双级推力发动机等。具有推力矢量控制的空空导弹,其推进系统含有推力矢量控制装置。

五、能源系统

用于导弹工作时所需的除推力以外的各种能源,主要包括以下几种:

(1)电源:有化学电池、涡轮发动机等。

(2)气源:有高压洁净氮气或其他介质的高压洁净气源,用于气动式舵机、导引头角跟踪系统、红外探测器等。

(3)液压源:用于液压舵机、导引头角跟踪系统等。

六、弹体系统

空空导弹的弹体系统由弹身、弹翼、舵面等组成。导弹各舱段组成一体形成弹身,弹翼是产生导弹升力的主要部件,舵面用于操纵导弹机动飞行。

七、数据链

数据链用于空空导弹的中制导,它接收载机发送的目标位置、速度和类型信息及载机信息,发送给飞行控制系统,形成中制导控制指令,实时修正导弹航向,控制导弹飞向目标。数据链有单向和双向两种:单向数据链只接收载机发送的信息,不回传导弹的信息;双向数据链不仅接收载机发送的信息,也回传导弹的信息给载机,回传信息包括导弹的位置和工作状态等。随着导弹发射距离越来越远以及他机制导协同作战的需要,空空导弹需要采用双向数据链,即应具备接收和发送的功能。

空空导弹的各部分组成如图 4-2 所示。

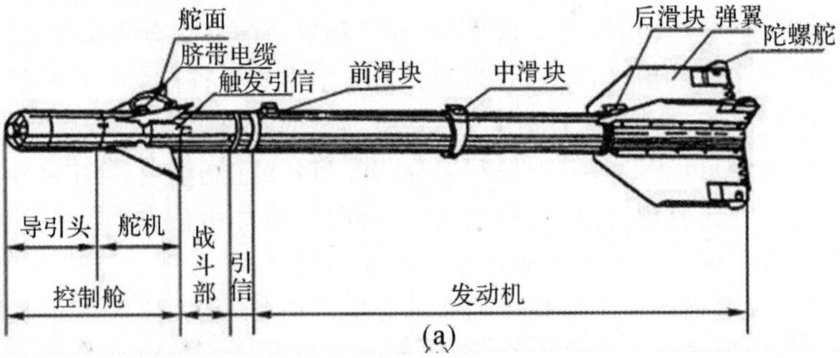

图 4-2　导弹各部分组成图

(a)导弹类型 1

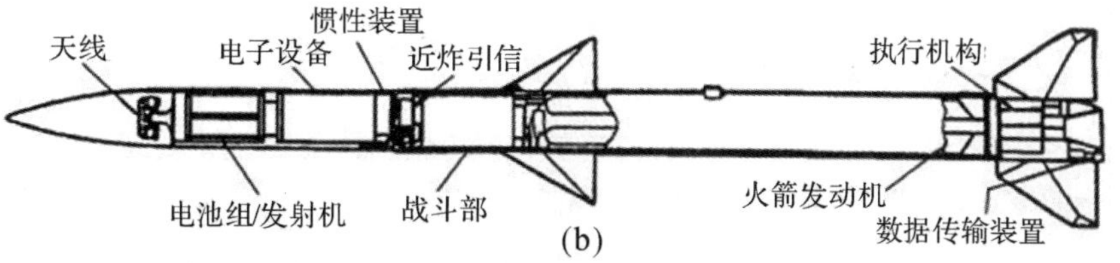

续图 4-2　导弹各部分组成图

(b)导弹类型 2

4.1.2　导弹的气动外形

在其他条件相同的情况下，作用在导弹上的空气动力和空气动力矩取决于导弹的气动外形。按不同的气动外形，可把导弹分成无翼式和有翼式两大类。无翼式导弹不带弹翼，只有尾翼[见图 4-3(e)]，有的甚至连尾翼也没有。无翼式导弹通常是从地面发射，用于对付地面目标，它的飞行轨迹与炮弹的弹道相类似，所以又称为弹道式导弹，它的大部分弹道处在大气层外。有翼式导弹一般作为战术武器使用，它攻击的目标有活动的也有固定的，按其使用条件可分为“地空导弹”“空空导弹”“空地导弹”导弹等。有翼式导弹都在大气层内飞行，弹上有弹翼和舵面。根据弹翼和舵面的布局，有翼式导弹又可以分为以下几种：

(1)正常式——舵面在弹翼的后面[见图 4-3(a)]；

(2)鸭式——舵面在弹翼前面[见图 4-3(b)]；

(3)无尾式——弹翼和操纵面连在一起[见图 4-3(c)]；

(4)旋转弹翼式——整个弹翼当作舵面一样来转动[见图 4-3(d)]。

有的导弹除了弹翼、舵面以外，还装有固定的前小翼(又称反安定面)，以调节压力中心的位置。此外，还可把导弹气动外形分成气动轴对称型和面对称型两种，后者的外形与飞机相类似(见图 4-4)，有时又称为飞机型导弹或飞航式导弹。对于气动轴对称型导弹，前翼(弹翼或舵面)和后翼(舵面或弹翼)相对于弹体的安置(按前视图看)又有若干不同的组合，常见的有“×-×型”“+-+型”“×-+型”及“+-×”型等。

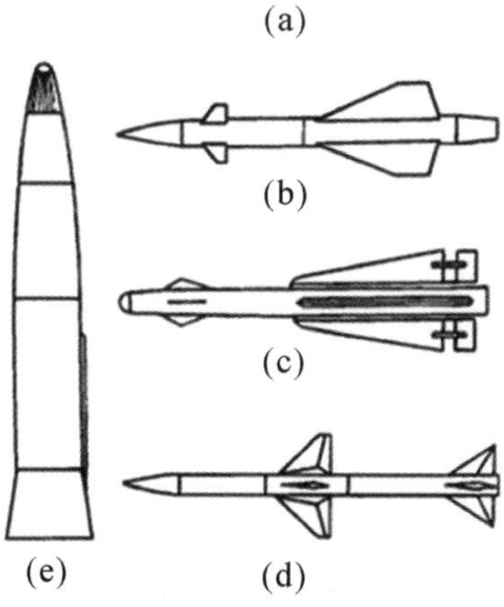

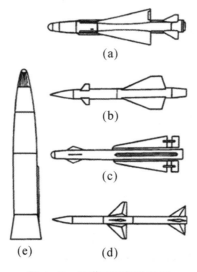

图 4-3　导弹不同气动外形

(a)～(d)有翼式导弹；(e)无翼式导弹

有翼式导弹，全弹的升力基本上是由弹翼提供的，弹翼在形成导弹的气动力特性中起着特别重要的作用。常见的弹翼翼型(通常是指平行于弹体纵向对称平面的翼剖面形状，有时也用以指与弹翼前缘相垂直的翼剖面)有亚声速翼型、菱形、六角形、双弧形、双楔形等(见图 4-5)。弹翼平面形状常见的有矩形、梯形、三角形、后掠形等(见图 4-6)。

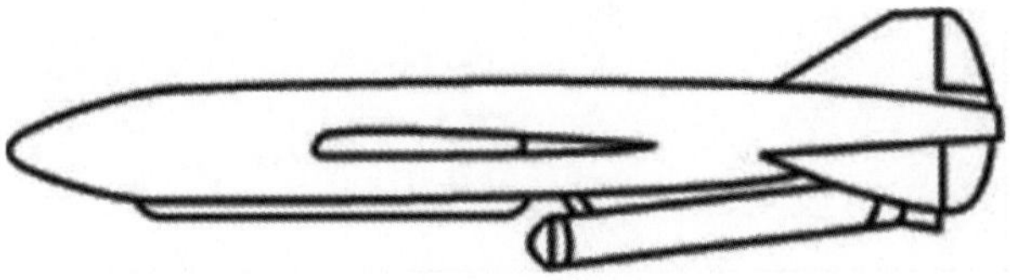

图 4-4　飞机型导弹气动外形

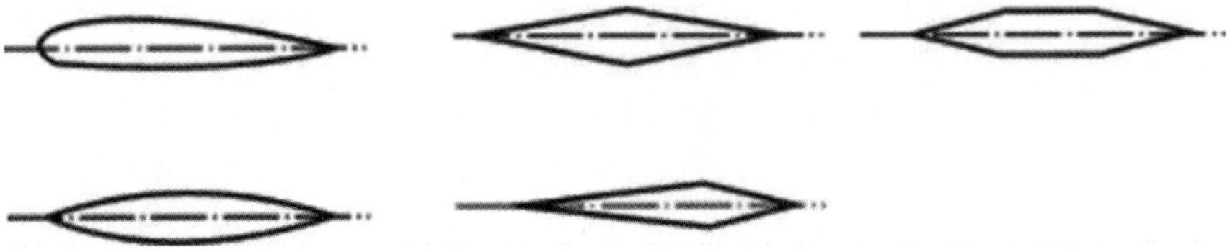

图 4-5　翼型示意图

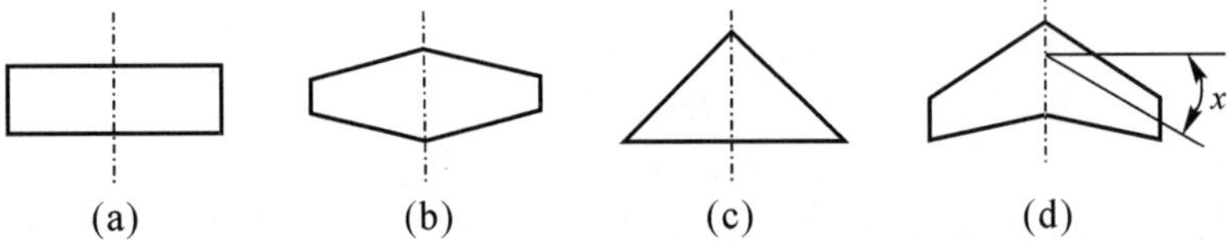

图 4-6　常见的弹翼平面形状

(a)矩形；(b)梯形；(c)三角形；(d)后掠形

4.1.3　空空导弹的种类

就空空导弹来说，其种类也很多，可依据导引方式、战术技术性能分类。

一、按导引方式分类

1. 红外型空空导弹

具有红外导引系统的空空导弹称为红外型空空导弹。

红外型空空导弹的优点是导引精度较高，弹上设备比较简单，质量轻，具有发射后不管能力等，缺点是没有全天候能力。美国的响尾蛇系列导弹、苏联的 R-73 导弹、法国的玛特拉 R550 导弹等均属于此类导弹。

2. 雷达型空空导弹

具有雷达导引系统的空空导弹称为雷达型空空导弹，它具有作用距离远、有全天候能力等优点。雷达型空空导弹又按如下标准分类：

(1)雷达被动式：此类导弹一般称为反辐射导弹，用于探测和跟踪目标发射的电磁波(包括电磁干扰波)。

(2)雷达半主动式：此类导弹的导引系统探测、跟踪目标的反射波。照射目标的射频发射机设置在载机上，导弹接收目标的反射波及机载雷达给导弹的直射波。

雷达半主动式的优点是载机上有大功率的雷达发射机，因而导引头的探测距离较远，弹上的设备较简单；缺点是载机发射导弹后不能马上脱离，机载雷达一直要照射目标和导弹，直至导弹命中目标，载机才能做机动飞行脱离目标。

(3)雷达主动式：照射目标的射频发射机设置在导弹上，接收目标回波的接收机也设置在导弹上。由于导弹在飞向目标过程中，不需要机载雷达对目标提供射频照射，载机发射导弹后，即可机动飞行，脱离目标，具有发射后不管的能力。缺点是弹上设备较复杂，弹上射频发射机的体积、质量受到严格限制，导引头的作用距离不可能很远。

美国的麻雀系列导弹、英国的天空闪光导弹均是雷达半主动型导弹。美国先进中距 AIM－120 导弹，其末制导采用雷达主动制导。

二、按战术技术性能分类

按照战术技术性能来分类，空空导弹可分为格斗型导弹、中距拦射导弹和远程截击导弹。

1. 格斗型空空导弹

格斗型空空导弹用于空战中的近距格斗，它可以攻击大机动目标，最小发射距离一般为 300～500 m，最大发射距离一般不超过 20 km。导弹发射时对载机占位要求不高，对载机机动过载没有限制。

格斗型空空导弹的质量、尺寸均较小，机动能力强，具有发射后不管的能力。导弹对机载火控系统的依赖性小，与火控系统接口关系较简单，发射前的准备也较简单。

格斗型空空导弹一般采用红外制导系统。典型的格斗型空空导弹有美国的响尾蛇 AIM－9L 导弹、苏联的 R－73 导弹、法国的玛特拉 R550 导弹、以色列的怪蛇Ⅲ导弹等，其主要性能见表 4－1。

表 4－1　格斗型空空导弹主要性能

导弹	气动布局	制导控制方式	引信	战斗部 kg	动力装置	发射距离 km	使用高度 km	攻击区	机动过载	弹径 mm	弹翼 mm	弹长 mm	弹重 kg
AIM－9L	鸭式	红外制导	激光近炸	杆式 11.3	固体火箭发动机	最大 18；最小 0.5	0～15	全向	31	127	640	2 870	86.6
R－73	双鸭式	红外制导＋推力矢量控制	主动雷达近炸	杆式 7.4	固体火箭发动机	最大 20；最小 0.3	0～20	全向	40	170	560	2 900	105

2. 中距拦射空空导弹

中距拦射空空导弹的特点是发射距离较远，为 50～80 km，具有全天候性能，可以实施全向攻击，一般采用前置发射方式。中距拦射导弹与火控系统的接口关系较复杂，导弹发射之前需火控系统给导弹装定许多参数，其他准备工作也较多。中距拦射导弹的质量较大、尺寸较大，以往一般采用雷达半主动连续波体制，导弹发射后仍需机载雷达对目标及导弹进行射频照射，不具备发射后不管的能力。美国的麻雀 AIM－7M 导弹，苏联的 R－27 导弹均属于中距拦射导弹。目前有更先进的中距拦射导弹，该类导弹采用复合制导体制，发射距离更远，质量较小。其中制导段一般采用数据链＋惯性导引，末制导可采用雷达主动及红外被动式制导。它与导弹火控系统相配合，使武器系统具有攻击多目标的能力。具有代表性的是美国的先进中距拦射 AIM－120 导弹和法国的 MICA 导弹，其主要性能见表 4－2。

表 4－2　中距拦射空空导弹主要性能

导弹	气动布局	制导控制方式	引信	战斗部 kg	动力装置	发射距离 km	使用高度 km	攻击区	机动过载	弹径 mm	弹翼 mm	弹长 mm	弹重 kg
AIM－120	尾舵	惯导指令＋主动雷达	主动雷达、近炸	定向破片 22	双级推力固体火箭发动机	最大 75；最小 0.8	0～20	全向	40	178	530	3 650	152
MICA	尾舵	惯导指令＋主动雷达/红外＋推力矢量控制	主动雷达、近炸	预制破片 15	固体火箭发动机	最大 50；最小 0.5	0～21	全向	35	165	560	3 100	110

3. 远程截击空空导弹

远程截击空空导弹的特点是发射距离较远，超过 100 km；采用复合制导体制；导弹的质量很重、尺寸大。此类导弹主要有美国的不死鸟 AIM－54C 导弹和苏联的 R—77 导弹等，其主要性能见表 4－3 所示。

表 4－3 远程截击空空导弹主要性能

导弹	气动布局	制导控制方式	引信	战斗部 kg	动力装置	发射距离 km	使用高度 km	攻击区	机动过载	弹径 mm	弹翼 mm	弹长 mm	弹重 kg
AIM－54C	尾舵	惯导指令＋半主动雷达＋主动雷达	主动雷达、近炸	杆式 60	固体火箭发动机	最大 200；最小 0.75	0～30	全向	30	381	915	4 300	463
R－77	尾舵格栅舵	惯导指令＋主动雷达	主动雷达、近炸	定向破片 30	双级推力固体火箭发动机	最大 80；最小 1	0～20	全向	35	200	700	3 600	175

三、特殊用途的空空导弹

在研制、使用过程中，需要有多种特殊用途的空空导弹，主要有训练弹、遥测弹、程控弹、模拟弹、火箭弹等。它们与战斗弹有明显的区别，没有像战斗弹那样具有完备的分系统。

1. 训练弹

训练弹用于训练飞行员驾驶飞机在空中占位、捕获目标、发射导弹等。

由于训练弹不发射、不攻击目标，所以训练弹的发动机、战斗部、舵机等均可为模拟件。使用训练弹时要模拟实战情况构成发射条件，所以弹上有些部件的功能、性能应与战斗弹相同。不同类型的导弹，其发射条件是不一样的。红外型导弹在发射前，其导引头一般应捕获、跟踪目标并给出音响信号；雷达半主动型导弹在发射前要完成接收机的频率调谐，并给出返回指示信号。目前较先进的空空导弹在发射前要对导引头、惯导装置等进行自检。因此，不同类型的训练弹应设置有相应的部件，其功能、性能应与战斗弹相同。

训练弹设置有记录装置，可安装在战斗部舱位置，记录导弹的一些工作信号，飞行员按压发射按钮的动作信号、导弹离机信号等。根据记录结果，判断飞行员的操纵动作是否正确，以评价训练效果。

2. 遥测弹

遥测弹用于在导弹研制过程中，验证导弹在实际飞行中工作是否正常，其性能、参数是否达到要求。所以遥测弹在导弹研制过程中扮演了非常重要的角色，是必不可少的。

根据不同遥测目的，可使用不同类型的遥测弹，如制导系统遥测弹、引战系统遥测弹等。遥测弹要考核的部件必须是真实的。遥测弹设置有遥测舱，一般把战斗部舱改为遥测舱。遥测舱由传感器把各种被测参数变成电信号，经无线电多路传输系统，调制成一个多路综合信号，再通过遥测发射机变成射频信号，由遥测发射天线辐射出去。地面遥测接收站接收到射频信号后，经解调得出多路综合信号，再经解调分路恢复出各个被测信号，供分析鉴定用。

遥测弹用于空中或地面发射，其几何外形、重量、重心、各舱段连接形式均与战斗弹相同。

3. 程控弹

程控弹在弹上设置程序控制装置，给出导弹飞行控制指令，它是一种试验弹。程控弹用于考核导弹弹体结构在大过载飞行状态下是否安全可靠，考核引信、安全与解除保险机构及弹上其他装置在大过载作用下的工作状态，考核导弹飞行控制系统在程控飞行指令控制下，其稳定性与操纵性能是否满足要求等。

4. 模拟弹

模拟弹的各舱段均可用模拟件代替，但全弹重量、尺寸、外形与战斗弹相同。模拟弹主要用于考核载机在挂弹后对其飞行性能的影响。

5. 火箭弹

火箭弹可用于地面发射，也可用于空中发射。地面发射主要考核导弹发动机工作是否正常、发射时导弹脱离发射装置是否正常、导弹的气动特性是否稳定等；空中发射主要考核载机在飞行中发射导弹时导弹脱离发射装置是否正常、初始弹道是否稳定以及导弹发动机工作时喷出的燃气流对飞机发动机的影响等。

6. 制导系留弹

制导系留弹只包括导弹的导引系统和飞行控制系统，其他部分用模拟件，弹内装有经过改装的供电系统。制导系留弹是导弹研制过程中的一种重要试验弹，主要用于制导系留弹飞行试验。它由载机携带，在接近导弹真实飞行的工作环境中，在各种环境下对真实目标进行导弹的截获、跟踪和抗干扰试验，以考核导弹制导系统的工作情况。全新研制的导弹，需要进行较多的制导系留弹飞行试验。

4.1.4　空空导弹工作原理及特点

1. 空空导弹工作原理

空空导弹是典型的精确制导武器，其基本工作原理是导弹导引系统接收来自目标反射的无线电波或辐射的红外波，从中获取制导信息，飞行控制系统进行信息处理后，根据导弹和目标的相对运动关系按预定的导引律形成控制指令，控制舵面偏转，操纵导弹飞向目标。对于中距和远程空空导弹，由于导引系统探测距离有限，在远距离上不能获得目标信息，需要载机火控系统给导弹装订飞行任务，并通过数据链实时提供目标指示，以将导弹引导到导引系统可以捕获目标的一个特定区域。弹目交会时，引信对目标进行探测和识别，并适时引爆战斗部，用杀伤元素去毁伤目标。

空空导弹的工作分为挂机飞行段、发射段、初制导段、中制导段、中末制导交接段、末制导段、弹目交会段 7 个阶段。

(1)挂机飞行段要完成导弹发射前的所有准备工作，如给导弹上需要较长时间加电才能达到稳定状态的器件(陀螺、晶体恒温槽、速调管灯丝等)加电，以便到战区可以迅速发射导弹。

(2)发射段是在目标将要进入攻击区时，为导弹进行准备工作，要给导弹加电、装订飞行任务。飞行任务包括目标的位置和速度、目标种类、载机位置和速度等，目标信息主要通过机载雷达获取。导弹加电后进行自检，并把导弹的工作情况反馈给载机，如果导弹正常，随时可以发射导弹。飞行员按下发射按钮后，机上供电转为弹上供电，发动机点火，导弹与载机分离。

(3)初制导段是指导弹离开载机到中制导段之前的飞行段，其主要目的是使机、弹安全分离，一般采用程序控制，即不加控制指令或施加拖引过载、预定舵偏角。对不加控制指令方式的初制导段也称“归零”段，其含义是控制信号归零。这段时间的长短与静弹挂弹位置到机头的距离、导弹离架速度和加速度以及目标在载机的上方还是下方等因素有关，一般为 0.3～0.8 s。初制导段中导弹稳定回路已经工作，以降低对安装误差和发动机推力偏心的要求。对于弹体静不稳定的导弹，初制导段稳定回路工作还可以使其稳定。

(4)中制导段是指初制导段之后、末制导段之前的飞行段，一般采用惯性制导。由于导弹发射后目标可能机动，发射距离较远时要用数据链修正。因此在中制导段，载机雷达要稳定跟踪目标，并不断地探测目标的位置和速度，通过数据链修正指令发送给导弹。由于空空导弹体积和重量的限制，惯性制导系统多采用捷联式，简称捷联惯导。捷联惯导是把陀螺和加速度计固连在弹体上，利用计算机处理陀螺和加速度计测量的导弹运动参数，建立数学平台，代替平台式惯导的物理平台作为惯性基准。导弹通过捷联惯导系统获得自己的位置、速度和姿态，从而得到导弹和目标的相对位置、速度以及视线在弹体固连坐标系中的投影分量。弹载计算机根据中制导导引律计算出导弹的控制指令，传送给导弹自动驾驶仪，操纵舵面的转动，控制导弹飞向目标。使用中制导的原因是导引头，探测距离有限，目前达到的水平，无论是红外导引头还是主动雷达导引头探测距离都不超过 25 km，远小于导弹的动力射程，因此中距和远程空空导弹都要有中制导。中制导的任务是把导弹送到一个区域，导引头在这个区域能够搜索截获目标。一些近距格斗空空导弹或半主动雷达型中距空空导弹也可以不需要中制导段。

(5)中末制导交接段是中制导到末制导的过渡阶段，它的任务是使导引头可靠地截获目标且弹道不产生太大的波动。如果中制导使用半主动雷达，末制导使用主动雷达，中末制导交接段的转换比较简单，只要弹上的主动雷达发射机适时开机就可以了。如果中制导使用惯性制导加数据链修正，末制导使用主动雷达，中末制导交接段必须在导弹目标的距离达到导引头截获距离时，给出目标的角度指示和导弹目标的多普勒频率指示(速度指示)，以使导引头能顺利地截获目标。若导引头不能截获目标，还要按一定的逻辑进行多普勒频率搜索和角度搜索。如果末制导使用红外被动制导，只需给出目标的角度指示，若截获不了目标再进行角度搜索。

中制导和末制导一般使用相同的导引律，若使用不同的导引律可以用加权过渡的方法保持弹道平滑。

(6)末制导段是指由导引头截获目标后连续不断地提供目标信息的制导段，末制导段是保证制导精度所必需的。空空导弹末制导段采用雷达半主动、雷达主动以及红外被动等方式，导引律一般为比例导引或修正的比例导引。导弹采用了惯导技术、数字信号处理技术后，可以将诸如弹目相对速度、目标加速度、导弹剩余飞行时间等更多的参数引入导引律，使导弹的导引精度大大提高。在末制导段，导引头自动跟踪目标，同时为导弹提供目标的有关信息，该信息经过滤波器滤波和处理后，得到目标相对于导弹的位置、速度、加速度和视线角速度估值。按照导引律，利用这些状态估值产生的导弹加速度控制指令，与弹上传感器的角速度和过载等信号结合后输入制导放大器，自动驾驶仪通过舵机将该综合指令信号转换成导弹的舵偏角，导弹在此舵偏角的作用下产生控制力矩，该力矩改变导弹的飞行方向，使导弹飞向目标。

(7)弹目交会段亦称遭遇段或遇靶段，是导弹接近目标的飞行段。通常，引信不是全弹道工作，在导弹接近目标时才启动引信工作。引信探测到目标后，根据制导系统提供的交会条件，确定最佳延迟时间，适时引爆战斗部。战斗部爆炸后，战斗部中的杀伤元素(破片或杆)以极高的速度命中目标，从而毁伤目标。

2. 空空导弹的特点

空空导弹的发射平台和攻击目标都在高速运动，且具有很强的攻防对抗性，所攻击的目标种类多、飞行速度高、飞行高度范围宽、机动能力强，同时为便于载机尤其是战斗机携带，又要求空空导弹尺寸小、质量轻、速度高、距离远，这对空空导弹的设计提出了很高的要求。空空导弹具有以下特点：

(1)飞行速度高。为满足攻击高速目标的要求，空空导弹具有较高的飞行速度，大多数导弹的最大飞行马赫数都在 4 以上，有的甚至超过了 6。为了满足远程攻击的需要，还要求空空导弹具有较高的平均飞行速度。

(2)机动能力强。考虑到目标机动能力的不断提高以及大离轴发射甚至“越肩”发射的需要，空空导弹应具有较强的机动能力。目前中距拦射导弹的最大机动过载在 40 左右，近距格斗导弹的最大机动过载能够达到 60 以上。

(3)制导精度高。由于尺寸和质量的限制，空空导弹战斗部的质量只有几千克到几十千克，有效杀伤半径一般只有几米到十几米。为保证对目标的有效摧毁，要求空空导弹具有较高的制导精度。空空导弹的制导精度一般在 10 m 以内。

(4)引战配合好。一方面，由于空空导弹需要攻击多种类型的目标，目标几何尺寸变化范围较大，同时导弹和目标的遭遇速度变化大，目标在导弹告警装置的配合下对导弹攻击都要做出逃逸机动，这就决定了空空导弹末段弹目交会的条件范围非常宽。而另一方面，空空导弹战斗部的杀伤范围有限，这就要求引信和战斗部具有良好的配合效率，从而获得理想的杀伤效果。

(5)抗干扰能力强。空空导弹具有较强的对抗性，在空空导弹技术不断发展的同时，世界各国针对红外制导和雷达制导的空空导弹，发展出了红外诱饵弹、红外和无线电干扰机、箔条干扰弹、拖曳式诱饵、红外/微波复合诱饵等多种干扰手段。空空导弹要在日益复杂的干扰环境中有效发挥作用，必须具有较强的抗干扰能力。

(6)发射准备时间短。由于发射平台和目标都在高速运动且具有很强的对抗性，因此构成发射条件的时间短，现代空战更加强调先视先射，这就要求导弹的准备时间应尽量短，一般只有几秒。

(7)环境适应能力强。空空导弹的工作环境恶劣，其承受的环境条件包括自然环境和诱发环境。自然环境包括温度、湿度、压力、淋雨、盐雾等气候环境条件和霉菌等生物环境条件，诱发环境包括挂飞振动、自主飞振动、着陆冲击、加速度等动力环境条件和电磁环境条件等。导弹应能适应以上各种环境条件。

(8)系统组成及结构复杂。空空导弹的以上特点决定了其结构和系统组成都比较复杂。空空导弹既有导引系统，又有飞行控制系统及引战系统，一般都具有3个通道的控制系统，同时又要求导弹体积小、性能好，因而空空导弹内部设备多、密度大、结构复杂。

4.2 常用坐标系

与飞机类似，导弹在空间的运动，可以看作导弹质心的运动和导弹绕质心的转动二者的合成。研究导弹运动，需要用到一些常用的坐标系，如惯性坐标系、航迹坐标系、速度坐标系和弹体坐标系。参考第2章坐标系的建立，定义如下这些坐标系。

1. 地面坐标系($AXYZ$)

定义坐标原点A在地面某点上，在水平方向上选某一方向作为AX轴，自A点垂直向上的方向作为AY轴，AZ轴与XAY平面垂直，按右手定则指向右方。

2. 惯性坐标系($OXYZ$)

定义坐标原点O在导弹质心m上，三个坐标轴的方向与地面坐标系的坐标轴方向相同，坐标轴随导弹质心平移而不转动。

3. 航迹坐标系($OX_hY_hZ_h$)

定义坐标原点O在导弹质心m上，OX_h轴的正方向指向导弹飞行速度方向，OY_h轴在铅垂面内与OX_h轴垂直，指向上方，OZ_h轴与OX_hY_h平面垂直，按右手定则指向右方。该坐标系是在惯性坐标系的基础上，先绕OY轴旋转航迹偏航角ψ_c，然后绕OZ轴旋转航迹倾斜角θ。

4. 速度坐标系($OX_vY_vZ_v$)

定义坐标原点O在导弹质心m上，OX_v轴的正方向指向导弹飞行速度方向，OY_v轴在导弹的纵向对称面内与OX_v轴垂直，指向上方，OZ_v轴与X_vOY_v平面垂直，按右手定则指向右方。该坐标轴是在航迹坐标系的基础上，绕OX轴旋转速度轴倾斜角γ_c。

5. 弹体坐标系($OX_tY_tZ_t$)

定义坐标原点O在导弹质心m上，OX_t轴的正方向指向导弹弹轴方向，OY_t轴在导弹的纵向对称面内与OX_t轴垂直，指向上方，OZ_t轴与OX_tY_t平面垂直，按右手定则指向右方。该坐标轴是在惯性坐标系的基础上，先绕OY轴旋转航向角ψ，然后绕OZ轴旋转俯仰角ϑ，最后再绕OX轴旋转横滚角γ；或者在速度坐标系的基础上，先绕OY轴旋转侧滑角β，然后绕OZ轴旋转攻角α。

以上坐标系之间的转换关系与第3章中的惯性坐标系、航迹坐标系、速度坐标系和机体坐标系之间的转换关系相同，这里不再赘述。

4.3　作用在导弹上的力和力矩

若把导弹看成一个刚体，则它在空间的运动，可以看作是质心的移动和绕质心的转动的合成运动。质心的移动取决于作用在导弹上的力，绕质心的转动则取决于作用在导弹上相对质心的力矩。在飞行中，作用在导弹上的力主要有总空气动力、发动机的推力和重力等。作用在导弹上的力矩有空气动力引起的空气动力矩、由发动机推力（若推力作用线不通过导弹质心时）引起的推力矩等。

把总空气动力沿速度坐标系分解为三个分量，分别称为阻力 $\boldsymbol{X}$、升力 $\boldsymbol{Y}$ 和侧向力（简称侧力）$\boldsymbol{Z}$。习惯上，把阻力 $\boldsymbol{X}$ 的正向定义为 OX_v 轴（即 v）的负向，而升力 $\boldsymbol{Y}$ 和侧向力 $\boldsymbol{Z}$ 的正向则分别与 OY_v 轴、OZ_v 轴的正向一致。

实验分析表明：作用在导弹上的空气动力与来流的动压 q（$q=\frac{1}{2}\rho v^2$，其中 ρ 为导弹所处高度的空气密度）以及导弹的特征面积 S 成正比，可表示为

$$\left.\begin{aligned} X &= C_X qS \\ Y &= C_Y qS \\ Z &= C_Z qS \end{aligned}\right\} \tag{4-1}$$

式中，C_X，C_Y，C_Z 为无量纲的比例系数，分别称为阻力系数、升力系数和侧向力系数；S 为特征面积。对于有翼式导弹，常用弹翼的面积作为特征面积。对于无翼式导弹，则常用弹身的最大横截面积作为特征面积。

在导弹气动外形及其几何参数、飞行速度和高度给定的情况下，研究导弹在飞行中所受的空气动力，可简化为研究这些空气动力系数。

4.3.1　空气动力

一、升力

全弹的升力可以看成是弹翼、弹身、尾翼（或舵面）等各部件产生的升力之和加上各部件间的相互干扰的附加升力。而在各部件中，弹翼是提供升力的最主要部件。

当把弹翼、弹身、尾翼（或舵面）等部件组合到一起作为一个完整的导弹来研究它的空气动力时，可以发现，全弹总的空气动力并不等于各单独部件的空气动力的总和，这个现象的物理本质在于部件组合在一起的绕流情况发生了变化。例如，安装在弹身上的弹翼，由于弹身的影响，气流绕该弹翼的流动就不同于绕单独弹翼的流动。于是弹翼上的压强分布、空气动力及空气动力矩都将发生变化。这种现象称为空气动力干扰。组合到一起的各部件之间的空气动力干扰主要是弹翼与弹身间的相互干扰，以及弹翼和弹身对尾翼的干扰。

弹翼对全弹升力的贡献除了单独弹翼提供的 Y_{WO} 以外，还有翼身干扰引起的干扰升力，它包括两部分，一部分是弹身对弹翼的干扰，这部分干扰升力以 $\Delta Y_{W(B)}$ 表示，另一部分则是弹翼对弹身的干扰，其干扰升力以 $\Delta Y_{B(W)}$ 表示。若以 Y_W 表示弹翼对全弹升力的贡献，则有

$$Y_W = Y_{WO} + \Delta Y_{W(B)} + \Delta Y_{B(W)} \tag{4-2}$$

因此，就升力来说，翼身之间的干扰是有利的。

对于正常式布局、水平平置翼(或“＋”型翼)的导弹来说,全弹的升力可以表示为

$$Y = Y_W + Y_B + Y_T \tag{4-3}$$

式中 Y_B ——单独弹身的升力;

Y_T ——尾翼的升力。

工程上通常用升力系数来表述全弹的升力。在写成升力系数表达式时,各部件提供的升力系数都要折算到同一参考面积上,然后各部件的升力系数才能相加。若以正常式布局导弹为例,以弹翼的面积为参考面积,则有

$$C_y = C_{yW} + C_{yB}\frac{S_B}{S} + C_{yT}k_q\frac{S_T}{S} \tag{4-4}$$

式(4－4)右端的三项,分别表示弹翼、弹身和尾翼对升力的贡献。其中,S_B/S 和 S_T/S 反映了弹身最大横截面积和尾翼面积对于参考面积(弹翼面积)的折算;k_q 为尾翼处的速度阻滞系数,反映了对尾翼处动压的修正。

当攻角 α 和升降舵偏角 δ_z 比较小时,全弹的升力系数还可表示为

$$C_y = C_{y0} + C_y^{\alpha}\alpha + C_y^{\delta_z}\delta_z \tag{4-5}$$

式中,C_{y0} 为攻角和升降舵偏角均为零时的升力系数,它是导弹外形相对于 xOz 平面不对称引起的。对于轴对称导弹,$C_{y0}=0$,这时有

$$C_y = C_y^{\alpha}\alpha + C_y^{\delta_z}\delta_z \tag{4-6}$$

式中 C_y^{α} ——升力线斜率,为单位攻角所产生的升力系数。

$C_y^{\delta_z}$ ——单位升降舵偏角所产生的升力系数。

二、阻力

阻力通常分成两部分来进行研究。一部分与升力无关,称为零升阻力,其阻力系数以 C_{x_0w} 表示;另一部分取决于升力的大小,称为诱导阻力或升致阻力,其阻力系数以 C_{x_1w} 表示。则阻力系数 C_{xw} 可表示如下:

$$C_{xw} = C_{x_0w} + C_{x_1w} \tag{4-7}$$

三、侧向力

空气动力的侧向力是由于气流不对称地流过导弹纵向对称面的两侧而引起的,这种飞行情况称为侧滑。按右手直角坐标系的规定,侧向力指向右翼为正。

对于轴对称导弹,若把弹体绕立轴转过 90°,这时的 β 角就相当于原来 α 角的情况。所以,轴对称导弹的侧向力系数的求法类似于升力系数的求法。因此,有下述等式:

$$C_z^{\beta} = -C_y^{\alpha} \tag{4-8}$$

式中的负号是由 α,β 的定义所致。

4.3.2 作用在导弹上的推力

导弹的推力,是由发动机内的燃气流以高速喷出而产生的反作用力等组成的。推力是导弹飞行的动力。导弹上采用的发动机有火箭发动机(采用固体或液体燃料)和空气喷气发动机(如冲压发动机、涡轮喷气发动机等)。发动机的类型不同,其推力特性也就不同。

火箭发动机的推力值可以用下式确定:

$$P = m_c u_e + S_a(p_a - p_H) \tag{4-9}$$

式中　m_c ——单位时间内燃料的消耗量；

u_e ——燃气在喷管出口处的平均有效喷出速度；

S_a ——发动机喷管出口处的横截面积；

p_a ——发动机喷管出口处燃气流静压强；

p_H ——导弹所处高度的大气静压强。

从式(4-9)可以看出：火箭发动机推力 $\boldsymbol{P}$ 的大小只与导弹的飞行高度有关，而与导弹的其他运动参数无关，它的大小主要取决于发动机的性能参数。式(4-9)中右端的第一项是由于燃气流以高速喷出而产生的推力，称为反作用力(或动推力)；第二项是由于发动机喷管出口处的燃气流静压强 p_a 与大气静压强 p_H 的压差引起的推力部分，称为静推力。

火箭发动机的地面推力 $P_0 = m_c u_e + S_a(p_a - p_0)$ 可以通过地面发动机试验来获得。图 4-7 表示典型的固体火箭发动机的推力与时间的关系。

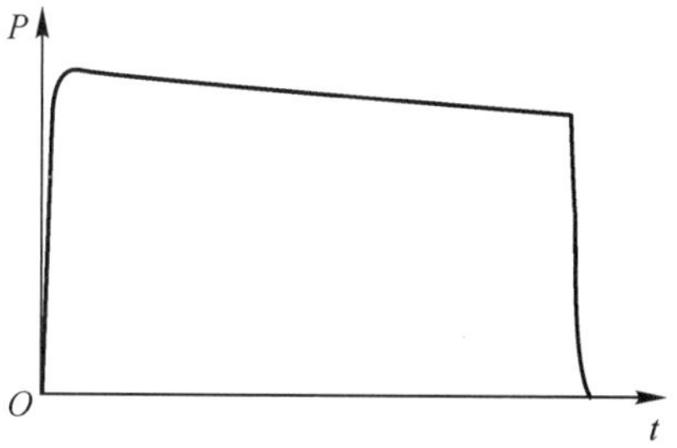

图 4-7　固体火箭发动机推力曲线

随着导弹飞行高度的增加，推力略有所增加，由式(4-9)以及 $P_0 = m_c u_e + S_a(p_a - p_0)$，推力值可表示为

$$P = P_0 + S_a(p_0 - p_H) \tag{4-10}$$

式中，p_0 为在地面状态下发动机喷口周围的大气静压强。

空气喷气发动机的推力特性，就不像火箭发动机这样简单。空气喷气发动机推力的大小与导弹的飞行高度、马赫数、飞行速度、攻角 α 等参数有十分密切的关系。

发动机推力 $\boldsymbol{P}$ 的方向，主要取决于发动机在弹体上的安装，其方向一般和导弹的纵轴重合，如图 4-8(a)所示；也可能和导弹纵轴平行，如图 4-8(b)所示；或者与导弹纵轴构成任意夹角，如图 4-8(c)所示。这就是说，推力 $\boldsymbol{P}$ 可能通过导弹质心，也可能不通过导弹质心。

若推力 $\boldsymbol{P}$ 不通过导弹质心，且与导弹纵轴构成某一夹角，则产生推力矩 $\boldsymbol{M}_P$。设推力 $\boldsymbol{P}$ 在弹体坐标系中的投影分量分别为 P_{x_t}，P_{y_t}，P_{z_t}，偏心矢量 $\boldsymbol{R}_P$ 的大小是由质心到推力作用线的距离，其方向为质心指向推力作用线方向，它在弹体坐标系中的投影分量分别为 x_{tP}，y_{tP}，z_{tP}。那么，推力 $\boldsymbol{P}$ 产生的推力矩 $\boldsymbol{M}_P$ 可表示成

$$\boldsymbol{M}_P = \boldsymbol{R}_P \times \boldsymbol{P} \tag{4-11}$$

推力矩 $\boldsymbol{M}_P$ 在弹体坐标系上的三个分量可表示为

$$\begin{bmatrix} M_{Px_t} \\ M_{Py_t} \\ M_{Pz_t} \end{bmatrix} = \begin{bmatrix} 0 & -z_{tP} & y_{tP} \\ z_{tP} & 0 & -x_{tP} \\ -y_{tP} & x_{tP} & 0 \end{bmatrix} = \begin{bmatrix} P_{x_t} \\ P_{y_t} \\ P_{z_t} \end{bmatrix} \tag{4-12}$$

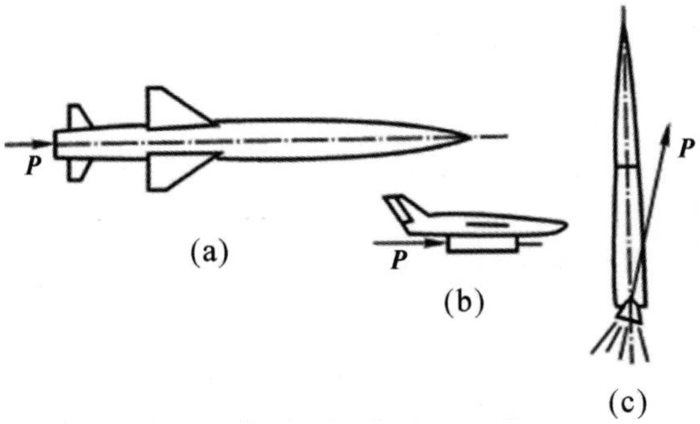

图 4-8　推力 P 的作用方向

4.3.3　作用在导弹上的重力

根据万有引力定律，所有物体之间都存在着相互作用力。导弹在空间飞行就要受到地球、太阳、月球等的引力。对于战术导弹而言，由于它是在贴近地球表面的大气层内飞行，所以只计算地球对导弹的引力。在考虑地球自转的情况下，导弹除了受地心的引力 $\boldsymbol{G}_1$ 外，还要受到因地球自转所产生的离心惯性力 $\boldsymbol{F}_e$，因而，作用在导弹上的重力就是地心引力和离心惯性力的矢量和，如图 4-9 所示。

$$\boldsymbol{G}=\boldsymbol{G}_1+\boldsymbol{F}_e \tag{4-13}$$

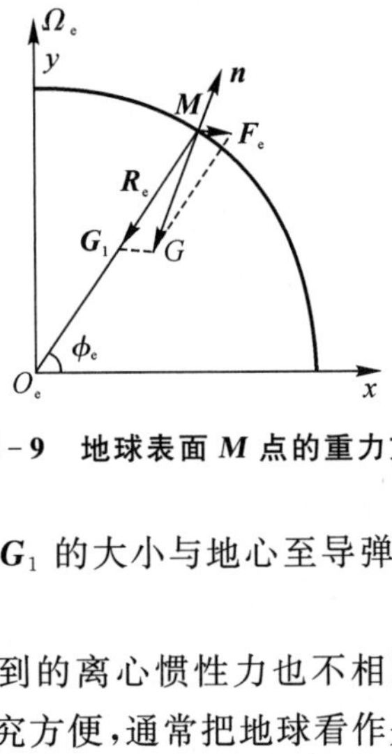

图 4-9　地球表面 M 点的重力方向

根据万有引力定律，地心引力 $\boldsymbol{G}_1$ 的大小与地心至导弹距离的二次方成反比，方向总是指向地心。

由于地球自转，导弹在各处受到的离心惯性力也不相同。事实上，地球并不是严格的球形，其质量分布也不均匀。为了研究方便，通常把地球看作是均质的椭球体。设导弹在椭球形地球表面上的质量为 m，地心至导弹的矢径为 R_e 导弹所处地球纬度为 ϕ_e，地球绕极轴的旋转角速度为 Ω_e，则导弹所受到的离心惯性力 F_e 的大小为

$$F_e=mR_e\Omega_e^2\cos\phi_e \tag{4-14}$$

计算表明：离心惯性力 $\boldsymbol{F}_e$ 比地心引力 $\boldsymbol{G}_1$ 小得多。因此，通常把地心引力 $\boldsymbol{G}_1$ 就视为重力 $\boldsymbol{G}$，即

$$G\approx G_1=mg \tag{4-15}$$

式中，m 为导弹的瞬时质量。发动机工作过程中，不断消耗燃料，导弹的质量不断减小，质量

m 是时间的函数，则有

$$\frac{\mathrm{d}m}{\mathrm{d}t}=-m_{\mathrm{c}} \tag{4-16}$$

在 t 瞬时，导弹的质量可以写成

$$m(t)=m_0-\int_0^t m_{\mathrm{c}}\mathrm{d}t \tag{4-17}$$

式中　m_0——导弹的起始瞬时质量；

m_{c}——质量秒消耗量，可由发动机试验给出。

严格说来，m_{c} 不是常量，在发动机从一个工作状态过渡到另一个工作状态时（如起动、加速或减小推力），m_{c} 的变化是很明显的；g 为重力加速度。当略去地球形状的椭球性及自转影响时，重力加速度可表示成

$$g=g_0\frac{R_{\mathrm{e}}^2}{(R_{\mathrm{e}}+H)^2} \tag{4-18}$$

式中　R_{e}——地球平均半径，$R_{\mathrm{e}}=6\ 371\ \mathrm{km}$；

g_0——地球表面的重力加速度，工程上一般取 $g_0\approx9.806\approx9.81\ \mathrm{m/s^2}$；

H——导弹的飞行高度。

由式(4－18)可知，重力加速度 g 是高度 H 的函数。当 $H=50\ \mathrm{km}$，按式(4－18)计算，$g=9.66\ \mathrm{m/s^2}$，与地球表面的重力加速度相比，只减小 1.5%左右。因此，对于近程战术导弹来说，在整个飞行过程中，重力加速度 g 可认为这是常量，工程计算时，取 $g=9.81\ \mathrm{m/s^2}$，且可视航程内的地表面为平面，重力场是平行力场。

4.3.4　作用在导弹上的空气动力矩

一、空气动力矩的表达式

为了便于分析研究导弹绕质心的旋转运动，可以把空气动力矩沿弹体坐标系分成三个分量 $M_{x_{\mathrm{t}}}$，$M_{y_{\mathrm{t}}}$，$M_{z_{\mathrm{t}}}$（为书写简便，以后书写省略脚注“t”），分别称为滚动力矩（又称倾斜力矩）、偏航力矩和俯仰力矩（又称纵向力矩）。滚动力矩 M_x 的作用是使导弹绕纵轴 OX_{t} 做转动运动。副翼偏转角 δ_x 为正（即右副翼后缘往下、左副翼的后缘往上），即如图 4－10 所示，将引起负的滚动力矩。偏航力矩 M_y 的作用是使导弹绕立轴 $O_{y_{\mathrm{t}}}$ 做旋转运动。对于正常式导弹，方向舵偏转角 δ_y 为正（即方向舵的后缘往右偏），如图 4－10 所示，将引起负的偏航力矩。俯仰力矩 M_z 将使导弹绕横轴 Ox_{t} 做旋转运动。对于正常式导弹，升降舵的偏转角 δ_z 为正（即升降舵的后缘往下），如图 4－10 所示，将引起负的俯仰力矩。

研究空气动力矩与研究空气动力一样，可用对气动力矩系数的研究来取代对气动力矩的研究。空气动力矩的表达式为

$$\left.\begin{aligned}M_x&=m_xqSL\\M_y&=m_yqSL\\M_z&=m_zqSL\end{aligned}\right\} \tag{4-19}$$

式中，m_x，m_y，m_z 为无量纲比例系数，分别称为滚动力矩系数、偏航力矩系数和俯仰力矩系数。S 为特征面积，对有翼式导弹（特别是飞航式导弹），常以弹翼面积 S 来表示；对弹道式导弹，常以弹身最大横截面积 S_B 来表示。L 为特征长度。对有翼式导弹，计算俯仰力矩时，特

征长度常以弹翼的平均气动力弦长 b_A 来表示；计算偏航力矩和滚动力矩时，特征长度常以弹翼的翼展 l 来表示。对弹道式导弹，计算空气动力矩时，特征长度均以弹身长度 L_B 来表示。

值得指出的是，当涉及气动力、气动力矩的具体数值时，必须弄清它们所对应的特征面积和特征长度。

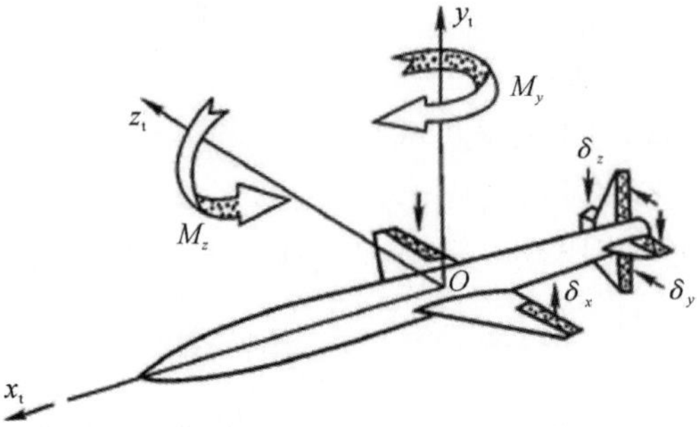

图 4－10　舵(副翼)偏转所产生的空气动力矩

力的三要素中，除了力的大小和方向外，另一个要素就是力的作用点，在确定相对于质心的空气动力矩时，必须先求出空气动力的作用点。

二、俯仰力矩

在导弹的气动布局和外形几何参数给定的情况下，俯仰力矩的大小不仅与飞行马赫数、飞行高度 H 有关，还与攻角 α、升降舵偏转角 δ_z、导弹绕 OZ_t 轴的旋转角速度 ω_z、攻角的变化率 α 以升降舵偏转角的变化率 $\dot{\delta}_z$ 等有关。因此，俯仰力矩可表示成如下的函数形式：

$$M_z = f(M_a, H, \alpha, \delta_z, \omega_z, \dot{\alpha}, \dot{\delta}_z)$$

严格地说，俯仰力矩还取决于某些其他参数，例如侧滑角 β、副翼偏转角 δ_x、导弹绕纵轴的旋转角速度 ω_x 等。通常这些数值的影响不大，一般予以忽略。

当 $\alpha, \delta_z, \omega_z, \dot{\alpha}, \dot{\delta}_z$ 较小时，俯仰力矩与这些量的关系是近似线性的，其一般表达式为

$$M_z = M_{z0} + M_z^{\alpha}\alpha + M_z^{\delta_z}\delta_z + M_z^{\omega_z}\omega_z + M_z^{\dot{\alpha}}\dot{\alpha} + M_z^{\dot{\delta}_z}\dot{\delta}_z \tag{4-20}$$

为了研究方便，用无量纲力矩系数代替式(4－20)，即

$$m_z = m_{z0} + m_z^{\alpha}\alpha + m_z^{\delta_z}\delta_z + m_z^{\bar{\omega}_z}\bar{\omega}_z + m_z^{\bar{\dot{\alpha}}}\bar{\dot{\alpha}} + m_z^{\bar{\dot{\delta}}_z}\bar{\dot{\delta}}_z \tag{4-21}$$

式中：$\bar{\omega}_z$ 为无量纲角速度，$\bar{\omega}_z = \dfrac{\omega_z L}{V}$；$\bar{\dot{\alpha}}, \bar{\dot{\delta}}_z$ 为无量纲角度变化率，分别可表示为 $\bar{\dot{\alpha}} = \dfrac{\dot{\alpha}L}{V}$，$\bar{\dot{\delta}}_z = \dfrac{\dot{\delta}_z L}{V}$；$m_{z0}$ 为当 $\alpha = \delta_z = \omega_z = \dot{\alpha} = \dot{\delta}_z = 0$ 时的俯仰力矩系数，它是由导弹外形相对于 x_1Oz_1 平面不对称引起的，mz_0 主要取决于飞行马赫数、导弹的几何形状、弹翼或安定面的安装角等；m_z^{α}，$m_z^{\delta_z}$，$m_z^{\bar{\omega}_z}$，$m_z^{\bar{\dot{\alpha}}}$，$m_z^{\bar{\dot{\delta}}_z}$ 代表当 $\alpha, \delta_z, \bar{\omega}_z, \bar{\dot{\alpha}}, \bar{\dot{\delta}}_z$ 分别为零时所引起的俯仰力矩系数。

三、偏航力矩

偏航力矩是总空气动力矩在 Oy_t 轴上的分量，它将使导弹绕 Oy_t 轴转动。对于轴对称导弹，偏航力矩产生的物理原因与俯仰力矩是类似的。所不同的是，偏航力矩是由侧向力所产生

的。偏航力矩系数的表达式可类似写成如下形式：

$$m_y = m_y^{\beta}\beta + m_y^{\delta_y}\delta_y + m_y^{\overline{\omega}_y}\overline{\omega}_y + m_y^{\overline{\dot{\beta}}}\overline{\dot{\beta}} + m_y^{\overline{\dot{\delta}}}\overline{\dot{\delta}}_y \tag{4-22}$$

式中，有

$$\overline{\omega}_y = \frac{\overline{\omega}_y l}{V};\quad \overline{\dot{\beta}} = \frac{\dot{\beta} l}{V};\quad \dot{\delta}_y = \frac{\dot{\delta}_y l}{V}$$

由于所有导弹外形相对于 $Ox_t y_t$ 平面总是对称的，因此 my_0 总是等于零。m_y^{β}，m_y^{δ}，$m_z^{\overline{\omega}_y}$，$m_y^{\overline{\dot{\beta}}}$，$m_y^{\overline{\dot{\delta}}}$ 分别为当 β，δ_y，$\overline{\omega}$，$\overline{\dot{\beta}}$，$\overline{\dot{\delta}}_y$ 不为零时所引起的偏航力矩系数。

四、滚动力矩

滚动力矩（又称倾斜力矩）M_x 是绕导弹纵轴 Ox_t 的空气动力矩，它是由于迎面气流不对称地绕流过导弹而产生的。当导弹有侧滑角、某些操纵面（例如副翼）偏转、导弹绕 Ox_t，Oy_t 轴转动时，均会使气流流动不对称；此外，生产的误差，如左、右（或上、下）弹翼（或安定面）的安装角和尺寸制造误差所造成的不一致，也会破坏气流流动的对称性，从而产生滚动力矩。因此，滚动力矩的大小取决于导弹的几何形状，飞行速度和高度，侧滑角 β，方向舵及副翼的偏转角 δ_y、δ_x，绕弹体的转动角速度 ω_x、ω_y 及制造误差等。

研究滚动力矩与其他空气动力矩一样，只讨论滚动力矩的无量纲系数，即

$$m_x = \frac{M_x}{qSl} \tag{4-23}$$

式中，l 为弹翼的翼展。

若当影响滚动力矩的上述参数值都比较小时，且略去一些次要因素，则滚动力矩系数 m_x 可用如下线性关系近似地表示：

$$m_x = m_{x_0} + m_x^{\beta}\beta + m_x^{\delta_x}\delta_x + m_x^{\delta_y}\delta_y + m_x^{\overline{\omega}_x}\overline{\omega}_x + m_y^{\overline{\omega}_y} \tag{4-24}$$

式中：m_{x_0} 为由生产误差引起的外形不对称产生的力矩系数；m_x^{β}，$m_x^{\delta_x}$，$m_x^{\delta_y}$，$m_x^{\overline{\omega}_x}$，$m_y^{\overline{\omega}_y}$ 代表当 β，δ_x，δ_y，$\overline{\omega}_x$，$\overline{\omega}_y$ 分别不为零时引起的滚动力矩系数。

五、铰链力矩

导弹操纵时，若操纵面（升降舵、方向舵、副翼）偏转某一角度，则在操纵面上产生空气动力，它除了产生相对于导弹质心的力矩之外，还产生相对于操纵面转轴（即铰链轴）的力矩，该力矩称为铰链力矩。

铰链力矩对导弹的操纵起着很大的作用。对于由自动驾驶仪操纵的导弹来说，推动操纵面的舵机的需用功率取决于铰链力矩的大小。对于有人驾驶的飞机来说，铰链力矩决定了驾驶员施予驾驶杆上的力的大小，铰链力矩越大，所需杆力也越大。

尾翼一般由不动的部分（安定面）和可转动的部分（舵面）所组成，也有全动的，如全动舵面。但无论何种类型，其铰链力矩都可表示为

$$M_h = m_h q_t S_t b_t \tag{4-25}$$

式中　m_h——铰链力矩系数；

q_t——流经操纵面（舵面）的动压；

S_t——舵面面积；

b_t——舵面弦长。

六、马格努斯力和力矩

当导弹以某一攻角飞行,且以一定的角速度 ω_x 绕自身纵轴 Ox_t 旋转时,由于旋转和来流横向分速的联合作用,在垂直于攻角平面的方向上将产生侧向力 Z,该力称为马格努斯力。该力对质心的力矩 M_y 称为马格努斯力矩。

4.4 导弹运动方程组

4.4.1 导弹作为变质量系的动力学基本方程

由经典力学可知,任何一个自由刚体在空间的任意运动,都可以把它视为刚体质心的平移运动和绕质心转动运动的合成运动,即决定刚体质心瞬时位置的三个自由度和决定刚体瞬时姿态的三个自由度。对于刚体,可以应用牛顿第二定律来研究质心的移动,利用动量矩定理来研究刚体绕质心的转动。

设 m 表示刚体的质量,$\boldsymbol{v}$ 表示刚体的速度矢量,$\boldsymbol{H}$ 表示刚体相对于质心(O 点)的动量矩矢量,则描述刚体质心移动和绕质心转动运动的动力学基本方程的矢量表达式为

$$m\frac{\mathrm{d}\boldsymbol{v}}{\mathrm{d}t}=\boldsymbol{F} \tag{4-26}$$

$$\frac{\mathrm{d}\boldsymbol{H}}{\mathrm{d}t}=\boldsymbol{M} \tag{4-27}$$

式中 $\boldsymbol{F}$ ——作用于刚体上外力的主矢量;

$\boldsymbol{M}$ ——外力对刚体质心的主矩。

但是,上述定律(定理)的使用是有条件的:第一,运动着的物体是常质量的刚体;第二,运动是在惯性坐标系内考察的。

然而,高速飞行的导弹一般是薄翼的细长体的弹性结构,因此有可能产生气动力和结构间的相互作用,造成弹体外形的弹性或塑性变形;操纵机构(如空气动力舵面)的不时偏转也相应改变导弹的外形。同时,运动着的导弹也不是常质量的。对于装有火箭发动机的导弹,工作着的火箭发动机不断地以高速喷出燃料燃烧后的产物,使导弹的质量不断发生变化。对于装有空气喷气发动机的导弹来说,一方面使用空气作为氧化剂,源源不断地进入发动机内部,另一方面燃烧后的燃气与空气的混合气体又连续地往外喷出。由此可见,每一瞬时,工作着的反作用式发动机内部的组成不断地发生变化,即具有反作用式发动机的导弹是一个变组成系统。由于导弹的质量、外形都随时间而变化,因此,研究导弹的运动不能直接应用经典动力学理论,而应采用变质量力学,这比研究刚体运动要复杂得多。

研究导弹的运动规律时,为使问题易于解决,可以把导弹质量与喷射出的燃气质量合在一起考虑,转换成为一个常质量系,即采用所谓"固化原理"。在任意研究瞬时,把变质量系的导弹视为虚拟刚体,把该瞬时在导弹所包围的"容积"内的质点"固化"在虚拟的刚体上作为它的组成。同时,通常也把影响导弹运动的一些次要因素略去,如弹体结构变形对运动的影响等。这时,在这个虚拟的刚体上作用有如下诸力:对该物体的外力(如气动力、重力等)、反作用力(推力)、哥氏惯性力(液体发动机内流动的液体由于导弹的转动而产生的一种惯性力)、变分力(由火箭发动机内流体的非定态运动引起的)等。其中,后两种力较小,也常被略去。

采用了“固化原理”，可把所研究瞬时的变质量系的导弹的动力学基本方程写成常质量刚体的形式，这时，要把反作用力作为外力来看待，把每研究瞬时的质量 $m(t)$ 取代原来的常质量 m。研究导弹绕质心转动运动也可以用同样方式来处理。因而，导弹动力学基本方程的矢量表达式可写为

$$m(t)\frac{\mathrm{d}\boldsymbol{v}}{\mathrm{d}t}=\boldsymbol{F}+\boldsymbol{P} \tag{4-28}$$

$$\frac{\mathrm{d}\boldsymbol{H}}{\mathrm{d}t}=\boldsymbol{M}+\boldsymbol{M}_P \tag{4-29}$$

式中　$\boldsymbol{P}$ ——导弹发动机推力；

$\boldsymbol{M}$ ——作用在导弹上的外力对质心主矩；

$\boldsymbol{M}_P$——发动机推力产生的力矩(通常推力线通过质心，则 $\boldsymbol{M}_P=\boldsymbol{O}$)。

4.4.2　导弹运动方程组

导弹运动方程组是描述导弹的力、力矩与导弹运动参数(如加速度、速度、位置、姿态等)之间关系的方程组，它是由动力学方程、运动学方程、质量变化方程、几何关系方程和控制关系方程等组成。

一、动力学方程

导弹在空间的运动一般看成可控制的变质量系统具有 6 个自由度的运动。根据前述“固化原理”，把变质量系的导弹当作常质量系来看，并建立了导弹动力学基本方程式(4-28)、式(4-29)，为研究导弹运动特性方便起见，通常将这两个矢量方程分别投影到相应的坐标系上，写成导弹质心运动的 3 个动力学标量方程和导弹绕质心转动的 3 个动力学标量方程。

1. 导弹质心运动的动力学方程

工程实践表明：对研究导弹质心运动来说，把矢量方程式(4-28)写成在航迹坐标系上的标量形式，方程简单，便于分析导弹运动特性。把地面坐标系视为惯性坐标系，能保证所需要的计算准确度。航迹坐标系是动坐标系，它相对地面坐标系既有位移运动，又有转动运动，位移速度为 $\boldsymbol{v}$，转动角速度用 $\boldsymbol{\Omega}$ 表示。

建立在动坐标系中的动力学方程，引用矢量的绝对导数和相对导数之间的关系：在惯性坐标系中某一矢量对时间的导数(绝对导数)与同一矢量在动坐标系中对时间的导数(相对导数)之差，等于这矢量本身与动坐标系的转动角速度的矢量乘积，即

$$\frac{\mathrm{d}\boldsymbol{v}}{\mathrm{d}t}=\frac{\delta\boldsymbol{v}}{\delta t}+\boldsymbol{\Omega}\times\boldsymbol{v}$$

式中　$\frac{\mathrm{d}\boldsymbol{v}}{\mathrm{d}t}$——在惯性坐标系(地面坐标系)中矢量 $\boldsymbol{v}$ 的绝对导数；

$\frac{\delta\boldsymbol{v}}{\delta t}$——在动坐标系(航迹坐标系)中矢量 $\boldsymbol{v}$ 的相对导数。

于是，式(4-28)可改写为

$$m\frac{\mathrm{d}\boldsymbol{v}}{\mathrm{d}t}=m\left(\frac{\delta\boldsymbol{v}}{\delta t}+\boldsymbol{\Omega}\times\boldsymbol{v}\right)=\boldsymbol{F}+\boldsymbol{P} \tag{4-30}$$

设 $\boldsymbol{i}_{\mathrm{h}}$，$\boldsymbol{j}_{\mathrm{h}}$，$\boldsymbol{k}_{\mathrm{h}}$ 分别为沿航迹坐标系 $Ox_{\mathrm{h}}y_{\mathrm{h}}z_{\mathrm{h}}$ 各轴的单位矢量；$\Omega_{x_{\mathrm{h}}}$，$\Omega_{y_{\mathrm{h}}}$，$\Omega_{z_{\mathrm{h}}}$ 分别为航迹坐

标系相对地面坐标系的转动角速度 $\boldsymbol{\Omega}$ 在 $Ox_{\mathrm{h}}y_{\mathrm{h}}z_{\mathrm{h}}$ 各轴上的分量；$v_{x_{\mathrm{h}}}, v_{y_{\mathrm{h}}}, v_{z_{\mathrm{h}}}$ 分别为导弹质心速度矢量 $\boldsymbol{v}$ 在 $Ox_{\mathrm{h}}y_{\mathrm{h}}z_{\mathrm{h}}$ 各轴上的分量。则有

$$\left.\begin{aligned}\boldsymbol{v}&=v_{x_{\mathrm{h}}}\boldsymbol{i}_{\mathrm{h}}+v_{y_{\mathrm{h}}}\boldsymbol{j}_{\mathrm{h}}+v_{z_{\mathrm{h}}}\boldsymbol{k}_{\mathrm{h}}\\ \boldsymbol{\Omega}&=\Omega_{x_{\mathrm{h}}}\boldsymbol{i}_{\mathrm{h}}+\Omega_{y_{\mathrm{h}}}\boldsymbol{j}_{\mathrm{h}}+\Omega_{z_{\mathrm{h}}}\boldsymbol{k}_{\mathrm{h}}\\ \frac{\delta\boldsymbol{v}}{\delta t}&=\frac{\mathrm{d}v_{x_{\mathrm{h}}}}{\mathrm{d}t}\boldsymbol{i}_{\mathrm{h}}+\frac{\mathrm{d}v_{y_{\mathrm{h}}}}{\mathrm{d}t}\boldsymbol{j}_{\mathrm{h}}+\frac{\mathrm{d}v_{z_{\mathrm{h}}}}{\mathrm{d}t}\boldsymbol{k}_{\mathrm{h}}\end{aligned}\right\}\tag{4-31}$$

根据航迹坐标系定义可知

$$\begin{bmatrix}v_{x_{\mathrm{h}}}\\ v_{y_{\mathrm{h}}}\\ v_{z_{\mathrm{h}}}\end{bmatrix}=\begin{bmatrix}v\\0\\0\end{bmatrix}$$

于是有

$$\frac{\delta\boldsymbol{v}}{\delta t}=\frac{\mathrm{d}v}{\mathrm{d}t}\boldsymbol{i}_{\mathrm{h}}\tag{4-32}$$

$$\boldsymbol{\Omega}\times\boldsymbol{v}=\begin{vmatrix}\boldsymbol{i}_{\mathrm{h}}&\boldsymbol{j}_{\mathrm{h}}&\boldsymbol{k}_{\mathrm{h}}\\ \Omega_{x_{\mathrm{h}}}&\Omega_{y_{\mathrm{h}}}&\Omega_{z_{\mathrm{h}}}\\ v_{x_{\mathrm{h}}}&v_{y_{\mathrm{h}}}&v_{z_{\mathrm{h}}}\end{vmatrix}=\begin{vmatrix}\boldsymbol{i}_{\mathrm{h}}&\boldsymbol{j}_{\mathrm{h}}&\boldsymbol{k}_{\mathrm{h}}\\ \Omega_{x_{\mathrm{h}}}&\Omega_{y_{\mathrm{h}}}&\Omega_{z_{\mathrm{h}}}\\ v&0&0\end{vmatrix}=(\Omega_{z_{\mathrm{h}}}\boldsymbol{j}_{\mathrm{h}}-\Omega_{y_{\mathrm{h}}}\boldsymbol{k}_{\mathrm{h}})v\tag{4-33}$$

根据航迹坐标系与地面坐标系之间的转换，可得

$$\boldsymbol{\Omega}=\dot{\boldsymbol{\psi}}_{\mathrm{c}}+\dot{\boldsymbol{\theta}}$$

式中，$\dot{\boldsymbol{\psi}}_{\mathrm{c}}$，$\dot{\boldsymbol{\theta}}$ 分别在地面坐标系 Ay 轴上和航迹坐标系 Oz_{h} 轴上。于是得到

$$\begin{bmatrix}\Omega_{x_{\mathrm{h}}}\\ \Omega_{y_{\mathrm{h}}}\\ \Omega_{z_{\mathrm{h}}}\end{bmatrix}=\boldsymbol{Z}_{\theta}\boldsymbol{Y}_{\psi_{\mathrm{c}}}\begin{bmatrix}0\\ \dot{\psi}_{\mathrm{c}}\\0\end{bmatrix}+\begin{bmatrix}0\\0\\ \dot{\theta}\end{bmatrix}=\begin{bmatrix}\dot{\psi}_{\mathrm{c}}\sin\theta\\ \dot{\psi}_{\mathrm{c}}\cos\theta\\ \dot{\theta}\end{bmatrix}\tag{4-34}$$

将式(4－34)代入式(4－33)中，可得

$$\boldsymbol{\Omega}\times\boldsymbol{v}=v\dot{\theta}\boldsymbol{j}_{\mathrm{h}}-v\dot{\psi}_{\mathrm{c}}\cos\theta\boldsymbol{k}_{\mathrm{h}}\tag{4-35}$$

式(4－32)、式(4－35)代入式(4－30)中，展开后得

$$\left.\begin{aligned}m\frac{\mathrm{d}v}{\mathrm{d}t}&=F_{x_{\mathrm{h}}}+P_{x_{\mathrm{h}}}\\ mv\frac{\mathrm{d}\theta}{\mathrm{d}t}&=F_{y_{\mathrm{h}}}+P_{y_{\mathrm{h}}}\\ -mv\cos\theta\frac{\mathrm{d}\psi_{\mathrm{c}}}{\mathrm{d}t}&=F_{z_{\mathrm{h}}}+P_{z_{\mathrm{h}}}\end{aligned}\right\}\tag{4-36}$$

式中 $F_{x_{\mathrm{h}}}, F_{y_{\mathrm{h}}}, F_{z_{\mathrm{h}}}$——除推力外，导弹所有外力(总空气动力 $\boldsymbol{R}$，重力 $\boldsymbol{G}$ 等)分别在 $Ox_{\mathrm{h}}y_{\mathrm{h}}z_{\mathrm{h}}$ 各轴上分量的代数和；

$P_{x_{\mathrm{h}}}, P_{y_{\mathrm{h}}}, P_{z_{\mathrm{h}}}$——推力 $\boldsymbol{P}$ 在坐标系 $Ox_{\mathrm{h}}y_{\mathrm{h}}z_{\mathrm{h}}$ 各轴上的分量。

下面分别列出总空气动力 $\boldsymbol{R}$、重力 $\boldsymbol{G}$ 和推力 $\boldsymbol{P}$ 在航迹坐标系上投影的表达式。

作用在导弹上的总空气动力 $\boldsymbol{R}$ 沿速度坐标系可分解为阻力 $\boldsymbol{X}$、升力 $\boldsymbol{Y}$ 和侧向力 $\boldsymbol{Z}$，即

$$\begin{bmatrix} R_{x_v} \\ R_{y_v} \\ R_{z_v} \end{bmatrix} = \begin{bmatrix} -X \\ Y \\ Z \end{bmatrix}$$

根据速度坐标系和航迹坐标系之间的转换关系得

$$\begin{bmatrix} R_{x_h} \\ R_{y_h} \\ R_{z_h} \end{bmatrix} = X_{\gamma_c}^{T} \begin{bmatrix} R_{x_v} \\ R_{y_v} \\ R_{z_v} \end{bmatrix} = \begin{bmatrix} -X \\ Y\cos\gamma_c - Z\sin\gamma_c \\ Y\sin\gamma_c + Z\cos\gamma_c \end{bmatrix} \tag{4-37}$$

对于近程战术导弹，重力 $\boldsymbol{G}$ 可认为是沿地面坐标系 Ay 轴的负方向，故其在地面坐标系上可表示为

$$\begin{bmatrix} G_x \\ G_y \\ G_z \end{bmatrix} = \begin{bmatrix} 0 \\ -mg \\ 0 \end{bmatrix}$$

将其投影到航迹坐标系 $Ox_hy_hz_h$ 上，得

$$\begin{bmatrix} G_{x_h} \\ G_{y_h} \\ G_{z_h} \end{bmatrix} = \boldsymbol{Z}_{\theta}\boldsymbol{Y}_{\psi_c} \begin{bmatrix} G_x \\ G_y \\ G_z \end{bmatrix} = \begin{bmatrix} -mg\sin\theta \\ -mg\cos\theta \\ 0 \end{bmatrix} \tag{4-38}$$

如果发动机的推力 $\boldsymbol{P}$ 与弹体纵轴 Ox_t 重合，这时有

$$\begin{bmatrix} P_{x_t} \\ P_{y_t} \\ P_{z_t} \end{bmatrix} = \begin{bmatrix} P \\ 0 \\ 0 \end{bmatrix}$$

将其投影在航迹坐标系 $Ox_hy_hz_h$ 上：

$$\begin{bmatrix} P_{x_h} \\ P_{y_h} \\ P_{z_h} \end{bmatrix} = \boldsymbol{X}_{\gamma_c}^{T}\boldsymbol{Y}_{\beta}^{T}\boldsymbol{Z}_{\alpha}^{T} \begin{bmatrix} P_{x_t} \\ P_{y_t} \\ P_{z_t} \end{bmatrix} = \begin{bmatrix} P\cos\alpha\cos\beta \\ P(\sin\alpha\cos\gamma_c + \cos\alpha\sin\beta\sin\gamma_c) \\ P(\sin\alpha\sin\gamma_c - \cos\alpha\sin\beta\cos\gamma_c) \end{bmatrix} \tag{4-39}$$

将式(4－37)～式(4－39)代入式(4－36)中，即得到导弹质心运动的动力学方程的标量形式为

$$\left.\begin{aligned} & m\frac{dv}{dt} = P\cos\alpha\cos\beta - X - mg\sin\theta \\ & mv\frac{d\theta}{dt} = P(\sin\alpha\cos\gamma_c + \cos\alpha\sin\beta\sin\gamma_c) + Y\cos\gamma_c - Z\sin\gamma_c - mg\cos\theta \\ & -mv\cos\theta\frac{d\psi_c}{dt} = P(\sin\alpha\sin\gamma_c - \cos\alpha\sin\beta\cos\gamma_c) + Y\sin\gamma_c + Z\cos\gamma_c \end{aligned}\right\} \tag{4-40}$$

式中　$\frac{dv}{dt}$——导弹质心加速度沿弹道切向(Ox_h 轴)的投影，称为切向加速度。

$v\frac{d\theta}{dt}$——导弹质心加速度在铅垂面(x_hOy_h)内沿弹道法线(Oy_h 轴)上的投影，称为法向加速度。

$-mv\cos\theta\dfrac{\mathrm{d}\psi_c}{\mathrm{d}t}$——导弹质心加速度的水平分量(即沿 Oz_h 轴),也称法向加速度。左端负号表明:向心力为正,所对应 ψ_c 为负;反之亦然。它是由角度 ψ_c 的正负号所决定的。

2.导弹绕质心转动的动力学方程

导弹绕质心转动的动力学矢量方程式(4-29)写成在弹体坐标系上的标量形式最为简单。弹体坐标系是动坐标系,设弹体坐标系相对地面坐标系的转动角速度用 ω 表示。同理,在动坐标系(弹体坐标系)上建立导弹绕质心转动的动力学方程,式(4-29)可写成

$$\frac{\mathrm{d}\boldsymbol{H}}{\mathrm{d}t}=\frac{\delta\boldsymbol{H}}{\delta t}+\boldsymbol{\omega}\times\boldsymbol{H}=\boldsymbol{M}+\boldsymbol{M}_P \tag{4-41}$$

设 $\boldsymbol{i}_t,\boldsymbol{j}_t,\boldsymbol{k}_t$ 分别为沿弹体坐标系 $Ox_ty_tz_t$ 各轴的单位矢量;$\omega_{x_t},\omega_{y_t},\omega_{z_t}$ 分别为弹体坐标系相对地面坐标系的转动角速度 $\boldsymbol{\omega}$ 沿弹体坐标系各轴上分量;动量矩 $\boldsymbol{H}$ 在弹体坐标系各轴上的分量为 H_{x_t},H_{y_t},H_{z_t}。则有

$$\frac{\delta\boldsymbol{H}}{\delta t}=\frac{\mathrm{d}H_{x_t}}{\mathrm{d}t}\boldsymbol{i}_t+\frac{\mathrm{d}H_{y_t}}{\mathrm{d}t}\boldsymbol{j}_t+\frac{\mathrm{d}H_{z_t}}{\mathrm{d}t}\boldsymbol{k}_t \tag{4-42}$$

动量矩 $\boldsymbol{H}$ 可表示为

$$\boldsymbol{H}=\boldsymbol{J\omega}$$

式中,$\boldsymbol{J}$ 为惯性张量。

动量矩 $\boldsymbol{H}$ 在弹体坐标系各轴上分量可表示为

$$\begin{bmatrix}H_{x_t}\\H_{y_t}\\H_{z_t}\end{bmatrix}=\begin{bmatrix}J_{x_tx_t}&-J_{x_ty_t}&-J_{x_tz_t}\\-J_{x_ty_t}&J_{y_ty_t}&-J_{y_tz_t}\\-J_{x_tz_t}&-J_{y_tz_t}&J_{z_tz_t}\end{bmatrix}=\begin{bmatrix}\omega_{x_t}\\\omega_{y_t}\\\omega_{z_t}\end{bmatrix} \tag{4-43}$$

式中 $J_{x_tx_t},J_{y_ty_t},J_{z_tz_t}$——导弹对弹体坐标系各轴的转动惯量;

$J_{x_ty_t},J_{x_tz_t},J_{y_tz_t}$——导弹对弹体坐标系各轴的惯量积。

战术导弹一般多为轴对称外形,这时可认为弹体坐标系就是它的惯性主轴系。在此条件下,导弹对弹体坐标系各轴的惯量积为零。为书写方便,上述转动惯量分别以 J_{x_t},J_{y_t},J_{z_t} 表示,则式(4-43)可简化为

$$\begin{bmatrix}H_{x_t}\\H_{y_t}\\H_{z_t}\end{bmatrix}=\begin{bmatrix}J_{x_t}&0&0\\0&J_{y_t}&0\\0&0&J_{z_t}\end{bmatrix}=\begin{bmatrix}\omega_{x_t}\\\omega_{y_t}\\\omega_{z_t}\end{bmatrix}=\begin{bmatrix}J_{x_t}\omega_{x_t}\\J_{y_t}\omega_{y_t}\\J_{z_t}\omega_{z_t}\end{bmatrix} \tag{4-44}$$

将式(4-44)代入式(4-42)中,可得

$$\frac{\delta\boldsymbol{H}}{\delta t}=J_{x_t}\frac{\mathrm{d}\omega_{x_t}}{\mathrm{d}t}\boldsymbol{i}_t+J_{y_t}\frac{\mathrm{d}\omega_{y_t}}{\mathrm{d}t}\boldsymbol{j}_t+J_{z_t}\frac{\mathrm{d}\omega_{z_t}}{\mathrm{d}t}\boldsymbol{k}_t \tag{4-45}$$

$$\boldsymbol{\omega}\times\boldsymbol{H}=\begin{vmatrix}\boldsymbol{i}_t&\boldsymbol{j}_t&\boldsymbol{k}_t\\\omega_{x_t}&\omega_{y_t}&\omega_{z_t}\\H_{x_t}&H_{y_t}&H_{z_t}\end{vmatrix}=\begin{vmatrix}\boldsymbol{i}_t&\boldsymbol{j}_t&\boldsymbol{k}_t\\\omega_{x_t}&\omega_{y_t}&\omega_{z_t}\\J_{x_t}\omega_{x_t}&J_{z_t}\omega_{z_t}&J_{y_t}\omega_{y_t}\end{vmatrix}=$$

$$(J_{z_t}-J_{y_t})\omega_{z_t}\omega_{y_t}\boldsymbol{i}_t+(J_{x_t}-J_{z_t})\omega_{x_t}\omega_{z_t}\boldsymbol{j}_t+(J_{y_t}-J_{x_t})\omega_{y_t}\omega_{x_t}\boldsymbol{k}_t \tag{4-46}$$

将式(4-45),式(4-46)代入式(4-41)中,于是导弹绕质心转动的动力学标量方程为

$$
\left.
\begin{aligned}
J_{x_t} \frac{d\omega_{x_t}}{dt} + (J_{z_t} - J_{y_t})\omega_{z_t}\omega_{y_t} = M_{x_t} \\
J_{y_t} \frac{d\omega_{y_t}}{dt} + (J_{x_t} - J_{z_t})\omega_{x_t}\omega_{z_t} = M_{y_t} \\
J_{z_t} \frac{d\omega_{z_t}}{dt} + (J_{y_t} - J_{x_t})\omega_{y_t}\omega_{z_t} = M_{z_t}
\end{aligned}
\right\}
\tag{4-47}
$$

式中　$J_{x_t}, J_{y_t}, J_{z_t}$——导弹对于弹体坐标系(即惯性主轴系)各轴的转动惯量,它们随着燃料燃烧产物的喷出而不断变化;

$\omega_{x_t}, \omega_{y_t}, \omega_{z_t}$——弹体坐标系相对地面坐标系的转动角速度 ω 在弹体坐标系各轴上的分量;

$\dfrac{d\omega_{x_t}}{dt}, \dfrac{d\omega_{y_t}}{dt}, \dfrac{d\omega_{z_t}}{dt}$——弹体转动角加速度矢量在弹体坐标系各轴上的分量;

$M_{x_t}, M_{y_t}, M_{z_t}$——作用在导弹上的所有外力(含推力)对质心的力矩在弹体坐标系各轴上的分量。

以下为书写方便,省略式(4-47)中下标"t"。

二、运动学方程

导弹运动方程组还包括描述各运动参数之间关系的运动学方程。它将分别建立描述导弹质心相对地面坐标系运动的运动学方程和导弹弹体相对地面坐标系姿态变化的运动学方程。

1. 导弹质心运动的运动学方程

要确定导弹质心相对于地面坐标系的运动轨迹(弹道),需要建立导弹质心相对于地面坐标系运动的运动学方程。计算空气动力、推力时,需要知道导弹在任一瞬时所处的高度,通过弹道计算确定相应瞬时导弹所处的位置。因此,要建立导弹质心相对于地面坐标系 $Axyz$ 的位置方程:

$$
\begin{bmatrix} \dfrac{dx}{dt} \\ \dfrac{dy}{dt} \\ \dfrac{dz}{dt} \end{bmatrix} = \begin{bmatrix} v_x \\ v_y \\ v_z \end{bmatrix}
\tag{4-48}
$$

根据航迹坐标系的定义可知,导弹质心的速度矢量与航迹坐标系的 Ox_h 轴重合,即

$$
\begin{bmatrix} v_{x_h} \\ v_{y_h} \\ v_{z_h} \end{bmatrix} = \begin{bmatrix} v \\ 0 \\ 0 \end{bmatrix}
\tag{4-49}
$$

利用地面坐标系与航迹坐标系的转换关系可得

$$
\begin{bmatrix} v_x \\ v_y \\ v_z \end{bmatrix} = \boldsymbol{Y}_{\psi_c}^T \boldsymbol{Z}_\theta^T \begin{bmatrix} v_{x_h} \\ v_{y_h} \\ v_{z_h} \end{bmatrix}
\tag{4-50}
$$

将式(4-49)代入式(4-50)中,并将其结果代入式(4-48),即得到导弹质心运动的运动学方程:

$$\left.\begin{aligned}\frac{\mathrm{d}x}{\mathrm{d}t}&=v\cos\theta\cos\psi_{\mathrm{c}}\\\frac{\mathrm{d}y}{\mathrm{d}t}&=v\sin\theta\\\frac{\mathrm{d}z}{\mathrm{d}t}&=-v\cos\theta\sin\psi_{\mathrm{c}}\end{aligned}\right\}\tag{4-51}$$

2. 导弹绕质心转动的运动学方程

要确定导弹在空间的姿态,就需要建立描述导弹弹体相对地面坐标系姿态变化的运动学方程,亦即建立姿态角 θ,ψ,γ 变化率与导弹相对地面坐标系转动角速度分量 $\omega_{x_t},\omega_{y_t},\omega_{z_t}$ 之间的关系式。

我们知道,根据地面坐标系与弹体坐标系的转换关系可得

$$\boldsymbol{\omega}=\dot{\boldsymbol{\psi}}+\dot{\vartheta}+\dot{\gamma}$$

由于 $\dot{\psi},\dot{\gamma}$ 分别与地面坐标系 Ay 轴和弹体坐标系的 Ox_t 轴重合,而 ∂ 与 Oz'轴重合,故有

$$\begin{bmatrix}\omega_{x_t}\\\omega_{y_t}\\\omega_{z_t}\end{bmatrix}=\boldsymbol{X}_{\gamma}\boldsymbol{Z}_{\vartheta}\begin{bmatrix}0\\\dot{\psi}\\0\end{bmatrix}+\boldsymbol{X}_{\gamma}\begin{bmatrix}0\\0\\\dot{\vartheta}\end{bmatrix}+\begin{bmatrix}\dot{\gamma}\\0\\0\end{bmatrix}$$

$$\begin{bmatrix}\dot{\psi}\sin\vartheta+\dot{\gamma}\\\dot{\psi}\cos\vartheta\cos\gamma+\dot{\vartheta}\sin\gamma\\-\dot{\psi}\cos\vartheta\sin\gamma+\dot{\vartheta}\cos\gamma\end{bmatrix}=\begin{bmatrix}0&\sin\vartheta&1\\\sin\gamma&\cos\vartheta\cos\gamma&0\\\cos\gamma&-\cos\vartheta\sin\gamma&0\end{bmatrix}\begin{bmatrix}\dot{\vartheta}\\\dot{\psi}\\\dot{\gamma}\end{bmatrix}$$

经变换后得

$$\begin{bmatrix}\dot{\vartheta}\\\dot{\psi}\\\dot{\gamma}\end{bmatrix}=\begin{bmatrix}0&\sin\gamma&\cos\gamma\\0&\dfrac{\cos\gamma}{\cos\vartheta}&-\dfrac{\sin\gamma}{\cos\vartheta}\\1&-\tan\vartheta\cos\gamma&\tan\vartheta\sin\gamma\end{bmatrix}\begin{bmatrix}\omega_{x_t}\\\omega_{y_t}\\\omega_{z_t}\end{bmatrix}\tag{4-52}$$

式(4-52)展开后得到导弹绕质心转动的运动学方程为

$$\left.\begin{aligned}\frac{\mathrm{d}\vartheta}{\mathrm{d}t}&=\omega_{y_t}\sin\gamma+\omega_{z_t}\cos\gamma\\\frac{\mathrm{d}\psi}{\mathrm{d}t}&=\frac{1}{\cos\vartheta}(\omega_{y_t}\cos\gamma-\omega_{z_t}\sin\gamma)\\\frac{\mathrm{d}\gamma}{\mathrm{d}t}&=\omega_{x_t}-\tan\vartheta(\omega_{y_t}\cos\gamma-\omega_{z_t}\sin\gamma)\end{aligned}\right\}\tag{4-53}$$

同样,为书写方便,可省略式(4-53)中的下标"t"。

三、质量变化方程

导弹在飞行过程中,由于发动机不断地消耗燃料,导弹质量不断减小。因此,在建立导弹运动方程组中,还需要补充描述导弹质量变化的方程,即

$$\frac{\mathrm{d}m}{\mathrm{d}t}=-m_{\mathrm{c}}\tag{4-54}$$

式中 $\frac{\mathrm{d}m}{\mathrm{d}t}$——导弹质量变化率，即导弹在单位时间内喷射出来的质量，因为是质量的减小，故取负值。

m_c——导弹单位时间内质量消耗量，它应该是单位时间内燃料质量消耗量和其他物质质量消耗量之和，但主要是燃料的消耗，故 m_c 又称为燃料质量秒流量。通常认为 m_c 是已知的时间函数，它可能是常量，也可能是变量。对于火箭发动机来说，m_c 的大小主要由发动机性能确定。

式(4-54)可独立于导弹运动方程组中其他方程之外单独求解，即

$$m(t)=m_0-\int_0^t m_c(t)\mathrm{d}t \tag{4-55}$$

式中，m_0 为导弹的初始质量。

四、几何关系方程

前面定义的几个导弹常用坐标系，它们之间的关系由 8 个角度(即 $\vartheta,\psi,\gamma,\theta,\psi_c,\alpha,\beta,\gamma_c$)联系起来，如图 4-11 所示。因为某单位矢量以不同途径投影到任意坐标系的同一轴上，其结果应是相等的，由此可知这 8 个角度并不是完全独立的。例如，导弹的速度矢量 $\boldsymbol{v}$ 相对于地面坐标系 $Axyz$ 的方位，可以通过速度坐标系相对弹体坐标系的角参数 α,β 以及弹体坐标系相对地面坐标系的角参数 ϑ,ψ,γ 来确定。$\vartheta,\psi,\gamma,\alpha,\beta$ 确定之后，决定速度矢量 $\boldsymbol{v}$ 的方位的角参数 θ,ψ_c 及 γ_c 也就确定了。这就说明 8 个角参数中只有 5 个是独立的，而其余 3 个角参数则分别由这 5 个独立的角参数来表示。因此，8 个角度之间存在着 3 个独立的几何关系式。根据不同的要求，可把这些几何关系表达成一些不同的形式，因此，几何关系方程不是唯一的形式。由 $\theta,\psi_c,\vartheta,\psi$ 和 γ 等角参数来求出 α,β 和 γ_c，分别建立相应的 3 个几何关系方程。

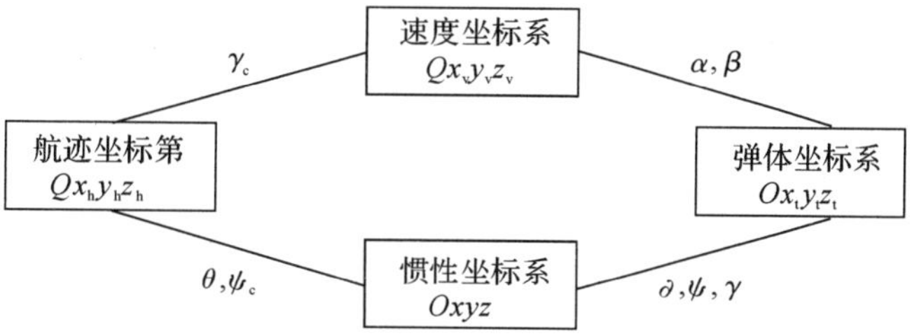

图 4-11　四个坐标系之间的 8 个角度

可用球面三角、四元素法或方向余弦等数学方法建立几何关系方程。下面介绍利用有关矢量运算的知识和上述方向余弦表来建立 3 个几何关系式。

我们知道，过参考系原点的任意两个单位矢量夹角 φ 的方向余弦(见图 4-12)，等于它们各自与参考系对应轴夹角的方向余弦乘积之和。用公式表示为

$$\cos\varphi=\cos\alpha_1\cos\alpha_2+\cos\beta_1\cos\beta_2+\cos\gamma_1\cos\gamma_2 \tag{4-56}$$

设 $\boldsymbol{i},\boldsymbol{j},\boldsymbol{k}$ 分别为参考系 $Axyz$ 各对应轴的单位矢量，过参考系原点 A 的两个单位矢量夹角的方向余弦记作 $\langle\boldsymbol{l}_1^0,\boldsymbol{l}_2^0\rangle$，则式(4-56)又可写成

$$\langle\boldsymbol{l}_1^0,\boldsymbol{l}_2^0\rangle=\langle\boldsymbol{l}_1^0,\boldsymbol{i}\rangle\langle\boldsymbol{l}_2^0,\boldsymbol{i}\rangle+\langle\boldsymbol{l}_1^0,\boldsymbol{j}\rangle\langle\boldsymbol{l}_2^0,\boldsymbol{j}\rangle+\langle\boldsymbol{l}_1^0,\boldsymbol{k}\rangle\langle\boldsymbol{l}_2^0,\boldsymbol{k}\rangle \tag{4-57}$$

若把 Ox_h 轴和 Oz_t 轴的单位矢量分别表示为 $\boldsymbol{l}_1^0$ 和 $\boldsymbol{l}_2^0$，选地面坐标系 $Axyz$ 为参考系，欲求 $\langle\boldsymbol{l}_1^0,\boldsymbol{l}_2^0\rangle$，先将坐标系 $Ox_hy_hz_h$ 和 $Ox_ty_tz_t$ 平移至其原点 O 与参考系的原点 A 重合，考虑到

Ox_h 轴与 Ox_v 轴重合，求得式(4-57)的相应单位矢量的夹角余弦项，经整理得

$$\sin\beta=\cos\theta[\cos\gamma\sin(\psi-\psi_c)+\sin\vartheta\sin\gamma\cos(\psi-\psi_c)]-\sin\theta\cos\vartheta\sin\gamma \tag{4-58}$$

若把 Oy_t 轴和 Oy_h 轴的单位矢量分别表示为 $\boldsymbol{l}_1^0$ 和 $\boldsymbol{l}_2^0$，仍选地面坐标系为参考系，同样把有关坐标系的原点重合在一起，利用式(4-57)，即得

$$\sin\alpha=\{\cos\theta[\sin\vartheta\cos\gamma\cos(\psi-\psi_c)-\sin\gamma\sin(\psi-\psi_c)]-\sin\theta\cos\vartheta\cos\gamma\}/\cos\beta \tag{4-59}$$

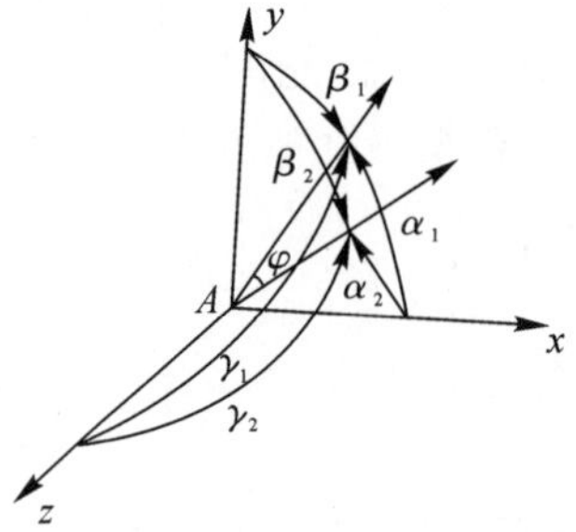

图 4-12　过参考系原点两单位矢量之夹角

同理，选取弹体坐标系 $Ox_ty_tz_t$ 为参考系，而把速度坐标系 Oz_v 轴的单位矢量和地面坐标系 Ay 轴的单位矢量分别视为 $\boldsymbol{l}_1^0$ 和 $\boldsymbol{l}_2^0$。利用式(4-57)，即得

$$\sin\gamma_c=(\cos\alpha\sin\beta\sin\vartheta-\sin\alpha\sin\beta\cos\gamma\cos\vartheta+\cos\beta\sin\gamma\cos\vartheta)/\cos\theta \tag{4-60}$$

式(4-58)～式(4-60)即为 3 个几何关系方程。

有时几何关系方程显得非常简单，例如，当导弹做无侧滑($\beta=0$)、无倾斜($\gamma=0$)飞行时，有

$$\theta=\vartheta-\alpha$$

又如，当导弹作无侧滑、零攻角情况下飞行时，有

$$\gamma=\gamma_c$$

再如，当导弹在水平面内作无倾斜机动飞行时，且攻角很小，则有

$$\psi_c=\psi-\beta$$

至此，已建立了描述导弹质心运动的动力学方程式(4-40)、绕质心转动的动力学方程式(4-47)、导弹质心运动的运动学方程式(4-51)、绕质心转动的运动学方程式(4-53)、质量变化方程式(4-54)和几何关系方程式(4-58)～式(4-60)，以上 16 个方程，组成无控弹运动方程组。如果不考虑外界干扰，这 16 个方程中包括 $v(t)$，$\theta(t)$，$\psi_c(t)$，$\omega_x(t)$，$\omega_y(t)$，$\omega_z(t)$，$x(t)$，$y(t)$，$z(t)$，$\vartheta(t)$，$\psi(y)$，$\gamma(t)$，$m(t)$，$\alpha(t)$，$\beta(t)$，$\gamma_c(t)$等 16 个未知数，方程组是封闭的。当给定初始条件时，对这些方程进行数值积分，可获得无控弹道及相应运动参数的变化规律。但对于可控飞行来说，仅知道初始条件，还不能获得唯一确定解，因为在相同初始条件下，舵面的偏转规律不同，气动力和气动力矩就不同，相应的飞行弹道和相应的运动参数也不同。为确定唯一解，必须对导弹加上一定约束，即需要建立控制关系方程。

五、控制关系方程

1. 控制飞行原理

为了保证命中目标而约束导弹飞行的方向和速度大小，这种操作就称为控制飞行。导弹在自动控制系统作用下，使其飞行遵循一定的约束关系，这就需要改变导弹飞行方向和速度大

小，它又依赖于改变作用于弹上外力合力的大小和方向。作用在导弹上的外力主要有空气动力 $\boldsymbol{R}$、推力 $\boldsymbol{P}$ 和重力 $\boldsymbol{G}$，其中重力始终指向地心，其大小也不能随意改变。因此，控制导弹飞行只能依靠改变 $\boldsymbol{R}$ 和 $\boldsymbol{P}$ 的合力 $\boldsymbol{N}$ 的大小和方向，$\boldsymbol{N}$ 称为控制力，则有

$$\boldsymbol{N}=\boldsymbol{P}+\boldsymbol{R}$$

控制力 $\boldsymbol{N}$ 沿速度方向和垂直于速度方向可分解为两个分量 $\boldsymbol{N}_t$ 和 $\boldsymbol{N}_n$，如图 4－13 所示。$\boldsymbol{N}_t$ 和 $\boldsymbol{N}_n$ 分别称为切向控制力和法向控制力。从力学的观点，改变切向控制力以改变速度大小，改变法向控制力以改变飞行方向。

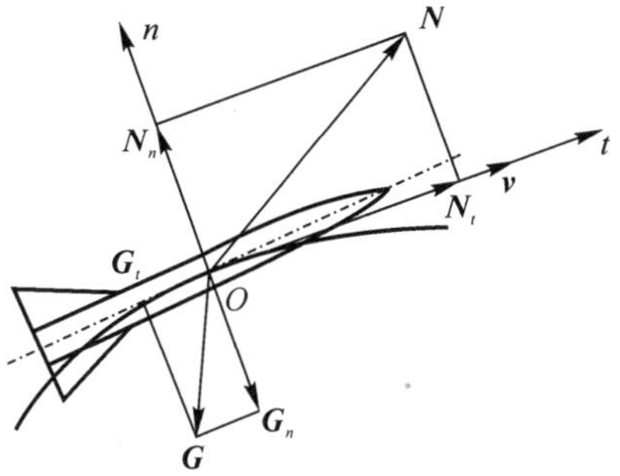

图 4－13　导弹切向力和法向力

切向控制力为

$$\boldsymbol{N}_t=\boldsymbol{P}_t+\boldsymbol{R}_t$$

法向控制力为

$$\boldsymbol{N}_n=\boldsymbol{P}_n+\boldsymbol{R}_n$$

式中

$$\boldsymbol{R}_n=\boldsymbol{Y}+\boldsymbol{Z}$$

下面简述导弹是如何改变法向控制力的。改变法向控制力，主要是依靠改变空气动力的法向力 $\boldsymbol{R}_n$，它是通过改变导弹在空中的姿态，从而改变导弹弹体相对气流的方位来获得的。而改变导弹的姿态是靠偏转导弹上的操纵机构（空气舵、气动扰流片、摆动发动机等），在操纵面上相应地产生操纵力，它对导弹质心产生操纵力矩，在此力矩作用下，导弹弹体就会绕其质心转动，由此改变导弹在空中的姿态。同时，固定在弹体上的空气动力面（如弹翼、尾翼等）和弹身就会获得新的攻角和侧滑角，从而改变作用在导弹上的空气动力，如图 4－14 所示。

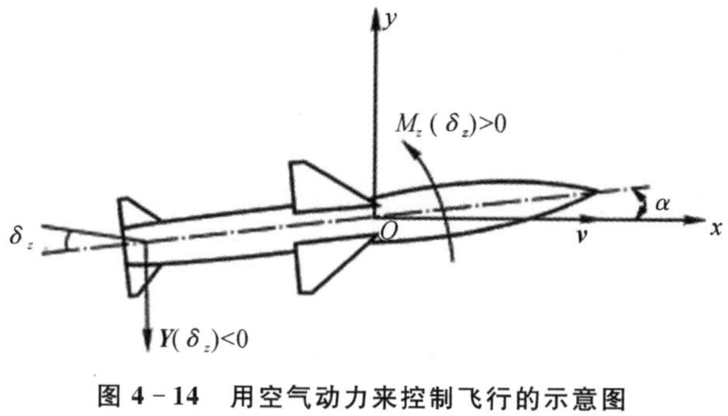

图 4－14　用空气动力来控制飞行的示意图

根据作用不同，空气舵又可分为升降舵、方向舵和副翼。无论对于轴对称导弹或面对称导

弹，升降舵主要是用于操纵导弹的俯仰姿态；方向舵主要是用于操纵导弹的偏航姿态；副翼主要是用于操纵导弹的倾斜姿态。

对于轴对称型导弹，若舵面相对弹身的安装呈"＋"型，此时水平位置的一对舵面就是升降舵，垂直位置的一对舵面就是方向舵，如图 4－15 所示。若舵面相对弹身的安装位置呈"×"型（见图 4－16），此时两对舵面不能各自独立地起到升降舵和方向舵的作用。当两对舵面同时向下（或向上）偏转，并且偏转的角度也一样时，两对舵面就起到升降舵的作用，如图 4－16(a)所示；当一对舵面与另一对舵面上下偏转的方向不同，但偏转角一样时，两对舵面则起着方向舵的作用，如图 4－16(b)所示；若两对舵面偏转角不同，而上下偏转的方向相同或不同，这样就既可以起到升降舵的作用，又可起到方向舵的作用，如图 4－16(c)所示。

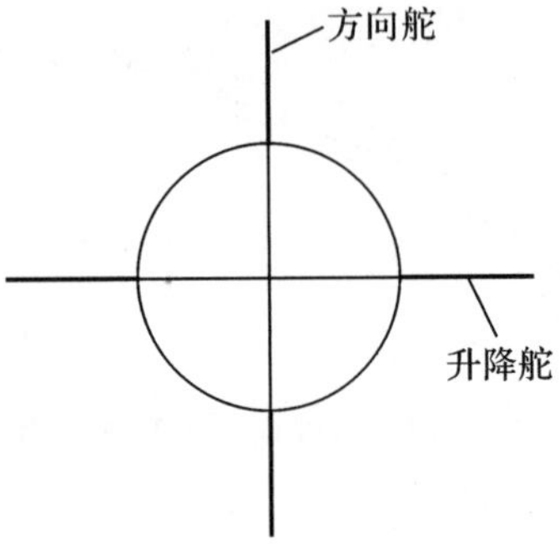

图 4－15 "＋"型舵面

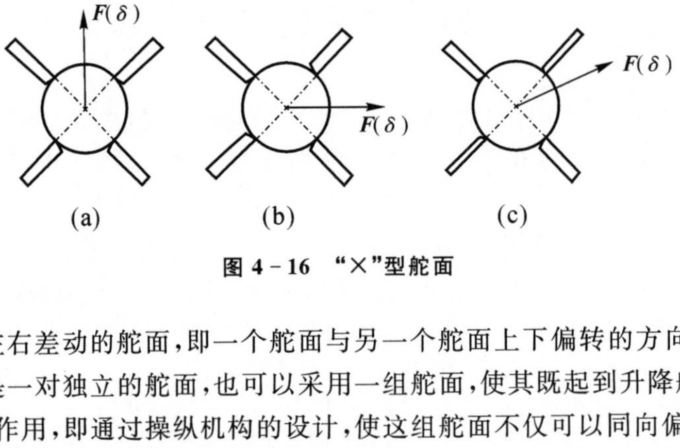

图 4－16 "×"型舵面

副翼是一对左右差动的舵面，即一个舵面与另一个舵面上下偏转的方向不同，如图 4－17 所示。副翼可以是一对独立的舵面，也可以采用一组舵面，使其既起到升降舵（或方向舵）的作用，又起到副翼的作用，即通过操纵机构的设计，使这组舵面不仅可以同向偏转，而且还可以差动。一对舵面其同向偏转部分相当于起到升降舵（或方向舵）的作用，差动部分就起到副翼的作用。

在利用气动力操纵导弹时，除可以使用偏转舵面外，还可以使用伸缩操纵面或气动扰流片等。

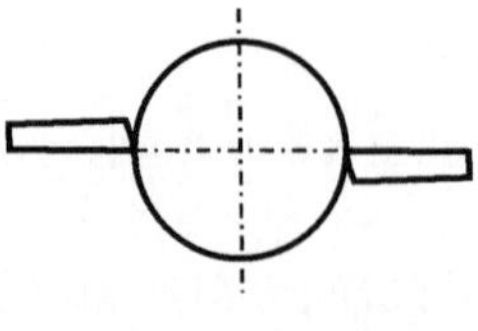

图 4－17 副翼的偏转

利用反作用力(即推力)来操纵导弹也是一种可用的形式,可以用偏转主发动机的燃气流或者利用专用的可偏转的小型发动机来实现。小发动机安装在离导弹质心一定距离的地方,专门用来产生操纵力矩,在此力矩作用下,导弹将绕质心转动,同样改变导弹在空间的姿态。

利用破坏主发动机燃气流对称性的方法,也可以获得使导弹绕其质心转动的操纵力矩,也同样能改变导弹在空间的姿态。

对于轴对称型的导弹,它装有两对弹翼,并沿轴向均匀分布,通过改变升降舵的偏转角 δ_z 来改变道弹攻角 α 的大小,从而改变升力 $\boldsymbol{Y}$ 的大小和方向,操纵导弹的俯仰运动。而改变方向舵的偏转角 δ_y,则可改变侧滑角 β,使侧向力 $\boldsymbol{Z}$ 的大小和方向发生变化,操纵导弹的偏航运动。若升降舵和方向舵同时偏转,使 δ_z,δ_y 各自获得任一角度,那么 α,β 相应改变,得到任一方向和大小的空气动力,同时操纵俯仰和偏航运动。另外,当 α,β 改变时,阻力 $\boldsymbol{X}$、推力的法向分量 $\boldsymbol{P}_t$ 和切向分量 $\boldsymbol{P}_t$ 也随之改变。

对于面对称型的导弹,外形似飞机,只有一对水平弹翼,其产生升力比侧力大得多。操纵俯仰运动,仍是通过改变升降舵的偏转角 δ_z 而改变升力的大小;操纵偏航运动,则通常是差动副翼,使弹体倾斜,保持在纵向对称面内的升力也相应转到某一方向,其水平分力使导弹做偏航运动,如图 4-18 所示。

综上所述,操纵导弹的俯仰、偏航和倾斜运动,就是操纵导弹的 3 个自由度来改变法向力的大小和方向,以达到改变导弹飞行方向的目的。为了使控制系统不过于复杂,又要形成任一方向的法向力,只要操纵导弹绕某一轴或至多绕两根轴转动,而对第三轴加以稳定。例如,对于轴对称型导弹,只须操纵导弹绕 Oz_t 轴和 Oy_t 轴转动,就可实现操纵俯仰和偏航运动,而对 Ox_t 轴保持稳定,以保证俯仰和偏航运动的操纵不致发生混乱;对于面对称型导弹,一般只须操纵导弹绕 Oz_t 轴和 Oy_t 轴转动,实现操纵俯仰和倾斜运动,改变攻角 α 和速度倾斜角 γ_c 来产生所需的法向力,使导弹做偏航运动,而对 Oy_t 轴保持稳定。

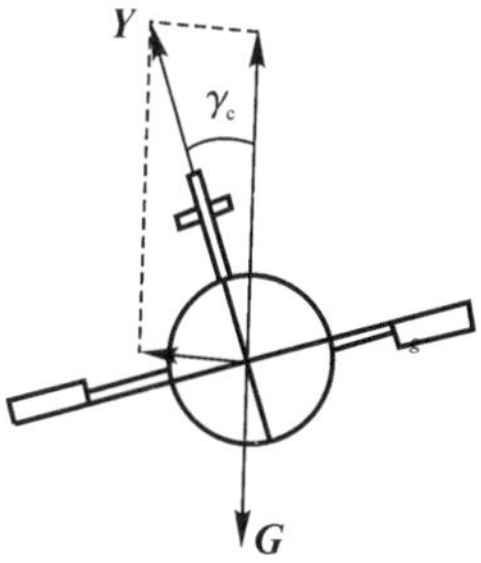

图 4-18　面对称导弹的偏航运动

此外,改变速度大小,通常采用推力控制,即控制发动机进气阀偏角 δ_p 以调节发动机推力的大小来实现。

由此可见,导弹应具有 4 个操纵机构:升降舵、方向舵、副翼的操纵机构和发动机推力的调节装置。

2. 控制关系方程

实现导弹的控制飞行,导弹应具有 4 个操纵机构,相应地必须在导弹上加以 4 个约束,即有 4 个控制关系方程。

要改变导弹的运动参数,必须通过控制系统使舵面偏转,对质心产生操纵力矩,引起弹体转动,使 α(或 β,γ_c)变化,从而改变 $\boldsymbol{N}_n$ 的大小和方向,使导弹运动参数产生相应变化,这就是控制的主要过程,如图 4-14 所示。但从控制系统输入信号到运动参数发生相应变化,是一个复杂过程。在飞行过程的每一瞬时，当实际运动参数与按导引关系要求的运动参数不相符时，就产生控制信号。因此，控制系统操纵舵面决定于每一瞬时导弹的运动参数。导弹制导系统的工作原理是近"误差工作"，例如，当导弹飞行中的俯仰角 θ 与要求的俯仰角 θ_* 不相等时，即存在偏差角 $\Delta\theta=\theta-\theta_*$，控制系统将根据 $\Delta\theta$ 的大小使升降舵偏转相应的角度 δ_z，最简单的比例控制关系为

$$\delta_z=k_\theta(\theta-\theta_*)=k_\theta\Delta\theta$$

式中，k_θ 为控制系统决定的比例系数，称为放大系数。

导弹在飞行过程中，控制系统总是做出消除误差 $\Delta\theta$ 的回答反应，根据误差的大小，偏转相应的舵面来力图消除误差 $\Delta\theta$。实际上，误差始终不为零，只是制导系统工作越准确，误差就越小而已。

设 x_i* 为研究瞬时由导引关系要求的运动参数值，x_i 为同一瞬时运动参数的实际值，ε_i 为运动参数误差，则有

$$\varepsilon_i=x_i-x_i*,\quad i=1,2,3,4$$

在一般情况下，$\varepsilon_1,\varepsilon_2,\varepsilon_3,\varepsilon_4$ 总不可能等于零，此时控制系统将偏转舵面和发动机调节装置，以求消除误差。而舵面和发动机调节装置的偏转角大小及方向取决于误差 ε_i 的数值和正负。例如，在最简单的情况下，对轴对称型导弹，有如下关系存在：

$$\delta_z=f_1(\varepsilon_1),\quad \delta_y=f_2(\varepsilon_2),\quad \delta_x=f_3(\gamma),\quad \delta_P=f_4(\varepsilon_4) \tag{4-61}$$

对于面对称型导弹，则有如下关系存在：

$$\delta_z=f_1(\varepsilon_1),\quad \delta_x=f_3(\varepsilon_2),\quad \delta_y=f_2(\beta),\quad \delta_P=f_4(\varepsilon_4) \tag{4-62}$$

式(4-61)和式(4-62)表示每一个操纵机构仅负责控制某一方向上的运动参数，这是一种简单的控制关系。但对一般情况而言，可以写成如下通用的控制关系方程：

$$\left.\begin{aligned}\varphi_1(\cdots,\varepsilon_i,\cdots,\delta_i,\cdots,)=0\\ \varphi_2(\cdots,\varepsilon_i,\cdots,\delta_i,\cdots,)=0\\ \varphi_3(\cdots,\varepsilon_i,\cdots,\delta_i,\cdots,)=0\\ \varphi_4(\cdots,\varepsilon_i,\cdots,\delta_i,\cdots,)=0\end{aligned}\right\} \tag{4-63}$$

式(4-63)中可以包括舵面和发动机调节装置的偏转角、运动参数误差及其他运动参数。

式(4-63)可简写成如下形式：

$$\varphi_1=0,\ \varphi_2=0,\ \varphi_3=0,\ \varphi_4=0 \tag{4-64}$$

其中，$\varphi_1=0$，$\varphi_2=0$ 关系式仅用来表示控制飞行方向，改变飞行方向是控制系统的主要任务，因此称它们为基本(主要)控制关系方程。$\varphi_3=0$ 关系式用来表示对第三轴加以稳定，$\varphi_4=0$ 关系式仅用来表示控制速度大小，这两个关系式称为附加(辅助)控制关系方程。

在设计导弹弹道时，需要综合考虑包括控制系统加在导弹上的控制关系方程在内的导弹运动方程组，问题比较复杂。在导弹初步设计时，可作近似处理，即假设控制系统是按"无误差工作"的理想控制系统，运动参数能保持按导引关系要求的变化规律，这样有

$$\varepsilon_i=x_i-x_{i*}=0,\quad i=1,2,3,4$$

即有以下 4 个理想控制关系式：

$$\varepsilon_1=0,\ \varepsilon_2=0,\ \varepsilon_3=0,\ \varepsilon_4=0 \tag{4-65}$$

在某些情况下，理想控制关系式有简单的表达形式。例如，轴对称型导弹保持等速直线飞行时，有

$$\left.\begin{aligned}\varepsilon_1=\theta-\theta_*=0\\ \varepsilon_2=\psi_c-\psi_{c*}=0\\ \varepsilon_3=\gamma=0\\ \varepsilon_4=v-v_*=0\end{aligned}\right\} \tag{4-66}$$

又如，面对称型导弹做正常盘旋飞行时，有

$$\left.\begin{aligned}\varepsilon_1&=\theta-\theta_*=0\\ \varepsilon_2&=\gamma-\gamma_*=0\\ \varepsilon_3&=\beta=0\\ \varepsilon_4&=v-v_*=0\end{aligned}\right\}\tag{4-67}$$

式(4－66)和式(4－67)中：θ_*，ψ_{c*}，γ_*，v_* 为要求的运动参数值；θ，ψ_c，γ，v 为导弹飞行中实际的运动参数值。

六、导弹运动方程组

综合前面所得到的方程式(4－40)，式(4－47)，式(4－51)，式(4－53)，式(4－54)，式(4－58)，式(4－59)～式(4－60)和式(4－64)，可组成描述导弹的空间运动的方程组：

$$\left.\begin{aligned}
&m\frac{\mathrm{d}v}{\mathrm{d}t}=P\cos\alpha\cos\beta-X-mg\sin\theta\\
&mv\frac{\mathrm{d}\theta}{\mathrm{d}t}=P(\sin\alpha\cos\gamma_c+\cos\alpha\sin\beta\sin\gamma_c)+Y\cos\gamma_c-Z\sin\gamma_c-mg\cos\theta\\
&-mv\cos\theta\frac{\mathrm{d}\psi_c}{\mathrm{d}t}=P(\sin\alpha\sin\gamma_c-\cos\alpha\sin\beta\cos\gamma_c)+Y\sin\gamma_c+Z\cos\gamma_c\\
&J_x\frac{\mathrm{d}\omega_x}{\mathrm{d}t}+(J_z-J_y)\omega_z\omega_y=M_x\\
&J_y\frac{\mathrm{d}\omega_y}{\mathrm{d}t}+(J_x-J_z)\omega_x\omega_z=M_y\\
&J_z\frac{\mathrm{d}\omega_z}{\mathrm{d}t}+(J_y-J_x)\omega_y\omega_x=M_z\\
&\frac{\mathrm{d}x}{\mathrm{d}t}=v\cos\theta\cos\psi_c\\
&\frac{\mathrm{d}y}{\mathrm{d}t}=v\sin\theta\\
&\frac{\mathrm{d}z}{\mathrm{d}t}=-v\cos\theta\sin\psi_c\\
&\frac{\mathrm{d}\vartheta}{\mathrm{d}t}=\omega_y\sin\gamma+\omega_z\cos\gamma\\
&\frac{\mathrm{d}\psi}{\mathrm{d}t}=\frac{1}{\cos\vartheta}(\omega_y\cos\gamma-\omega_z\sin\gamma)\\
&\frac{\mathrm{d}\gamma}{\mathrm{d}t}=\omega_x-\tan\vartheta(\omega_y\cos\gamma-\omega_z\sin\gamma)\\
&\frac{\mathrm{d}m}{\mathrm{d}t}=-m_c\\
&\sin\beta=\cos\theta[\cos\gamma\sin(\psi-\psi_c)+\sin\vartheta\sin\gamma\cos(\psi-\psi_c)]-\sin\theta\cos\vartheta\sin\gamma\\
&\sin\alpha=\{\cos\theta[\sin\vartheta\cos\gamma\cos(\psi-\psi_c)-\sin\gamma\sin(\psi-\psi_c)]-\sin\theta\cos\vartheta\cos\gamma\}/\cos\beta\\
&\sin\gamma_c=(\cos\alpha\sin\beta\sin\vartheta-\sin\alpha\sin\beta\cos\gamma\cos\vartheta+\cos\beta\sin\gamma\cos\vartheta)/\cos\theta\\
&\varphi_1=0\\
&\varphi_2=0\\
&\varphi_3=0\\
&\varphi_4=0
\end{aligned}\right\}\tag{4-68}$$

式(4－68)为以标量的形式描述的导弹空间运动方程组，它是一组非线性的常微分方程。在这20个方程中，包括有20个未知数，即$v(t)$，$\theta(t)$，$\psi_c(t)$，$\omega_x(t)$，$\omega_y(t)$，$\omega_z(t)$，$x(t)$，$y(t)$，$z(t)$，$\vartheta(y)$，$\psi(y)$，$\gamma(t)$，$m(t)$，$\alpha(t)$，$\beta(t)$，$\gamma_c(t)$，$\delta_z(t)$，$\delta_\psi(t)$，$\delta_x(t)$，$\delta_P(t)$，因此式(4－68)是封闭的，给定初始条件后，用数值积分法可以解得有控弹道及其相应的20个参数的变化规律。

4.4.3 导弹的纵向运动和侧向运动

前面我们用了20个方程来描述导弹在空间的运动。在工程上，用于实际计算的导弹运动方程组的方程个数往往远不止20个，例如，有时还需要加上气动力和气动力矩的计算公式，若导弹是按目标运动来导引，还应加上目标运动方程。由于导弹各飞行段受力情况不同，相应运动方程组也将是不同的。因此，研究导弹的飞行问题是较复杂的。

一般说来，运动方程组的方程数目越多，描述导弹的运动就越完整、越准确。但研究和解算也就越麻烦。在工程上，特别是在导弹和制导系统的初步设计阶段，在解算精度允许的范围内，应用一些近似方法，对导弹运动方程组进行简化，以便利用较简单的运动方程组平均数达到研究导弹运动的目的。例如，在一定假设条件下，把导弹运动方程组式(4－68)分解为纵向运动方程组和侧向运动方程组，或简化为在铅垂平面内的运动方程组和水平面内的运动方程组等。实践证明，这些简化与分解都具有一定的实用价值。

一、导弹的纵向运动和侧向运动的概念

纵向运动是指导弹运动参数β，γ，γ_c，ω_x，ω_y，ψ，ψ_c，z恒为零的运动。假定导弹在某个铅垂平面内飞行，又具有理想的倾斜稳定系统。由于导弹的外形相对于x_tOy_t平面是对称的，因此理想倾斜稳定系统能保证导弹的纵向对称面x_tOy_t始终与该飞行的铅垂平面重合，这时运动参数β，γ，γ_c，ω_x，ω_y恒等于零。为了研究方便起见，如果将地面坐标系的Ax轴选在飞行的铅垂平面内，显然，运动参数β，γ，γ_c，ω_x，ω_y也将恒等于零，因此，导弹在铅垂平面内的运动为纵向运动。

导弹的纵向运动，由导弹质心在飞行平面(或对称平面x_tOy_t)内的平移运动和绕Oz_t轴的转动运动所组成。因此，在纵向运动中，参数v，θ，ϑ，α，ω_z，x，y等是随时间变化的，这些参数通常称为纵向运动的运动学参数，简称为纵向运动参数。

所谓侧向运动是侧向运动参数β，γ，γ_c，ω_x，ω_y，ψ，ψ_c，z等随时间变化的运动，它由导弹质心沿Oz_t轴的平移运动以及绕Ox_t轴和Oy_t轴的转动运动所组成。

由导弹运动方程组式(4－68)可以看出，它既含有纵向运动参数，又含有侧向运动参数。描述纵向运动参数变化的方程含有侧向运动参数；同样地，描述侧向运动参数变化的方程则含有纵向运动参数。由此可知，导弹的一般运动由纵向运动和侧向运动所组成，它们之间互相关联又互相影响。

当导弹在给定的铅垂平面内运动时，由于纵向运动是对称的，因此，只要不破坏运动的对称性，也就是说，在不出现偏航和倾斜操纵机构的偏转以及因诸干扰因素而产生侧向运动参数对其零值的偏离能足够快地消除的情况下，纵向运动是可以实现的，而且它是可以独立存在的。这时，描述侧向运动参数变化的方程恒等于零，描述纵向运动参数变化的纵向运动方程只有10个，其中包含的参数有v，θ，ϑ，α，x，y，ω_z，m，δ_z，δ_P等10个。但是，描述侧向运动参数

变化的侧向运动方程组，不能离开纵向运动参数而单独组成，也就是说，侧向运动不能离开纵向运动而单独存在，它只能与纵向运动同时存在。

二、导弹的一般运动分解为纵向运动和侧向运动

若能将导弹的一般运动方程组式(4-68)分成独立的两组(一组是描述纵向运动参数变化的纵向运动方程组，另一组是描述侧向运动参数变化的侧向运动方程组)，则研究导弹的运动规律时，联立求解的方程数目就可以大为减少，就便于研究。为了能独立求解纵向运动方程组，必须从描述纵向运动参数变化的方程右端去掉侧向运动参数 $\beta,\gamma,\gamma_c,\psi,\psi_c,\omega_x,\omega_y$ 等。也就是说，要把纵向运动和侧向运动分开研究，需要满足下述假设条件：

(1)侧向运动参数 $\beta,\gamma,\gamma_c,\psi,\psi_c,\omega_x,\omega_y$ 及舵偏角 δ_x,δ_y 都比较小。这样就可以令

$$\cos\beta\approx\cos\gamma\approx\cos\gamma_c\approx 1$$

且略去小量的乘积 $\sin\beta\sin\gamma_c, Z\sin\gamma_c,\omega_x,\omega_y,\omega_y\sin\gamma$ 以及参数 β,δ_x,δ_y 对阻力 $\boldsymbol{X}$ 的影响。

(2)导弹基本上在某个铅垂面内飞行，即其弹道与铅垂面弹道差别不大，则 $\cos\psi_c=1$。

(3)俯仰操纵机构的偏转仅取决于纵向运动参数，而偏航、倾斜操纵机构的偏转又仅取决于侧向运动参数。

利用这些假设，就能将导弹的运动方程组分为描述纵向运动的方程组及描述侧向运动的方程组。

描述导弹纵向运动的方程组为

$$\left.\begin{aligned}
& m\frac{\mathrm{d}v}{\mathrm{d}t}=P\cos\alpha-X-mg\sin\theta \\
& mv\frac{\mathrm{d}\theta}{\mathrm{d}t}=P\sin\alpha+Y-mg\cos\theta \\
& J_z\frac{\mathrm{d}\omega_z}{\mathrm{d}t}=M_z \\
& \frac{\mathrm{d}x}{\mathrm{d}t}=v\cos\theta \\
& \frac{\mathrm{d}y}{\mathrm{d}t}=v\sin\theta \\
& \frac{\mathrm{d}\vartheta}{\mathrm{d}t}=-\omega_z \\
& \frac{\mathrm{d}m}{\mathrm{d}t}=-m_c \\
& \alpha=\vartheta-\theta \\
& \varphi_1=0 \\
& \varphi_4=0
\end{aligned}\right\}\tag{4-69}$$

纵向运动方程组式(4-69)也是描述导弹在铅垂平面内运动的方程组，它共有 10 个方程，包含有 10 个未知参数，即 $v(t),\theta(t),\omega_z(t),x(t),y(t),\vartheta(t),m(t),\alpha(t),\delta_z(t),\delta_P(t)$，所以方程组(4-69)是封闭的，可以独立求解。

侧向运动方程组为

$$
\left.
\begin{aligned}
&-mv\cos\theta\frac{\mathrm{d}\psi_c}{\mathrm{d}t}=(P\sin\alpha+Y)\sin\gamma_c-(P\cos\alpha\sin\beta-Z)\cos\gamma_c\\
&J_x\frac{\mathrm{d}\omega_x}{\mathrm{d}t}+(J_z-J_y)\omega_z\omega_y=M_x\\
&J_y\frac{\mathrm{d}\omega_y}{\mathrm{d}t}+(J_x-J_z)\omega_x\omega_z=M_y\\
&\frac{\mathrm{d}z}{\mathrm{d}t}-v\cos\theta\sin\psi_c\\
&\frac{\mathrm{d}\psi}{\mathrm{d}t}=(\omega_y\cos\gamma-\omega_z\sin\gamma)/\cos\vartheta\\
&\frac{\mathrm{d}\gamma}{\mathrm{d}t}=\omega_x-\tan\vartheta(\omega_y\cos\gamma-\omega_z\sin\gamma)\\
&\sin\beta=\cos\theta[\cos\gamma\sin(\psi-\psi_c)+\sin\vartheta\sin\gamma\cos(\psi-\psi_c)]-\sin\theta\cos\vartheta\sin\gamma\\
&\sin\gamma_c=(\cos\alpha\sin\beta\sin\vartheta-\sin\alpha\sin\beta\cos\gamma\cos\vartheta+\cos\beta\sin\gamma\sin\vartheta)/\cos\theta\\
&\varphi_2=0\\
&\varphi_3=0
\end{aligned}
\right\}
\qquad (4-70)
$$

侧向运动方程组式(4-70)共有10个方程，除了含有 $\psi_c(t)$，$\omega_x(t)$，$\omega_y(t)$，$z(t)$，$\psi(t)$，$\gamma(t)$，$\beta(t)$，$\gamma_c(t)$，$\delta_y(t)$，$\delta_x(t)$ 等10个侧向运动参数之外，还包括除去 x 以外的所有纵向运动参数 $v,\theta,\alpha,\omega_z,y,\vartheta,\delta_z$ 等。无论怎样简化方程组式(4-70)，都不能从中消去如 v，y 和 m 这些纵向参数。这说明要研究侧向运动参数比较小的运动时，必须首先求解纵向运动方程组式(4-69)，然后，将解出的纵向运动参数代入侧向运动方程组式(4-70)，才可解出侧向运动参数的变化规律。

这样的简化，能使联立求解的方程组的阶次降低一半，且能得到非常准确的结果。但是，当侧向运动参数较大时，上述假设条件得不到满足，上述分组计算的办法会带来显著的计算误差，因而就不能再将导弹的一般运动分为纵向运动和侧向运动来研究，应将纵向和侧向运动同时考虑，也就是说，应求解一般的运动方程组式(4-68)。

4.4.4 导弹的平面运动

一般说，导弹是做空间运动的，平面运动是导弹运动的特殊情况。从各类导弹的飞行情况来看，它们有时是在某一平面内飞行的。其中，空空导弹的运动在许多场合在水平面内(或近似水平面)飞行，飞航式导弹的巡航段也基本上在水平面内飞行。所以，平面运动虽是导弹运动的特例，但是，研究导弹的平面运动仍具有很大的实际意义。在导弹的初步设计阶段，在计算精度允许范围内，研究和解算导弹的平面弹道也有一定的应用价值。

一、导弹在铅垂平面内运动

导弹在铅垂平面内运动时，导弹的速度矢量 $\boldsymbol{v}$ 始终处于该平面内，导弹的弹道偏角 ψ_c 为常值(若选地面坐标系 Ax 轴位于该铅垂平面内，则 $\psi_c=0$)；设推力矢量 $\boldsymbol{P}$ 与弹体纵轴重合，且导弹纵向对称平面与该铅垂面重合。若要使导弹在铅垂平面内飞行，那么在垂直于该铅垂平面方向(即水平方向)上的侧向力应等于零，此时，β,γ,γ_c 等均为零。在铅垂平面内运动时，导弹只有在铅垂平面内质心的平移运动和绕 Oz_t 轴的转动运动，而沿 Oz_t 方向无平移运动，

绕 Ox_t 轴和 Oy_t 轴也无转动，这时 $z=0$，$\omega_x=0$，$\omega_y=0$。导弹在铅垂面内运动时，导弹受到的外力有发动机推力 $\boldsymbol{P}$、空气阻力 $\boldsymbol{X}$ 升力 $\boldsymbol{Y}$ 和重力 $\boldsymbol{G}$。

导弹在铅垂平面内运动的方程组与描述导弹纵向运动的方程组式(4-69)相同，此处不再赘述。

二、导弹在水平面内运动

导弹在水平面内运动时，它的速度矢量 $\boldsymbol{v}$ 始终处于该水平面内且弹道倾角 θ 恒等于零。此时，作用在导弹上沿铅垂方向上的法向控制力应与导弹所受的重力相平衡。所以，为保持平飞，导弹应具有一定的攻角，以产生所需的法向控制力。

要使导弹在水平面内做机动飞行，则要求在水平面内沿垂直于速度 $\boldsymbol{v}$ 的法向方向产生一定的侧向力。对于有翼导弹，侧向力通常是借助于侧滑（轴对称型导弹）或倾斜（面对称型导弹）运动形成的。如果导弹既有侧滑又有倾斜，则将使控制复杂化，所以轴对称型导弹通常采用保持无倾斜而带侧滑的飞行，而面对称型导弹通常采用保持无侧滑而有倾斜的飞行。

导弹在水平面内运动，除在水平面内做平移运动外，还有绕质心的转动。为了与不断变化的导弹重量相平衡，所需的法向控制力也要相应变化，这就应改变 δ_z，使导弹绕 Oz_t 轴转动。除此之外，对于利用侧滑产生侧向力的导弹，还要绕 Oy_t 轴转动，但无须绕 Ox_t 轴转动；而对于利用倾斜产生侧向力（即升力的水平分量）的导弹，还要绕 Ox_t 轴转动，但无须绕 Oy_t 轴转动。

导弹在水平面内机动飞行，由于产生侧向力的方法不同，因此，描述水平面内运动的方程组也不同。

1. 导弹在水平面内有侧滑而无倾斜的运动方程组

导弹在水平内有侧滑而无倾斜运动，故有 $\theta=0$，y 为某一常值，$\gamma\equiv0$，$\gamma_c=0$，$\omega_x\equiv0$，由方程组式(4-68)可得

$$\left.\begin{aligned}
&m\frac{\mathrm{d}v}{\mathrm{d}t}=P\cos\alpha\cos\beta-X\\
&mg=P\sin\alpha+Y\\
&-mv\frac{\mathrm{d}\psi_c}{\mathrm{d}t}=-P\cos\alpha\sin\beta+Z\\
&J_y\frac{\mathrm{d}\omega_y}{\mathrm{d}t}=M_y\\
&J_z\frac{\mathrm{d}\omega_z}{\mathrm{d}t}=M_z\\
&\frac{\mathrm{d}x}{\mathrm{d}t}=v\cos\psi_c\\
&\frac{\mathrm{d}z}{\mathrm{d}t}=-v\sin\psi_c\\
&\frac{\mathrm{d}\vartheta}{\mathrm{d}t}=\omega_z\\
&\frac{\mathrm{d}\psi}{\mathrm{d}t}=\omega_y/\cos\vartheta
\end{aligned}\right\}\tag{4-71}$$

$$\left.\begin{aligned}&\frac{\mathrm{d}m}{\mathrm{d}t}=-m_c\\&\beta=\psi-\psi_c\\&\alpha=\vartheta\\&\varphi_2=0\\&\varphi_4=0\end{aligned}\right\}\qquad(续4-71)$$

这组方程共有 14 个，其中包含参数有 $v(t)$，$\psi_c(t)$，$\omega_y(t)$，$\omega_z(t)$，$x(t)$，$z(t)$，$\vartheta(t)$，$\psi(t)$，$m(t)$，$\alpha(t)$，$\beta(t)$，$\delta_z(t)$，$\delta_y(t)$，$\delta_P(t)$等 14 个，方程组是封闭的。

2. 导弹在水平面内有倾斜而无侧滑的运动方程组

导弹在水平面内有倾斜而无侧滑运动，故有 $\vartheta\equiv0$，y 为某一常值，$\beta\equiv0$，$\omega_y\equiv0$。设当攻角 α（或俯仰角 ϑ）和角速度 ω_z 比较小时，经简化后的有倾斜而无侧滑的水平面运动的近似方程组为

$$\left.\begin{aligned}&m\frac{\mathrm{d}v}{\mathrm{d}t}=P-X\\&mg=P\alpha\cos\gamma_c+Y\cos\gamma_c\\&-mv\frac{\mathrm{d}\psi_c}{\mathrm{d}t}=P\alpha\sin\gamma_c+Y\sin\gamma_c\\&J_x\frac{\mathrm{d}\omega_x}{\mathrm{d}t}=M_x\\&J_z\frac{\mathrm{d}\omega_z}{\mathrm{d}t}=M_z\\&\frac{\mathrm{d}x}{\mathrm{d}t}=v\cos\psi_c\\&\frac{\mathrm{d}z}{\mathrm{d}t}=-v\sin\psi_c\\&\frac{\mathrm{d}\vartheta}{\mathrm{d}t}=\omega_z\cos\gamma\\&\frac{\mathrm{d}\psi}{\mathrm{d}t}=-\omega_z\sin\gamma\\&\frac{\mathrm{d}\gamma}{\mathrm{d}t}=\omega_x\\&\frac{\mathrm{d}m}{\mathrm{d}t}=-m_c\\&\alpha=\arcsin\left[\frac{\sin(\psi-\psi_c)}{\sin\gamma}\right]\\&\gamma_c=\gamma\\&\varphi_2=0\\&\varphi_4=0\end{aligned}\right\}\qquad(4-72)$$

这组方程共有 15 个，其中包含的参数有 $v(t)$，$\psi_c(t)$，$\omega_x(t)$，$\omega_y(t)$，$x(t)$，$z(t)$，$\vartheta(t)$，$\psi(t)$，$\gamma(t)$，$m(t)$，$\alpha(t)$，$\gamma_c(t)$，$\delta_z(t)$，$\delta_x(t)$，$\delta_P(t)$等 15 个，方程组是封闭的。

4.4.5　导弹的质心运动

一、“瞬时平衡”假设

导弹的一般运动是由其质心的运动和绕其质心的转动所组成的。在导弹初步设计阶段，为能简捷地得到导弹可能的飞行弹道及其主要飞行特性，研究导弹的飞行问题通常分两步进行：首先，暂且不考虑导弹绕质心的转动运动，而将导弹当作一个可操纵质点来研究；然后，在此基础上研究导弹绕其质心的转动运动。采用这种简化的处理方法来研究导弹作为一个可操纵质点的运动特性，通常基于下列假设：

(1)导弹绕弹体轴的转动是无惯性的，即

$$J_x = J_y = J_z = 0$$

(2)导弹的控制系统理想地工作，既无误差，也无时间延迟。

(3)略去飞行中的随机干扰对作用在导弹上法向力的影响。

前两点假设的实质，就是认为导弹在整个飞行期间的任一瞬时都处于平衡状态，即导弹操纵机构偏转时，作用在导弹上的力矩在每一瞬时都处于平衡状态，这就是所谓的“瞬时平衡”假设。俯仰和偏航力矩一般可表示为

$$\begin{cases} M_z = M_z(v, y, \alpha, \delta_z, \omega_z, \dot{\alpha}, \dot{\delta}_z) \\ M_y = M_y(v, y, \beta, \delta_y, \omega_y, \omega_x, \dot{\beta}, \dot{\delta}_y) \end{cases}$$

然而，在大多数情况下，角速度 $\omega_x, \omega_y, \omega_z$ 及导数 $\dot{\alpha}, \dot{\beta}, \dot{\delta}_z, \dot{\delta}_y$ 对力矩 M_z 和 M_y 的影响，与角度 $\alpha, \beta, \delta_z, \delta_y$ 对力矩 M_z 和 M_y 的影响相比是次要的。采用“瞬时平衡”假设实际上也就是完全忽略前者的影响，于是有

$$\begin{cases} M_z = M_z(v, y, \alpha, \delta_z) = 0 \\ M_y = M_y(v, y, \beta, \delta_y) = 0 \end{cases}$$

这些关系式通常称为平衡关系式。对于轴对称型导弹，在攻角和侧滑角不大的情况下，具有线性空气动力特性，于是有

$$\begin{cases} \left(\dfrac{\delta_z}{\alpha}\right)_B = \dfrac{m_z^{\alpha}}{m_z^{\delta_z}} \\ \left(\dfrac{\delta_y}{\beta}\right)_B = -\dfrac{m_y^{\beta}}{m_y^{\delta_y}} \end{cases}$$

由此可见，关于导弹无惯性的假定意味着当操纵机构偏转 δ_z 和 δ_y 时，α 和 β 都瞬时达到它的平衡值。

实际上，导弹的运动过程是个可控过程，由于控制系统本身以及控制对象(弹体)都存在着惯性，导弹从操纵机构偏转到运动参数发生相应变化并不是在瞬间完成的，而要经过某一段时间。例如，升降舵阶跃偏转 δ_z 角以后，将引起弹体绕 Oz_t 轴振荡转动，其攻角变化过程也是振荡的(见图 4-19)，作用在导弹上的力和力矩也发生振荡变化，致使导弹的运动参数也出现振荡变化，只有过渡过程结束时才达到它的稳态值。大量的飞行试验结果表明，导弹的实际飞行轨迹总是在某一光滑的曲线附近变化。

认为导弹的转动无惯性，忽略了控制系统工作的过渡过程，实际上是认为导弹运动参数(如 $\alpha, \beta, \delta_z, \delta_y$ 等)的变化是在瞬间完成的，外力是随控制作用而瞬时变化的。

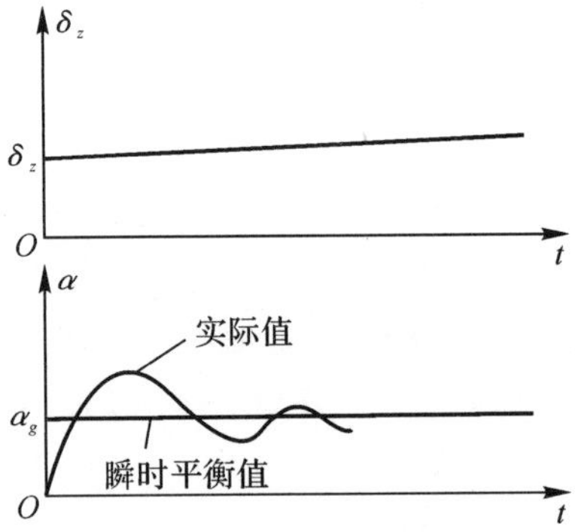

图 4-19　攻角的过渡过程

在真实飞行中，总有随机的干扰，这些干扰可能直接作用在导弹上(如阵风、燃料流动导致弹体振动等)，也可能通过控制系统作用在导弹上(如从目标反射的起伏信号、噪声的干扰等)。一般情况下，干扰使导弹绕质心发生随机振荡。这些振荡会引起升力 $\boldsymbol{Y}$ 和侧向力 $\boldsymbol{Z}$ 的随机增量及迎面阻力 $\boldsymbol{X}$ 的增大。在一次近似中，可不计导弹的随机振荡对 $\boldsymbol{Y}$ 和 $\boldsymbol{Z}$ 的影响。但 $\boldsymbol{X}$ 增大，会引起飞行速度略为减小，在把导弹的质心运动和绕质心的转动运动分开研究时，为尽可能得到接近于真实的弹道，必须将导弹的迎面阻力略微增大，以便计及导弹随机振荡的影响。

二、导弹质心运动方程组

基于上述简化，可以把导弹的质心运动和绕质心转动运动分开研究。于是，从方程组式(4-68)中就可以直接得到描述导弹质心(可操纵质点)的运动方程组，即

$$\left.\begin{aligned}
&m\frac{\mathrm{d}v}{\mathrm{d}t}=P\cos\alpha_{\mathrm{B}}\cos\beta_{\mathrm{B}}-X-mg\sin\theta\\
&mv\frac{\mathrm{d}\theta}{\mathrm{d}t}=P(\sin\alpha_{\mathrm{B}}\cos\gamma_{\mathrm{c}}+\cos\alpha_{\mathrm{B}}\sin\beta_{\mathrm{B}}\sin\gamma_{\mathrm{c}})+Y_{\mathrm{B}}\cos\gamma_{\mathrm{c}}-Z_{\mathrm{B}}\sin\gamma_{\mathrm{c}}-mg\cos\theta\\
&-mv\cos\theta\frac{\mathrm{d}\psi_{\mathrm{c}}}{\mathrm{d}t}=P(\sin\alpha_{\mathrm{B}}\sin\gamma_{\mathrm{c}}-\cos\alpha_{\mathrm{B}}\sin\beta_{\mathrm{B}}\cos\gamma_{\mathrm{c}})+Y_{\mathrm{B}}\sin\gamma_{\mathrm{c}}+Z_{\mathrm{B}}\cos\gamma_{\mathrm{c}}\\
&\frac{\mathrm{d}x}{\mathrm{d}t}=v\cos\theta\cos\psi_{\mathrm{c}}\\
&\frac{\mathrm{d}y}{\mathrm{d}t}=v\sin\theta\\
&\frac{\mathrm{d}z}{\mathrm{d}t}=-v\cos\theta\sin\psi_{\mathrm{c}}\\
&\frac{\mathrm{d}m}{\mathrm{d}t}=-m_{\mathrm{c}}\\
&\alpha_{\mathrm{B}}=-\frac{m_z^{\delta_z}}{m_z^{\alpha}}\delta_z\\
&\beta_{\mathrm{B}}=-\frac{m_y^{\delta_y}}{m_y^{\beta}}\delta_y
\end{aligned}\right\}\qquad(4-73)$$

$$\left.\begin{aligned}\varepsilon_1&=0\\\varepsilon_2&=0\\\varepsilon_3&=0\\\varepsilon_4&=0\end{aligned}\right\}\qquad(\text{续}\ 4-73)$$

式中　α_B,β_B ——平衡攻角、平衡侧滑角；

δ_z,δ_y ——所对应的平衡升降舵偏角、平衡方向舵偏角；

Y_B,Z_B ——α_B,β_B 所对应的平衡升力、平衡侧向力。

方程组式(4－73)共有 13 个方程，其中含有 $v(t),\theta(t),\psi_c(t),x(t),y(t),z(t),m(t),\alpha_B(t),\beta_B(t),\gamma_c(t),\delta_z(t),\delta_y(t),\delta_P(t)$ 等 13 个未知数，所以方程组式(4－73)是封闭的。对于火箭发动机，其推力是不进行调节的，m_c 可以认为是关于时间的已知函数，那么，方程组式(4－73)的第 7 个方程可单独积分，且 $\varepsilon_4=0$ 也就不存在了。这样，方程的个数减少了 2 个，而未知数也减少了 2 个(m,δ_P)，剩下的方程组仍是封闭的。

利用方程组式(4－73)计算得到的导弹运动参数的“稳态值”，对弹体和制导系统的设计都有重要意义。

值得指出的是，对于操纵性能比较好、绕质心转动运动不太激烈的导弹，利用“瞬时平衡”假设导出的质心运动方程组式(4－73)进行弹道计算，可以得到令人满意的结果。当导弹的操纵性能较差，并且绕质心的转动运动比较激烈时，必须考虑导弹绕质心的转动运动对质心运动的影响，否则会导致原则性的错误。

三、导弹在铅垂平面内的质心运动方程组

基于上述假设，简化方程组式(4－69)，就可以得到导弹在铅垂平面内的质心运动方程组

$$\left.\begin{aligned}&m\frac{\mathrm{d}v}{\mathrm{d}t}=P\cos\alpha_B-X-mg\sin\theta\\&mv\frac{\mathrm{d}\theta}{\mathrm{d}t}=P\sin\alpha_B+Y_B-mg\cos\theta\\&\frac{\mathrm{d}x}{\mathrm{d}t}=v\cos\theta\\&\frac{\mathrm{d}y}{\mathrm{d}t}=v\sin\theta\\&\frac{\mathrm{d}m}{\mathrm{d}t}=-m_c\\&\varepsilon_1=0\\&\varepsilon_4=0\end{aligned}\right\}\qquad(4-74)$$

式(4－74)共有 7 个方程，它包含 $v(t),\theta(t),x(t),y(t),m(t),\alpha_B(t),\delta_P(t)$ 等 7 个未知数，由于采用“瞬时平衡”假设，$\delta_z(t)$ 可根据平衡关系式单独求解，所以方程组式(4－74)是封闭的。

四、导弹在水平面内的质心运动方程组

由上述简化假设，可以从运动方程组式(4－71)和(4－72)中简化得到水平面内的质心运动方程组。如果是利用侧滑产生侧向力的情况，且攻角 α 和侧滑角 β 都不大，则导弹在水平面

内的质心运动方程组为

$$\left.\begin{aligned}
& m\frac{\mathrm{d}v}{\mathrm{d}t}-P-X \\
& mg=P\alpha_{\mathrm{B}}+Y_{\mathrm{B}} \\
& -mv\frac{\mathrm{d}\psi_{\mathrm{c}}}{\mathrm{d}t}=-P\beta_{\mathrm{B}}+Z_{\mathrm{B}} \\
& \frac{\mathrm{d}x}{\mathrm{d}t}=v\cos\psi_{\mathrm{c}} \\
& \frac{\mathrm{d}z}{\mathrm{d}t}=-v\sin\psi_{\mathrm{c}} \\
& \frac{\mathrm{d}m}{\mathrm{d}t}=-m_{\mathrm{c}} \\
& \psi=\psi_{\mathrm{c}}+\beta_{\mathrm{B}} \\
& \alpha_{\mathrm{B}}=\vartheta \\
& \varepsilon_2=0 \\
& \varepsilon_4=0
\end{aligned}\right\} \tag{4-75}$$

式(4－75)中含有 $v(t)$，$\psi_{\mathrm{c}}(t)$，$x(t)$，$z(t)$，$m(t)$，$\psi(t)$，$\alpha_{\mathrm{B}}(t)$，$\beta_{\mathrm{B}}(t)$，$\vartheta(t)$，$\delta_P(t)$等 10 个未知数。至于舵角 $\delta_z(t)$，$\delta_y(t)$，可利用瞬间平衡关系式求得。

五、理想弹道、理论弹道、实际弹道

把导弹看作是一个可操纵质点，认为控制系统是理想工作，且不考虑导弹绕质心转动、不考虑外界的各种干扰，由此所求得的飞行轨迹称“理想弹道”。理想弹道又是一种理论弹道。分别求解方程组式(4－73)～式(4－75)，可以得到导弹在空间或在铅垂平面、水平面内的理想弹道以及主要的飞行性能。

所谓理论弹道，是指将导弹视为某一力学模型(可操纵质点系或刚体，或弹性体)，它作为控制系统的一个环节(控制对象)，将动力学方程、运动学方程、控制系统方程以及附加其他方程(质量变化方程、几何关系方程等)综合在一起，通过数值积分而求得的弹道。方程中所用的弹体结构参数、外形几何参数以及发动机的特性参数均取设计值，大气参数取标准值，控制系统的参数取额定值，方程组的初始条件符合规定值。之所以称为理论弹道，原因也在于此。由此可知，理想弹道是理论弹道的一种简化情况。

导弹在真实飞行中的轨迹称为实际弹道。显然，它不同于理论弹道或理想弹道，而且由于在飞行中有各种随机干扰作用，各发导弹飞行的实际弹道也是不相同的，这是各发导弹的参数和外界飞行环境不可能相同而引起的。

4.4.6 导弹的机动性和过载

导弹的机动性能是导弹飞行性能中的重要特性之一。导弹在飞行中所受到的作用力和所产生加速度的大小，可以用过载来衡量。通常利用过载矢量的概念来评定导弹的机动性，过载与弹体、制导系统的设计有着密切的关系。本节将介绍导弹的机动性和过载的概念、导弹的运动与过载的关系以及导弹设计中常用的几个过载的概念。

一、导弹的机动性和过载概念

所谓导弹的机动性是指导弹可能迅速地改变飞行速度大小和方向的能力。导弹攻击活动的目标，特别是空中机动目标，必须具备良好的机动性能。机动性能是评价导弹飞行性能的重要指标之一。

如何评定导弹的机动性能呢？导弹的机动性可以用切向加速度和法向加速度来表征，它们分别表示导弹能改变飞行速度大小和方向的迅速程度；也可用产生控制力的能力来评定导弹的机动性。作用在导弹的外力中，重力是不可控制的力，而空气动力和推力是可控制的力，控制力反映改变加速度的能力。

我们感兴趣的是利用过载矢量的概念来评定导弹的机动性。下面引出关于过载的概念。设 $\boldsymbol{N}$ 是作用在质量为 m 的导弹上除重力 $\boldsymbol{G}$ 以外的所有外力的合力(即控制力)，则导弹质心的加速度 $\boldsymbol{a}$ 可表示为

$$\boldsymbol{a}=\frac{\boldsymbol{N}+\boldsymbol{G}}{m}$$

如果以重力加速度 g 为度量单位，则得到相对加速度(无量纲值)为

$$\frac{\boldsymbol{a}}{g}=\frac{\boldsymbol{N}}{G}+\frac{\boldsymbol{g}}{g}$$

将其 $\boldsymbol{N}$ 与 G 之比值定义为过载，以 $\boldsymbol{n}$ 表示，即

$$\boldsymbol{n}=\frac{\boldsymbol{N}}{G}$$

所谓导弹的过载，是指作用在导弹上除了重力以外所有外力的合力对导弹所受重力的比值。过载是个矢量，它的方向与控制力 $\boldsymbol{N}$ 方向一致，其模值表示控制力为导弹所受重力的倍数。

过载矢量表征控制力 $\boldsymbol{N}$ 的大小和方向，因此可利用过载矢量来表征导弹的机动性。导引弹道运动学分析中，将引入另一种过载定义。

定义：作用在导弹上的所有外力(包括重力)的合力对导弹重量的比值以 $\boldsymbol{n}'$表示，即

$$\boldsymbol{n}'=\frac{\boldsymbol{N}+\boldsymbol{G}}{G}$$

或表示为

$$\boldsymbol{n}'=\frac{\boldsymbol{a}}{g}$$

显然，由于过载定义的不同，同一情况下的过载值也就不同。

例如，某物体做垂直上升或下降运动，如果其加速度的数值均等于重力加速度 g，则两种不同的过载定义将得出不同的过载值，如图 4－20 所示。若按第二种定义(合力包括重力)来求，在上升或者下降运动时，该物体的过载值都等于 1。而按第一种定义(不包括重力)来求：物体上升时的过载值是 2，这说明在该物体上须施加 2 倍于重量的力，才能使物体以大小为 g 的加速度做上升运动；下降时，物体的过载值为零，这说明在物体上无须施加别的力，就靠自身的所受重力能产生下降的重力加速度。由此可见，按第一种定义求得的过载值，更能说明力和运动之间的关系。因此，我们一般以第一种定义作为过载的表达式。

过载矢量的大小和方向通常是由它在某个坐标系上的投影来确定的。导弹质心运动的动

力学方程可用过载矢量在航迹坐标系各轴上的投影分量来表示；对弹体或部件研究其受力情况并进行强度分析时，需要知道过载矢量在弹体坐标系各轴上的投影。

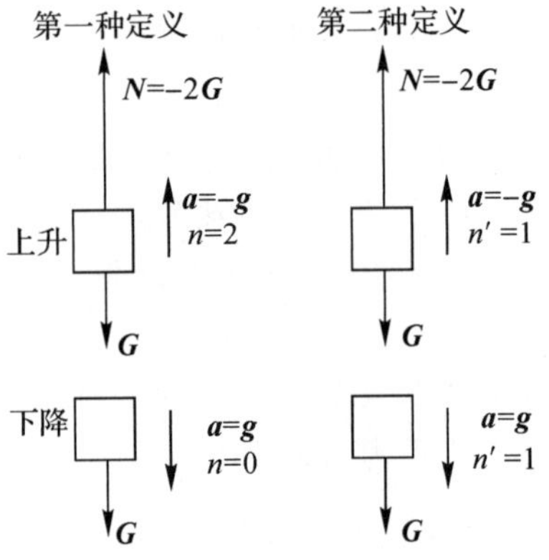

图 4-20 垂直运动中过载的不同定义值

过载矢量 $\boldsymbol{n}$ 在航迹坐标系 $Ox_hy_hz_h$ 各轴上的投影为

$$\left.\begin{aligned} n_{x_h}&=\frac{N_{x_h}}{G}=\frac{1}{G}(P\cos\alpha\cos\beta-X)\\ n_{y_h}&=\frac{N_{y_h}}{G}=\frac{1}{G}[P(\sin\alpha\cos\gamma_c+\cos\alpha\sin\beta\sin\gamma_c)+Y\cos\gamma_c-Z\sin\gamma_c]\\ n_{z_h}&=\frac{N_{z_h}}{G}=\frac{1}{G}[P(\sin\alpha\sin\gamma_c-\cos\alpha\sin\beta\cos\gamma_c)+Y\sin\gamma_c+Z\cos\gamma_c]\end{aligned}\right\}\tag{4-76}$$

过载矢量 $\boldsymbol{n}$ 在速度坐标系 $Ox_vy_vz_v$ 各轴上的投影为

$$\begin{bmatrix} n_{x_v}\\ n_{y_v}\\ n_{z_v}\end{bmatrix}=\boldsymbol{X}_{\gamma_c}\begin{bmatrix} n_{x_h}\\ n_{y_h}\\ n_{z_h}\end{bmatrix}$$

则有

$$\left.\begin{aligned} n_{x_v}&=\frac{1}{G}(P\cos\alpha\cos\beta-X)\\ n_{y_v}&=\frac{1}{G}(P\sin\alpha+Y)\\ n_{z_v}&=\frac{1}{G}(-P\cos\alpha\sin\beta+Z)\end{aligned}\right\}\tag{4-77}$$

式(4-77)也可通过令式(4-76)中 $\gamma_c=0$ 而求得。

过载矢量在速度方向上的投影 n_{x_h} 和 n_{x_v} 称为切向过载；在垂直于速度方向上的投影 n_{y_h}，n_{z_h} 和 n_{z_v} 称为法向过载。

导弹的机动性可以用切向过载和法向过载来评定。显然，切向过载越大，导弹所能产生的切向加速度就越大，这表示导弹的速度值改变得越快，它能更快地接近目标；法向过载越大，导弹所能产生的法向加速度就越大，在相同速度下，导弹改变飞行方向的能力就越大，即导弹能做较弯曲的弹道飞行。因此，导弹过载越大，机动性能就越好。

过载矢量 $\boldsymbol{n}$ 在弹体坐标系 $Ox_ty_tz_t$ 各轴上的投影为

$$\begin{bmatrix} n_{x_t} \\ n_{y_t} \\ n_{z_t} \end{bmatrix} = \boldsymbol{Z}_\alpha \boldsymbol{Y}_\beta \begin{bmatrix} n_{x_v} \\ n_{y_v} \\ n_{z_v} \end{bmatrix} = \begin{bmatrix} n_{x_v}\cos\alpha\cos\beta + n_{y_v}\sin\alpha - n_{z_v}\cos\alpha\sin\beta \\ -n_{x_v}\sin\alpha\cos\beta + n_{y_v}\cos\alpha + n_{z_v}\sin\alpha\sin\beta \\ n_{x_v}\sin\beta + n_{z_v}\cos\beta \end{bmatrix} \tag{4-78}$$

式中，过载矢量在弹体纵轴 Ox_t 上的投影分量 n_{x_t} 称为纵向过载；在垂直于弹体纵轴方向上的投影分量 n_{y_t} 和 n_{z_t} 一般被称为横向过载。

二、运动与过载

过载矢量不仅是评定导弹机动性能的标志，而且它和导弹的运动有密切的关系。

描述导弹质心运动的动力学方程可用过载矢量在航迹坐标系各轴上的分量 n_{x_h}，n_{y_h}，n_{z_h} 表示为

$$\left.\begin{aligned} &\frac{1}{g}\frac{\mathrm{d}v}{\mathrm{d}t} = n_{x_h} - \sin\theta \\ &\frac{v}{g}\frac{\mathrm{d}\theta}{\mathrm{d}t} = n_{y_h} - \cos\theta \\ &-\frac{v}{g}\cos\theta\frac{\mathrm{d}\psi_c}{\mathrm{d}t} = n_{z_h} \end{aligned}\right\} \tag{4-79}$$

式(4－79)左端表示导弹质心的无量纲加速度在航迹坐标系上的三个分量。此式描述导弹质心运动与过载之间的关系，由此可见，用过载来表示导弹质心运动的动力学方程，形式很简单。

同样，过载也可用运动学参数(v，θ，ψ_c 等)来表示，即

$$\left.\begin{aligned} &n_{x_h} = \frac{1}{g}\frac{\mathrm{d}v}{\mathrm{d}t} + \sin\theta \\ &n_{y_h} = \frac{v}{g}\frac{\mathrm{d}\theta}{\mathrm{d}t} + \cos\theta \\ &n_{z_h} = -\frac{v}{g}\cos\theta\frac{\mathrm{d}\psi_c}{\mathrm{d}t} \end{aligned}\right\} \tag{4-80}$$

式(4－80)中参数 v，θ 和 ψ_c 表示飞行速度的大小和方向，式的右边含有这些参数对时间的导数。由此可见，过载矢量的投影表征着导弹改变飞行速度大小和方向的能力。

从式(4－80)可得到某些特殊飞行情况下的过载：

1)在铅垂平面内飞行时，$n_{z_h}=0$；

2)在水平面内飞行时，$n_{y_h}=1$；

3)做直线飞行时，$n_{y_h}=\cos\theta=$常数，$n_{z_h}=0$；

4)做等速直线飞行时，$n_{x_h}=\sin\theta=$常数，$n_{y_h}=\cos\theta=$常数，$n_{z_h}=0$；

5)做水平直线飞行时，$n_{y_h}=1$，$n_{z_h}=0$；

6)做等速水平直线飞行时，$n_{x_h}=0$，$n_{y_h}=1$，$n_{z_h}=0$。

过载矢量的投影不仅能表征导弹改变飞行速度大小和方向的能力，而且还能定性地表示航迹上各点的切向加速度以及飞行航迹的形状。

由式(4－79)可得

$$\left.\begin{aligned}&\frac{dv}{dt}=g(n_{x_h}-\sin\theta)\\&\frac{d\theta}{dt}=\frac{g}{v}(n_{y_h}-\cos\theta)\\&\frac{d\psi_c}{dt}=\frac{-g}{v\cos\theta}n_{z_h}\end{aligned}\right\}\qquad(4-81)$$

由式(4-81)可见：

1)当 $n_{x_h}=\sin\theta$ 时，导弹在该瞬时的飞行是等速的；当 $n_{x_h}>\sin\theta$ 时，导弹在该瞬时的飞行是加速的；当 $n_{x_h}<\sin\theta$ 时，导弹在该瞬时是减速飞行。

2)当研究飞行航迹在铅垂平面 Ox_hy_h 内投影时，如果 $n_{y_h}>\cos\theta$，则 $\frac{d\theta}{dt}>0$，此时航迹向上弯曲；如果 $n_{y_h}<\cos\theta$，此时航迹向下弯曲；如果 $n_{y_h}=\cos\theta$，则航迹在该点处曲率为零。铅垂面内航迹形状与 n_{y_h} 的关系如图 4-21 所示。

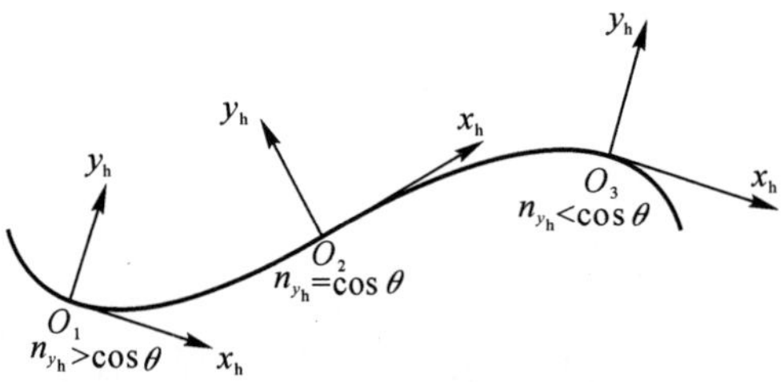

图 4-21 铅垂面内航迹形状与 n_{y_h} 的关系

当研究飞行航迹在坐标平面 Ox_hy_h 内的投影时，如果 $n_{z_h}>0$，则 $\frac{d\psi_c}{dt}<0$，此时航迹向右弯曲；如果 $n_{z_h}<0$，则 $\frac{d\psi_c}{dt}>0$，此时航迹向左弯曲；如果 $n_{z_h}=0$，则航迹在该点处曲率为零。Ox_hz_h 平面内航迹形状与 n_{z_h} 的关系，如图 4-22 所示。

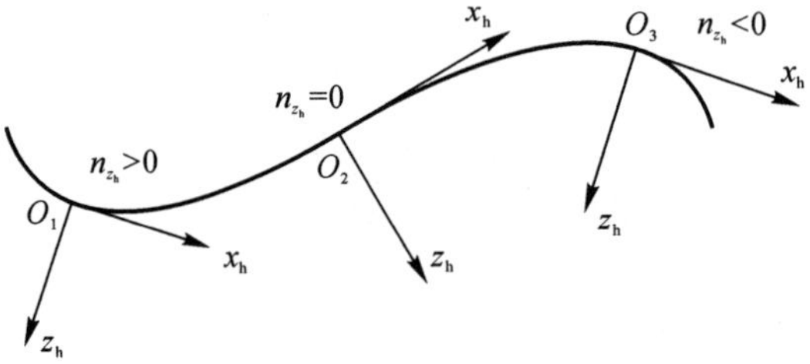

图 4-22 Ox_hz_h 平面内航迹形状与 n_{z_h} 的关系

三、航迹曲率半径与法向过载的关系

建立航迹曲率半径与法向过载之间的关系，对研究航迹特性也是必要的。现在来建立法向过载与航迹曲率半径之间的关系。

如果导弹在铅垂平面内运动，那么航迹上某点的曲率 K 就是该点处的弹道倾角 θ 对航迹弧长 s 的导数，即

$$K=\frac{d\theta}{ds}$$

而该点的曲率半径 ρ_{y_h} 则为曲率 K 的倒数，所以有

$$\rho_{y_h}=\frac{ds}{d\theta}=\frac{v}{d\theta/dt} \tag{4-82}$$

将式(4-81)的第二个方程代入上式可得到

$$\rho_{y_h}=\frac{v^2}{g(g_{y_h}-\cos\theta)} \tag{4-83}$$

式(4-83)表明：在给定速度 v 的情况下，法向过载 n_{y_h} 越大，曲率半径越小，在该点处航迹越弯曲，导弹转弯速率就越大；若在同样的法向过载 n_{y_h} 下，随着飞行速度 v 的增加，航迹曲率半径就增加。这说明导弹飞得越快，它越不容易转弯。

如果导弹在 Ox_hz_h 平面内飞行，同理，其曲率半径 ρ_{z_h} 可写成

$$\rho_{z_h}=\frac{ds}{d\psi_c}=-\frac{v}{d\psi_c/dt} \tag{4-84}$$

将式(4-81)的第三个方程带入式(4-84)可得到

$$\rho_{z_h}=\frac{v^2\cos\theta}{gn_{z_h}} \tag{4-85}$$

四、需用过载、极限过载和可用过载

在弹体和控制系统设计中，常用到过载的概念。导弹的飞行过载决定了弹上各部件、各种仪器所受的载荷，而外载荷是弹体设计和控制系统设计的重要原始数据之一。因此，在设计某些部件或仪器时，需要考虑导弹在飞行中所受的过载。在设计中，一方面为了保证部件或仪器在飞行中能正常地工作，另一方面也是根据导弹战术技术要求的规定，它们承受的过载不得超过某个数值，此值就决定了这些部件或仪器可能受到的最大载荷。

在导弹设计时，还用到需用过载、极限过载和可用过载的概念，下面分别进行介绍。

1. 需用过载

导弹的需用过载是指导弹按给定的弹道飞行时所需要的过载，以 n_R 表示，其值可由解算航迹方程求出运动参数再代入式(4-81)中算出。需用过载是飞行弹道的一个很重要的特性。

需用过载必须满足导弹的战术技术要求，例如：满足针对所要攻击的目标特性的要求，攻击机动性能良好的空中目标，则导弹沿给定的导引律飞行所需的法向过载必然要大；满足导弹主要飞行性能的要求；满足作战空域、可攻击区的要求等。

从设计和制造的观点来看，希望需用过载在满足导弹战术技术要求的前提下越小越好。因为需用过载越小，飞行中导弹所承受的载荷就越小，这对弹体结构、弹上仪器和设备的正常工作以及减小导引误差(特别是在临近目标时)都是有利的。

2. 极限过载

需用过载必须满足导弹的战术技术要求，这是其中一个方面，即“需要”；导弹在飞行过程中能否产生那么大的过载是另一方面，即“可能”。因为一枚导弹有一定的外形和几何尺寸，它在给定的飞行高度和速度下只能产生有限的过载。如果导弹在实际飞行中所能产生的过载大于或等于需用过载，那么它就能沿着要求(给定)的理论弹道飞行；如果小于需用过载，尽管控

制系统能正常工作，但由于导弹所能产生的最大过载小于沿要求（给定）航迹飞行所需要的过载值，导弹就不可能继续沿着所要求（给定）的航迹飞行，导致导弹脱靶。

在给定的飞行高度和速度情况下，导弹在飞行中所能产生的过载取决于攻角 α、侧滑角 β 及操纵机构（舵面）的偏转角 δ_z，δ_y。

现在来建立它们之间的关系。在飞行攻角和侧滑角都不太大的情况下。导弹具有线性空气动力特性，对于轴对称型导弹，这时有

$$\left.\begin{aligned} Y &= Y^{\alpha}\alpha + Y^{\delta_z}\delta_z \\ Z &= Z^{\beta}\beta + Z^{\delta_y}\delta_y \end{aligned}\right\} \tag{4-86}$$

若忽略 $m_z^{\overline{\omega}_z}$，$m_y^{\overline{\omega}_y}$，$m_z^{\bar{\alpha}}$，$m_y^{\bar{\beta}}$，$m_y^{\bar{\delta}_y}$ 等力矩系数中较小的项，则导弹的平衡条件为

$$\left.\begin{aligned} m_z^{\alpha}\alpha + m_z^{\delta_z}\delta_z &= 0 \\ m_y^{\beta}\beta + m_y^{\delta_y}\delta_y &= 0 \end{aligned}\right\} \tag{4-87}$$

将式(4-87)代入式(4-86)中，消去操纵机构（舵面）的偏转角，并将其结果代入式(4-76)中的第二、第三个方程，若 α，β，γ_c 比较小，经简化整理后就得到平衡时的法向过载和攻角、侧滑角的关系如下：

$$\left.\begin{aligned} n_{y_h}B &= n_{y_hB}^{\alpha}\alpha \\ n_{z_h}B &= n_{z_hB}^{\beta}\beta \end{aligned}\right\} \tag{4-88}$$

式中

$$\left.\begin{aligned} n_{y_h B}^{\alpha} &= \frac{1}{G}\left(\frac{P}{57.3} + Y^{\alpha} - \frac{m_z^{\alpha}}{m_z^{\delta_z}}Y^{\delta_z}\right) \\ n_{z_h B}^{\beta} &= \frac{1}{G}\left(-\frac{P}{57.3} + Z^{\beta} - \frac{m_y^{\beta}}{m_y^{\delta_y}}Z^{\delta_y}\right) \end{aligned}\right\} \tag{4-89}$$

这里攻角 α 和侧滑角 β 的单位是度。由式(4-88)可见，平衡飞行时，导弹的法向过载正比于该瞬时的 α 和 β。但是，飞行攻角和侧滑角是不能无限大的，它们的最大允许值与许多因素有关。例如，随着 α 或 β 的增加，导弹的静稳定度通常是减小的，甚至在大攻角或侧滑角情况下，导弹变成静不稳定的。这时，操纵角运动的控制系统的设计比较困难，因为自动驾驶仪不可能在各种飞行状况下都能得到满意的特性。因此，必须将 α 和 β 限制在比较小的数值范围内（通常为 $8°\sim12°$），使力矩特性曲线近乎是线性的。攻角和侧滑角的最大允许值取决于导弹的气动布局和飞行马赫数。飞行攻角或侧滑角最大允许值还受其临界值限制。如果导弹的飞行攻角或侧滑角达到临界值，此时导弹的升力系数或侧向力系数达到最大值，若再继续增大 α 和 β，升力系数或侧向力系数就会急剧下降，导弹将会飞行失速。显然，攻角或侧滑角的临界值是一种极限情况。

导弹的极限过载是指攻角或侧滑角达到临界值时所对应的过载，以 n_L 表示。

3. 可用过载

类似地将式(4-87)代入式(4-86)中，消去 α 和 β，并经简化，得到平衡时的法向过载和操纵机构（舵面）偏转角之间的关系：

$$\left.\begin{aligned} n_{y_hB} &= n_{y_hB}^{\delta_z}\delta_z \\ n_{z_hB} &= n_{z_hB}^{\delta_y}\delta_y \end{aligned}\right\} \tag{4-90}$$

式中

$$\left.\begin{aligned} n_{y_{\mathrm{h}}\mathrm{B}}^{\delta_z}=\frac{1}{G}\left[-\frac{m_z^{\delta_z}}{m_z^{\alpha}}\left(\frac{P}{57.3}+Y^{\alpha}\right)+Y^{\delta_z}\right] \\ n_{z_{\mathrm{h}}\mathrm{B}}^{\delta_y}=\frac{1}{G}\left[-\frac{m_y^{\delta_y}}{m_y^{\beta}}\left(Z^{\beta}-\frac{P}{57.3}\right)+Z^{\delta_y}\right] \end{aligned}\right\} \tag{4-91}$$

由式(4－90)可知，导弹所能产生的法向过载与操纵机构(舵面)的偏转角 δ_z，δ_y 成正比，而 δ_z，δ_y 的大小亦会受一些因素限制。

例如，升降舵的最大偏转角 $\delta_{z\max}$ 与下列因素有关。

(1)攻角临界值：对于轴对称导弹，平衡条件下，有

$$\delta_{z\max}<\left|\frac{m_z^{\alpha}}{m_z^{\delta_z}}\alpha_{c\tau\mathrm{B}}\right| \tag{4-92}$$

式中，$\alpha_{c\tau\mathrm{B}}$ 为平衡攻角的临界值。

(2)舵面效率：操纵机构(舵面)的效率随着偏转角的增大而降低。如果舵面处在弹身尾部(正常式)，舵面处的平均有效攻角限制在 20°以内，则可用下式来限制最大舵偏角：

$$\delta_{z\max}<20\Big/\left[1-\frac{m_z^{\delta_z}}{m_z^{\alpha}}(1-\varepsilon^{\alpha})\right] \tag{4-93}$$

式中，ε^{α} 为单位攻角的下洗。

由式(4－93)决定的限制值往往比由式(4－92)决定的限制值大很多。

(3)结构强度：要避免由舵面最大偏转角 $\delta_{z\max}$ 决定的法向过载过大而使弹体结构受到破坏。

综合考虑影响 $\delta_{z\max}$ 的各种因素，就可以确定 $\delta_{z\max}$ 的数值。

导弹的可用过载是指操纵机构(舵面)偏转到最大，处于平衡状态时，导弹所能产生的过载，以 n_P 表示。可用法向过载表征导弹产生法向控制力的实际能力。若要求导弹沿着导引规律所要求的理论弹道飞行，那么在这条弹道上的任一点，可用过载都要大于或等于需用过载。否则，导弹就不可能按照所要求的弹道飞行，从而导致脱靶。

因此，在确定导弹的可用过载时，既必须考虑到保证导弹具有足够的机动性能，又必须考虑到上述因素的限制。由最大舵偏角确定的可用过载，在考虑安全系数以后，将作为强度校核的依据。

在实际飞行过程中，各种干扰因素总是存在的，因此在导弹设计中，必须留有一定的过载余量，用以克服各种扰动因素导致的附加过载。所以有

$$n_P \geqslant n_{\mathrm{R}}+\Delta n$$

式中，Δn 为过载裕量。

综上所述，需要过载 n_P，可用过载 n_P 和极限过载 n_{L} 在一般情况下应满足如下不等式：

$$n_{\mathrm{L}}>n_P>n_{\mathrm{R}}$$

第 5 章　空空导弹的制导与攻击

5.1　空空导弹瞄准发射方式

空空导弹攻击目标时，载机做机动占位飞行，为构成导弹发射条件，需使飞机（导弹）的纵轴指向要求的方向。按发射导弹时的载机（导弹）纵轴瞄准方向可分为追踪发射、前置发射、离轴发射和后射/越肩发射。

5.1.1　追踪发射

追踪发射时，载机纵轴 OX_F、导弹纵轴 OX_M 均直接对准目标，如图 5－1 所示。这时导引头光轴（或天线轴）不做任何偏转，处于定轴状态，导引头轴 OX_H 与导弹纵轴 OX_M 一致，目标落在导引头视场角 Δ 范围内。如果载机与目标的距离满足导引头作用距离要求，导引头即捕获目标。当目标处于导弹动力射程之内时，即可发射导弹。

追踪发射方式对载机的占位要求较苛刻，载机对目标瞄准的允许误差较小，如果载机瞄准目标的误差大于导引头的视场角，这时导引头无法捕获目标，不能构成导弹发射条件，不允许发射导弹。采用追踪发射方式，弹道初始段需用过载较大，导弹需做大机动飞行，对导引精度产生不利的影响。但这种发射方式对火控系统要求较低，无需火控系统提供目标方位、高低角信号，导引头也不需具有离轴的功能。早期的空空导弹，如美国的响尾蛇 AIM－98 导弹，苏联的 K－13 导弹，采用的就是追踪发射方式。

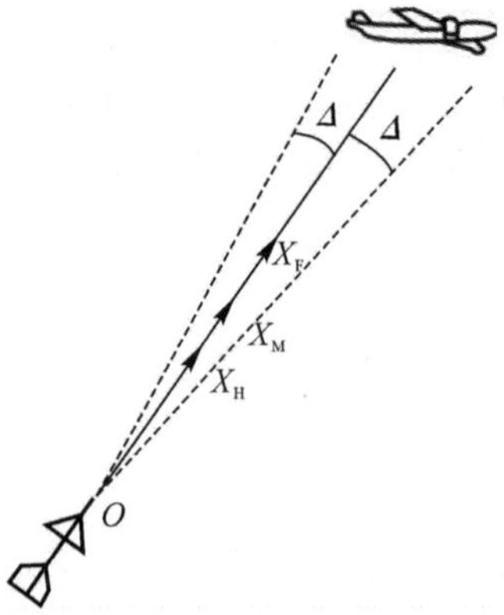

图 5－1　追踪发射时，导弹瞄准着目标

为了降低载机发射导弹时的占位要求，增加载机发射导弹的允许范围，有的导弹采用定轴扫描发射方式。该发射方式是在追踪发射方式的基础上，增加了导引头的扫描功能，使导引头在发射前围绕导弹纵轴做一定图形的扫描搜索运动，扩大了导引头的探测范围。当导引头在搜索空域内发现并捕获目标时，即可自动转入跟踪状态并发射导弹。

5.1.2　前置发射

前置发射时，载机纵轴 OX_F、导弹纵轴 OX_M 瞄准前置碰撞点 C，导引头的天线（或光学系统）相对弹轴偏转角度 θ_H，它对准目标，处于离轴状态，如图 5－2 所示。前置发射时，由于导弹对准着前置碰撞点，所以弹道较平直，导弹需用过载较小，对导引精度有利。

前置发射要求火控系统给导引头输入目标相对载机的方位、高低角信号，导引头如有离轴功能，可根据该信号做离轴偏转，使导引头的天线（或光学系统）指向目标。前置发射所需的前置角 θ_H 与目标、导弹速度及攻击方位有关，在侧向攻击时该角最大，迎头、尾后攻击时较小。

中距拦射导弹，如美国的麻雀 AIM－7F 导弹，英国的天空闪光导弹，均采用这种发射方式。

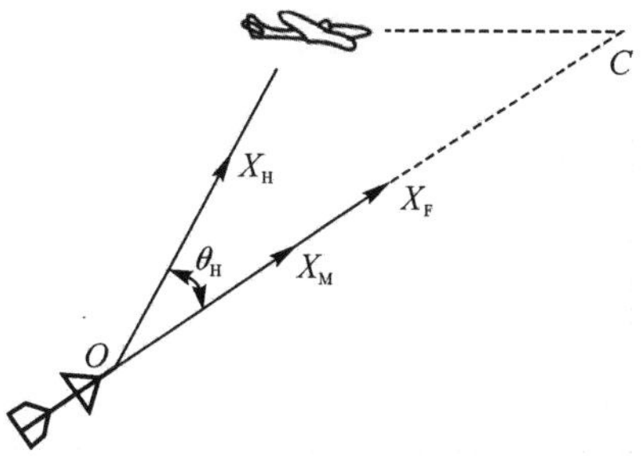

图 5－2　前置发射时导弹指向前置碰撞点

5.1.3　离轴发射

现代空战要求实现先敌发射的战术原则。为此要求载机尽量少做占位机动，从而使导弹可攻击载机轴线以外的目标，这就需要导弹可截获轴线以外的目标，而不论目标处于后置或前置方向，这种情况下发射导弹称为离轴发射。实战表明，为了尽早发射导弹，多数情况属后置发射。

离轴发射时，载机纵轴 OX_F 与导弹纵轴 OX_M 的碰撞点处于目标的后方，导引头的天线（或光学系统）轴 OX_H 对准目标，相对弹轴偏转一角度 θ_H，处于离轴状态，如图 5－3 所示。

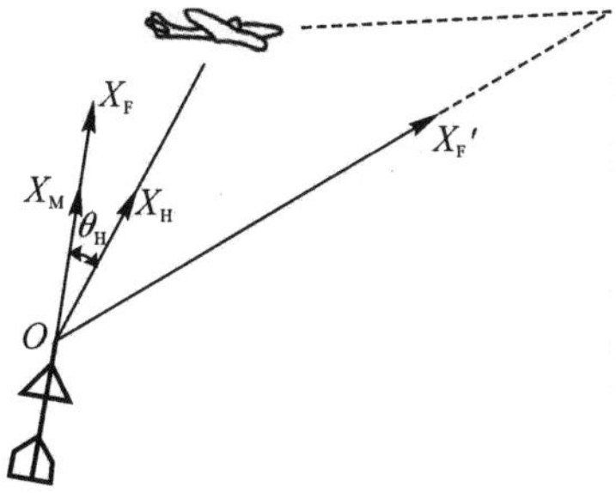

图 5－3　离轴发射

离轴发射与前置发射相似,除了需要火控系统给导引头提供目标方位、高低角信号,导引头具有离轴并与机载雷达随动等功能外,还需要导弹有比前置发射导弹大得多的机动能力。因此,具有离轴发射能力的导弹,必定具有前置发射能力。

因为空战的格斗方式是敌我双方都做大机动飞行,获得发射导弹的战机很难,所以一般格斗型导弹均采用离轴发射方式。这样载机纵轴处于 OX_F 与 OX_F' 夹角范围之内时均可发射导弹,因此载机允许发射导弹的范围就会大很多。

为了使导弹实施离轴发射,火控系统除了采用机载跟踪雷达外,近来很多载机采用头盔瞄准具。头盔瞄准具借助于飞行员的瞄准视线,可十分方便地为导弹提供离轴信号。

美国的响尾蛇 AIM-9L/M 导弹、以色列的怪蛇Ⅲ导弹都具有良好的离轴发射能力。

5.1.4 后射/越肩发射

后射/越肩发射(见图 5-4)是指对于尾后跟踪目标,本机在不须做较大机动,无须将载机纵轴指向目标的情况下,借助机载设备,向前发射导弹或向后发射导弹,对尾后目标直接实施导弹攻击的方式。这种方式拓宽了原有的全向攻击概念,摆脱了围绕敌机寻求攻击机会的被动地位,为空战开辟了一条主动攻击的途径。

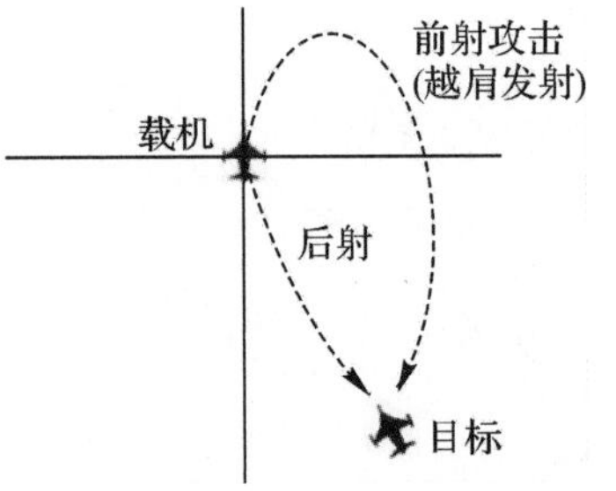

图 5-4 导弹纵轴指向目标后方

后射/越肩发射是 20 世纪 90 年代在俄罗斯最先兴起的新型机载火控技术,但引起后射/越肩发射的根源却由来已久。空战的最大威胁往往来自尾后,空战各方都在考虑如何用空空武器直接攻击尾后目标,以达到对后方威胁的自卫效果。美国空军从 20 世纪 70 年代就开始研究轰炸机的自卫问题,曾经企图用向后攻击导弹作为 B-1 轰炸机的主要自卫手段。当时,国外军事评论家们预测,在苏联的新型战略轰炸机上,也一定会看到像美国一样的高性能远距空空自卫导弹的出现。但此后很长一段时间没有关于这方面的消息,直到 1993 年英国《简氏防务周刊》(*Jane's Defense Weekly*)发表了题为 *Su-35s to have "over the shoulder" ability* 的报道后,后射/越肩发射才真正成为一种新型的机载火控技术,引起国际航空界的关注。之后,这种技术在俄罗斯、美国等军事发达国家得到了深入的研究并逐步向工程应用阶段转化。

5.2 导弹的制导方法

5.2.1 概述

按制导方法的不同,弹道分为方案弹道和导引弹道。方案弹道是按预定的飞行方案飞行时导弹质心运动的轨迹;导引弹道是根据目标运动特性,以某种导引方法将导弹导向目标时导弹质心运动的轨迹。空空导弹、地空导弹、空地导弹的弹道以及巡航导弹的末段弹道都是导引弹道。导引方法反映导弹制导系统的工作规律。导引导弹的制导系统有自动瞄准（或称自动寻的）和遥远控制两种基本类型，也有两者兼用的，称复合制导。

所谓自动瞄准制导是由装在导弹上的敏感器（导引头）感受目标辐射或反射的能量，自动形成制导指令，控制导弹飞向目标的制导技术。自动瞄准制导系统由装在导弹上的导引头、指令计算装置和导弹控制装置组成。由于制导系统全部装在弹内，所以导弹本身装置比较复杂，但制导精度比较高。

所谓遥控制导是由制导站（如载机）的测量装置和制导计算装置测量导弹相对目标的位置或速度，按预定规律加以计算处理形成制导指令，导弹接收指令，并通过姿态控制系统控制导弹，使它沿着适当的弹道飞行，直至命中目标。制导站可设在地面、空中或海上。遥控制导的优点是弹内装置较简单，作用距离较远，但制导过程中制导站不能撤离，易被敌方攻击。导弹离制导站越远，制导精度越差。

导引弹道的特性主要取决于导引方法和目标的运动特性。对于已经确定的某种导引方法，导弹导引弹道的主要研究内容有弹道过载、导弹速度、飞行时间、射程和脱靶量等，这些参数最终影响导弹的命中率。

根据导弹和目标的运动学关系可把导引方法按下列情况来分类：

(1)根据导弹速度矢量与目标线（导弹目标连线，又称视线）相对位置的不同，可将导引方法分为追踪法（两者重合）、常值前置角法（导弹速度矢量超前一个常值角度）等；

(2)根据目标线在空间变化规律的不同，可将导引方法分为平行接近法（目标线在空间只做平行移动）、比例导引法（导弹速度矢量的转动角速度与目标线的转动角速度成比例）等；

(3)根据导弹纵轴与目标线相对位置的不同，可将导引方法分为直接法（两者重合）、常值目标方位角法（导弹纵轴超前一个常值角度）等；

(4)根据“制导站-导弹”连线与“制导站-目标”连线相对位置的不同，可将导引方法分为三点法（两连线重合）、前置量法（“制导站-导弹”连线超前，前置量法又称角度法）。

对导引弹道的研究是以经典力学定律为基础的。在导弹和制导系统初步设计阶段，为了简化研究，通常采用运动学分析方法。该分析方法基于以下假设：①将导弹、目标和制导站的运动视为质点运动；②制导系统的工作是理想的；③导弹速度是关于时间的已知函数；④目标和制导站的运动规律是已知的。这样就避开了质点系的动力学问题。针对假想目标的某些典型轨迹，先确定导引弹道的基本特性。由此得出的导引弹道是可控质点的运动学弹道。导引弹道的运动学分析虽是近似的，但它是最简单的研究方法。

为了简化研究，假设导弹、目标和制导站始终在同一固定平面内运动。该平面称为攻击平面。攻击平面可能是铅垂平面，也可能是水平面或倾斜平面。

本节应用导引弹道的运动学分析方法研究几种常见导引方法的弹道特性，其目的是选择合适的导引方法，改善现有导引方法存在的某些缺点，为寻找新的导引方法提供依据。分析各种导引方法的弹道特性是制导系统设计和导弹飞行力学研究的重要课题之一。

5.2.2　相对运动方程

相对运动方程是描述导弹、目标以及制导站之间相对运动关系的方程。建立相对运动方程是导引弹道运动学分析方法的基础。相对运动方程习惯上被建立在极坐标系中，这样的表现形式最简单。下面分别建立自动瞄准制导和遥控制导的相对运动方程。

一、自动瞄准制导的相对运动方程

自动瞄准制导的相对运动方程实际上是描述导弹与目标之间相对运动关系的方程。

假设在某一时刻，目标位于 T 点，导弹位于 M 点。连线 MT 称为目标瞄准线（简称为目标线或视线)。选取基准线(或称参考线)AX,该线可任意选择,其位置的不同不会影响导弹与目标之间的相对运动特性,而只影响相对运动方程的繁简程度。为简单起见,一般选取攻击平面内的水平线作为基准线;若目标做直线飞行,则选取目标的飞行方向为基准线方向最为简便。

根据导引弹道的运动学分析方法,假设导弹与目标的相对运动方程可以用定义在攻击平面内的极坐标参数 r,q 的变化规律来描述,如图 5-2 所示。

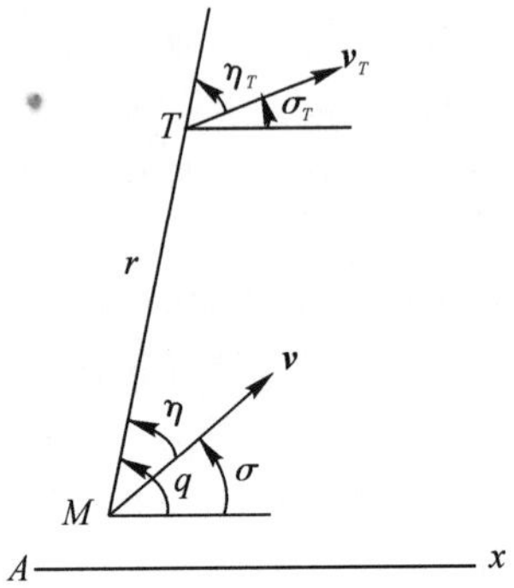

图 5-5　导弹与目标的相对位置

图 5-5 中所示的参数分别定义如下:

r——导弹相对目标的距离,当导弹命中目标时的,$r=0$。

q——目标线与基准线之间的夹角,称为目标线方位角(简称目标线角)。当从基准线逆时针转到目标线上时,q 为正。

σ,σ_T——导弹、目标速度矢量与基准线之间的夹角,称为导弹弹道角和目标航向角。分别以导弹、目标所在位置为原点,当由基准线逆时针旋转到各自的速度矢量上时,则 σ,σ_T 为正。当攻击平面为铅垂面时,σ 就是航迹倾角 θ;当攻击平面为水平面时,σ 就是航迹偏转角 ψ_c。

η,η_T——导弹、目标速度矢量与目标线之间的夹角,分别称为导弹速度矢量前置角和目标速度矢量前置角(简称为前置角)。分别以导弹、目标为原点,当从各自的速度矢量逆时针旋转到目标线上时,η,η_T 为正。

自动瞄准制导的相对运动方程是描述相对距离 r 和目标线角 q 变化率的方程。根据图 5-5 所示的导弹与目标之间的相对运动关系就可以直接建立相对运动方程。将导弹速度矢量 $\boldsymbol{v}$ 和目标速度矢量 $\boldsymbol{v}_T$ 分别沿目标线的方向及其法线方向分解:沿目标线分量 $v\cos\eta$ 指向目标,它使相对距离 r 减小;而分量 $v_T\cos\eta_T$ 背离导弹,它使相对距离 r 增大。显然有

$$\frac{\mathrm{d}r}{\mathrm{d}t}=v_T\cos\eta_T-v\cos\eta$$

沿目标线的法线分量 $v\sin\eta$ 使目标线以目标所在位置为原点逆时针旋转,目标线角 q 增大;而分量 $v_T\sin\eta_T$ 使目标线以导弹所在位置为原点顺时针旋转,目标线角 q 减小。于是有

$$\frac{\mathrm{d}q}{\mathrm{d}t}=\frac{1}{r}(v\sin\eta-v_T\sin\eta_T)$$

同时考虑到图 5-5 所示角度间的几何关系以及导引关系方程,可得自动瞄准制导的相对

运动方程组：

$$\left.\begin{aligned}&\frac{\mathrm{d}r}{\mathrm{d}t}=v_T\cos\eta_T-v\cos\eta\\&r\frac{\mathrm{d}q}{\mathrm{d}t}=v\sin\eta-v_T\sin\eta_T\\&q=\sigma+\eta\\&q=\sigma_T+\eta_T\\&\varepsilon_1=0\end{aligned}\right\}\tag{5-1}$$

式(5－1)也可以通过推导矢量关系得出，如图 5－6 所示。设 $\boldsymbol{i}$ 沿弹目相对位置矢量 $\boldsymbol{r}$ 的切线方向，$\boldsymbol{j}$ 沿其法线方向，则根据右手定则可以确定 $\boldsymbol{k}$ 的方向。

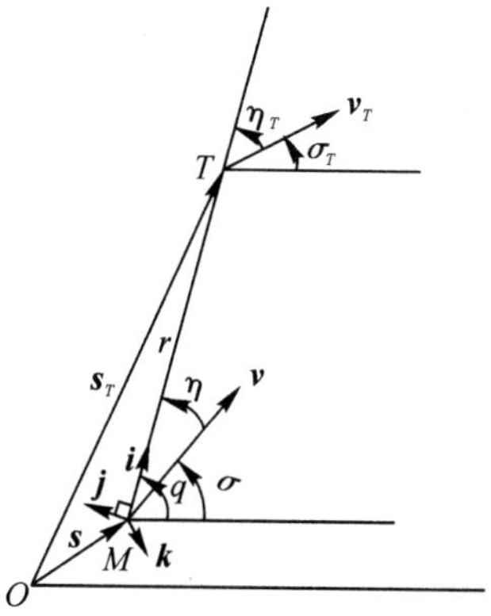

图 5－6　导弹与目标相对位置矢量图

弹目相对位置矢量 $\boldsymbol{r}$ 可表示为目标位置矢量和导弹位置矢量的差，即

$$\boldsymbol{r}=\boldsymbol{s}_T-\boldsymbol{s}$$

求导可得

$$\frac{\mathrm{d}\boldsymbol{r}}{\mathrm{d}t}=\boldsymbol{v}_T-\boldsymbol{v}$$

弹目相对位置矢量的变化率可以分解为切向变化和法向变化，即

$$\frac{\mathrm{d}\boldsymbol{r}}{\mathrm{d}t}=(v_T\cos\eta_T-v\cos\eta)\boldsymbol{i}+(v\sin\eta-v_T\sin\eta_T)\boldsymbol{j}$$

由矢量求导法则对 $\boldsymbol{r}$ 求导，可得

$$\frac{\mathrm{d}\boldsymbol{r}}{\mathrm{d}t}=\frac{\mathrm{d}r}{\mathrm{d}t}\boldsymbol{i}+\frac{\mathrm{d}\boldsymbol{q}}{\mathrm{d}t}\times\boldsymbol{r}$$

根据向量叉乘法则可得

$$\frac{\mathrm{d}\boldsymbol{q}}{\mathrm{d}t}\times\boldsymbol{r}=\begin{vmatrix}\boldsymbol{i}&\boldsymbol{j}&\boldsymbol{k}\\0&0&\dot{q}\\r&0&0\end{vmatrix}=r\dot{q}\boldsymbol{j}$$

取角度逆时针旋转为正方向，将上述等式进行整理后可以得到与式(5－1)一致的结果：

$$\begin{cases}\dfrac{\mathrm{d}r}{\mathrm{d}t}=v_T\cos\eta_T-v\cos\eta\\[2mm] r\dfrac{\mathrm{d}q}{\mathrm{d}t}=v\sin\eta-v_T\sin\eta_T\end{cases}$$

从上述推导中可以看出 v_T 和 v 对 $\dot{r}$,$\dot{q}$ 的影响如下：

1)目标线角的变化率 $\dot{q}$ 随着目标速度 v_T 的变大而变小,随导弹速度 v 的变大而变大。

2)弹目相对距离的变化率 $\dot{r}$ 随目标速度 v_T 的变大而增加,随导弹速度 v 的变大而减少。

式(5－1)中,$\varepsilon_1=0$ 为描述导引方法的导引关系方程(或称理想控制关系方程)。在自动瞄准制导中常见的导引方法有追踪法、平行接近法、比例导引法,相应的导引关系方程如下：

(1)追踪法：

$$\eta=0,\ \varepsilon_1=\eta=0$$

(2)平行接近法：

$$q=q_0=\text{常数},\ \varepsilon_1=\frac{dq}{dt}=0$$

(3)比例导引法：

$$\dot{\sigma}=K\dot{q},\ \varepsilon_1=\dot{\sigma}-K\dot{q}=0。$$

上述方程组中,$v(t)$,$v_T(t)$,$\eta_T(t)$或 $\sigma_T(t)$为已知,方程组中只含有 $r(t)$,$q(t)$,$\sigma_T(t)$[或 $\eta_T(t)$],$\sigma(t)$,$\eta(t)$5 个未知参数,因此方程组是封闭的,可以求得确定解。根据 $r(t)$,$q(t)$可获得导弹相对目标的运动轨迹,该轨迹称为导弹的相对弹道(即观察者在目标上所观察到的导弹运动轨迹)。若已知目标相对地面坐标系(惯性坐标系)的运动轨迹,则通过换算可获得导弹相对地面坐标系的运动轨迹——绝对弹道。

二、遥控制导的相对运动方程

遥控制导导弹受弹外制导站导引。导弹的运动特性不仅与目标的运动状态有关,而且与制导站的运动状态有关。制导站可能是活动的(如空空导弹或空地导弹的制导站在载机上),也可能是固定不动的(如地空导弹的制导站通常是在地面固定不动的)。因此,建立遥控制导的相对运动方程组,还需要考虑制导站的运动状态对导弹运动的影响。在导引弹道运动学分析中,假设制导站为运动质点,且其运动状态是已知的时间函数,并认为导弹、制导站、目标始终在某一攻击平面内运动。

建立遥控制导的相对运动方程组是通过导弹与制导站之间的相对运动关系以及目标与制导站之间的相对运动关系来描述的。在某一时刻,制导站处在 C 点位置、导弹处在 M 点位置、目标处在 T 点位置,它们之间的相对运动关系如图 5－7 所示。

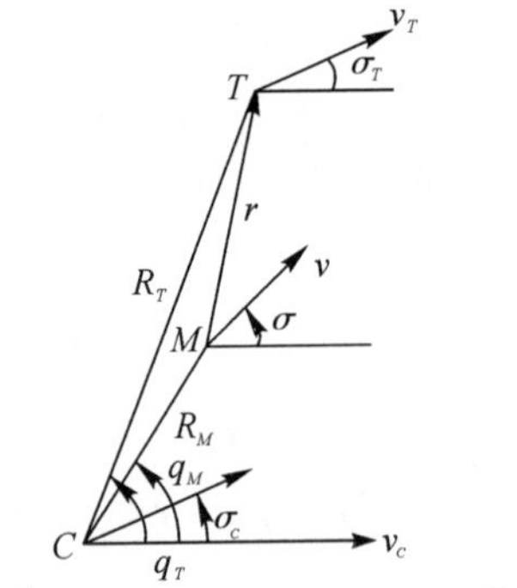

图 5－7　导弹、目标与制导站的相对位置

图中所示的参数分别定义如下：

R_T——制导站与目标的相对距离；

R_M——制导站与导弹的相对距离；

σ_T,σ,σ_C——目标、导弹、制导站的速度矢量分别与基准线之间的夹角。

q_T,q_M——制导站-目标连线与基准线、制导站-导弹连线与基准线之间的夹角。

根据图 5-7，仿照上述建立自动瞄准制导的相对运动方程组的方法，就可以得到遥控制导的相对运动方程组，即

$$\left.\begin{aligned}&\frac{\mathrm{d}R_M}{\mathrm{d}t}=v\cos(q_M-\sigma)-v_C\cos(q_M-\sigma_C)\\&R_M\frac{\mathrm{d}q_M}{\mathrm{d}t}=-v\sin(q_M-\sigma)+v_C\sin(q_M-\sigma_C)\\&\frac{\mathrm{d}R_T}{\mathrm{d}t}=v_T\cos(q_T-\sigma_T)-v_C\cos(q_T-\sigma_C)\\&R_T\frac{\mathrm{d}q_T}{\mathrm{d}t}=-v_T\sin(q_T-\sigma_T)-v_C\sin(q_T-\sigma_C)\\&\varepsilon_1=0\end{aligned}\right\}\tag{5-2}$$

在遥控制导中常见的导引方法有三点法、前置量法等，其相应的导引关系方程如下：

(1)三点法：

$$q_M=q_T$$

(2)前置量法：

$$q_M-q_T=C_q(R_T-R_M)$$

又因为式(5-2)中，$v(t)$，$v_T(t)$，$v_C(t)$，$\sigma_T(t)$，$\sigma_C(t)$为已知时间函数，$R_M(t)$，$R_T(t)$，$q_M(t)$，$q_T(t)$，$\sigma(t)$为未知数，因此，可以获得确定解。

由上述建立的相对运动方程组可见，相对运动方程组与作用在导弹上的力无直接关系，故称相对运动方程组为运动学方程组。单独求解该方程组所得到的弹道，称为运动学弹道。

5.2.3　追踪法

所谓追踪法是指导弹在攻击目标的导引过程中，导弹的速度矢量始终指向目标的一种导引方法。如图 5-8 所示，这种方法要求导弹速度矢量的前置角 η 始终等于零。因此，追踪法导引关系方程为

$$\varepsilon_1=\eta=0$$

一、弹道方程

追踪法导引时，导弹与目标之间的相对运动方程组为

$$\left.\begin{aligned}&\frac{\mathrm{d}r}{\mathrm{d}t}=v_T\cos\eta_T-v\\&r\frac{\mathrm{d}q}{\mathrm{d}t}=-v_T\sin\eta_T\\&q=\sigma_T+\eta_T\end{aligned}\right\}\tag{5-3}$$

若 v，v_T 为和 σ_T 为已知的时间函数，则式(5-3)还包含 3 个未知参数，即 r，q 和 η_T。给出初始值 r_0，q_0，η_{T_0}，用数值积分法可以得到相应的特解。

为了得到解析解，从而了解追踪法导引的一般特性，必须做以下假定：目标做等速直线运动，导弹做等速运动。

取基准线平行于目标的运动轨迹，这时 $\sigma_T=0, q=\eta_T$，则式(5-3)可改写为

$$\left.\begin{aligned}\frac{dr}{dt}&=v_T\cos q-v\\ r\frac{dq}{dt}&=-v_T\sin q\end{aligned}\right\}\tag{5-4}$$

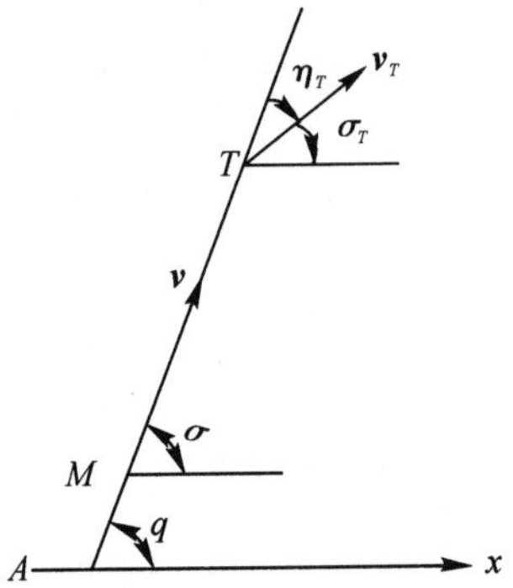

图 5-8　追踪法导引导弹与目标的相对关系

由式(5-4)可以导出相对弹道方程 $r=f(q)$。用式(5-4)的第二式去除第一式，可得

$$\frac{dr}{r}=\frac{v_T\cos q-v}{-v_T\sin q}dq$$

令 $p=v/v_T$，该值称为速度比。因假设导弹和目标做等速运动，所以 p 为一常值。于是有

$$\frac{dr}{r}=\frac{-\cos q+p}{\sin q}dq$$

积分得

$$r=r_0\frac{\tan^p\frac{q}{2}\sin q_0}{\tan^p\frac{q_0}{2}\sin q}\tag{5-5}$$

令

$$c=r_0\frac{\sin q_0}{\tan^p\frac{q_0}{2}}\tag{5-6}$$

式中，(r_0, q_0)为开始导引瞬时导弹相对目标的位置。

最后得到以目标为原点的极坐标形式表示的导弹相对弹道方程为

$$r=c\frac{\tan^p\frac{q}{2}}{\sin q}=c\frac{\sin^{(p-1)}\frac{q}{2}}{2\cos^{(p+1)}\frac{q}{2}}\tag{5-7}$$

追踪法是最早提出的一种导引方法，技术上实现追踪法导引是比较简单的。例如，只要在

弹内装一个“风标”装置，再将目标位标器安装在风标上，使其轴线与风标指向平行，由于风标的指向始终沿着导弹速度矢量的方向，若目标影像偏离了位标器轴线，此时导弹速度矢量没有指向目标，制导系统就会形成控制指令，以消除偏差，实现追踪法导引。由于追踪法导引在技术实施方面比较简单，部分空地导弹、激光制导炸弹采用了这种导引方法。但是，这种导引方法的弹道特性存在着严重缺点，因为导弹的绝对速度始终指向目标，相对速度总是落后于目标线，不管从哪个方向发射，导弹总是要绕到目标的后方去命中目标，这样会导致导弹弹道较弯曲(特别在命中点附近)，需用法向过载较大，这要求导弹有较高的机动性，但由于可用法向过载的限制，不能实现全向攻击。同时，追踪法导引考虑到命中点的法向过载，速度比 p 受到严格的限制，即 $1<p\leqslant 2$。因此，追踪法目前应用得很少。

5.2.4　平行接近法

平行接近法是指在整个导引过程中，目标瞄准线在空间保持平行移动的一种导引方法，其导引关系方程为

$$\varepsilon_1=\frac{\mathrm{d}q}{\mathrm{d}t}=0$$

或表示为

$$\varepsilon_1=q-q_0=0$$

式中，q_0 为开始平行接近法导引瞬间的目标线角。

按平行接近法导引时，导弹与目标之间的相对运动方程组为

$$\left.\begin{aligned}&\frac{\mathrm{d}r}{\mathrm{d}t}=v_T\cos\eta_T-v\cos\eta\\&r\frac{\mathrm{d}q}{\mathrm{d}t}=v\sin\eta-v_T\sin\eta_T\\&q=\sigma+\eta\\&q=\sigma_T+\eta_T\\&\varepsilon_1=\frac{\mathrm{d}q}{\mathrm{d}t}=0\end{aligned}\right\}\tag{5-8}$$

由式(5-8)第二式可以导出实现平行接近法的运动关系式为

$$v\sin\eta=v_T\sin\eta_T\tag{5-9}$$

式(5-9)表明，按平行接近法导引时，不管目标做何种机动飞行，导弹速度矢量 $\boldsymbol{v}$ 和目标速度矢量 $\boldsymbol{v}_T$ 在垂直于目标线上的分量相等。由图 5-9 可见，导弹的相对速度 $\boldsymbol{v}_r$ 正好落在目标线上，即导弹相对速度始终指向目标。因此，在整个导引过程中相对弹道是直线弹道。

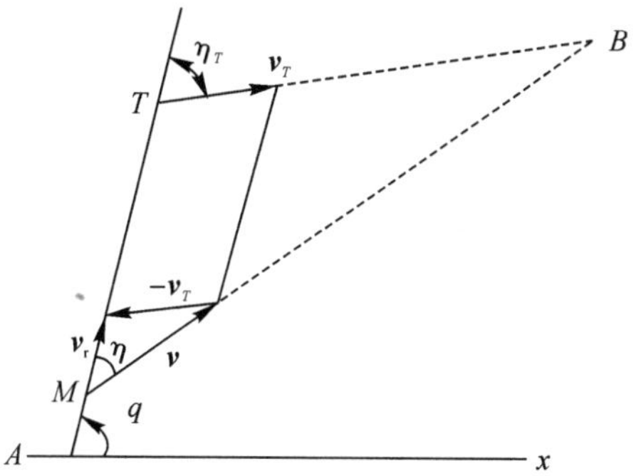

图 5-9　平行接近法导引导弹与目标的相对运动关系

显然，按平行接近法导引时，导弹的速度矢量 $\boldsymbol{v}$ 超前了目标线，导弹速度矢量的前置角 η 应满足下式：

$$\eta=\arcsin\left(\frac{v_T}{v}\sin\eta_T\right) \tag{5-10}$$

一、直线弹道的条件

按平行接近法导引时，在整个导引过程中目标线角 q 保持不变。如果导弹速度矢量的前置角 η 保持常值，则导弹弹道角 σ 为常值，导弹飞行的绝对弹道是一条直线弹道。显然，由式(5-10)可见，在攻击平面内，目标做直线飞行（即 η_T 为常值）时，只要速度比 p 保持为常值（且 $p>1$），则 η 为常值，即导弹不论从什么方向攻击目标，它的飞行弹道（绝对弹道）都是直线弹道。

二、导弹的法向过载

为逃脱导弹的攻击，目标往往做机动飞行，并且导弹的飞行速度通常也是变化的。下面研究这种情况下导弹的需用法向过载。

由式(5-9)求导得

$$\frac{\mathrm{d}v}{\mathrm{d}t}\sin\eta+v\cos\eta\,\frac{\mathrm{d}\eta}{\mathrm{d}t}=\frac{\mathrm{d}v_T}{\mathrm{d}t}\sin\eta_T+v_T\cos\eta_T\,\frac{\mathrm{d}\eta_T}{\mathrm{d}t} \tag{5-11}$$

由于

$$\frac{\mathrm{d}\eta}{\mathrm{d}t}=\frac{\mathrm{d}\sigma}{\mathrm{d}t},\quad \frac{\mathrm{d}\eta_T}{\mathrm{d}t}=-\frac{\mathrm{d}\sigma_T}{\mathrm{d}t}$$

代入式(5-11)中可得

$$\frac{\mathrm{d}v}{\mathrm{d}t}\sin\eta-v\cos\eta\,\frac{\mathrm{d}\sigma}{\mathrm{d}t}=\frac{\mathrm{d}v_T}{\mathrm{d}t}\sin\eta_T-v_T\cos\eta_T\,\frac{\mathrm{d}\sigma_T}{\mathrm{d}t}$$

令 $a_n=v\,\dfrac{\mathrm{d}\sigma}{\mathrm{d}t}=ng$ 为导弹的法向加速度，$a_{nT}=v_T\,\dfrac{\mathrm{d}\sigma_T}{\mathrm{d}t}=n_Tg$ 为目标的法向加速度。于是导弹的需用法向过载为

$$n=\frac{a_n}{g}=n_T\,\frac{\cos\eta_T}{\cos\eta}+\frac{1}{g}\left(\frac{\mathrm{d}v}{\mathrm{d}t}\,\frac{\sin\eta}{\cos\eta}-\frac{\mathrm{d}v_T}{\mathrm{d}t}\,\frac{\sin\eta_T}{\cos\eta}\right) \tag{5-12}$$

由式(5-12)看出，导弹的需用法向过载不仅与目标的机动性有关，还与导弹和目标的切向加速度 $\mathrm{d}v/\mathrm{d}t$，$\mathrm{d}v_T/\mathrm{d}t$ 有关。

目标做机动飞行，导弹做变速飞行时，若速度比 p 保持常值，则采用平行接近法导引，导弹的需用法向过载总比目标机动时的法向过载要小。证明如下：

式(5-9)对时间 t 求一阶导数，得

$$p\dot{\eta}\cos\eta=\dot{\eta}_T\cos\eta_T \tag{5-13}$$

又由于

$$\dot{\eta}=-\dot{\sigma},\quad \dot{\eta}_T=-\dot{\sigma}\eta$$

代入式(5-13)得

$$\frac{v\dot{\sigma}}{v_T\dot{\sigma}_T}=\frac{\cos\eta_T}{\cos\eta}$$

因恒有 $v>v_T$，由式(5-9)得

$$\eta_T > \eta$$

因此可得

$$\frac{v\dot{\sigma}}{v_T\dot{\sigma}_T} = \frac{a_n}{a_{nT}} < 1$$

由此可以得出结论：目标无论做何种机动飞行，当采用平行接近法导引时，导弹的需用法向过载总是小于目标机动时的法向过载，即导弹弹道的弯曲程度比目标航迹的弯曲程度小（见图 5－10）。因此，导弹机动性就可以小于目标的机动性。

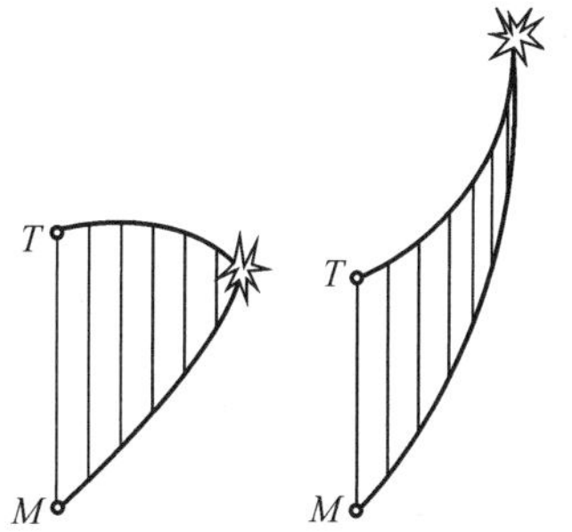

图 5－10 平行接近法导引的导弹弹道

与其他导引方法相比，平行接近法导引弹道最为平直，因而需用法向过载比较小，这样所需的弹翼面积可以缩小，且对弹体结构的受力和控制系统工作均有利。此时，它可以实现全向攻击。因此，从这个意义上说，平行接近法是一种最好的导引方法。可是，到目前为止，平行接近法并未得到广泛应用，主要原因是实施这种导引方法对制导系统提出了严格的要求，使得制导系统复杂化。它要求制导系统在每一瞬间都要精确地测量目标、导弹速度及其前置角，并严格保持平行接近法的运动关系（$v\sin\eta = v_T\sin\eta_T$）。实际上，由于存在发射瞬时的偏差或飞行过程中的干扰，不可能绝对保证导弹的相对速度 $\boldsymbol{v}_r$ 始终指向目标，因此平行接近法很难实现。

5.2.5 比例导引法

比例导引法是指导弹在攻击目标的导引过程中，导弹速度矢量的旋转角速度与目标线的旋转角速度成比例的一种导引方法，其导引关系方程为

$$\varepsilon_1 = \frac{\mathrm{d}\sigma}{\mathrm{d}t} - K\frac{\mathrm{d}q}{\mathrm{d}t} = 0 \tag{5-14a}$$

式中，K 为比例系数。假定比例系数 K 是一常数，对式（5－14a）进行积分，就可以得到比例导引关系方程的另一种表达形式：

$$\varepsilon_1 = (\sigma - \sigma_0) - K(q - q_0) = 0 \tag{5-14b}$$

将几何关系式 $q = \sigma + \eta$ 对时间 t 求导数，可得

$$\frac{\mathrm{d}q}{\mathrm{d}t} = \frac{\mathrm{d}\sigma}{\mathrm{d}t} + \frac{\mathrm{d}\eta}{\mathrm{d}t}$$

将此式代入式（5－14a）中，可得到比例导引关系方程的另外两种表达形式：

$$\frac{\mathrm{d}\eta}{\mathrm{d}t} = (1-K)\frac{\mathrm{d}q}{\mathrm{d}t} \tag{5-15}$$

和

$$\frac{\mathrm{d}\eta}{\mathrm{d}t}=\frac{1-K}{K}\frac{\mathrm{d}\sigma}{\mathrm{d}t} \tag{5-16}$$

由式(5－15)可见：如果 $K=1$，则$\frac{\mathrm{d}\eta}{\mathrm{d}t}$，即 $\eta=\eta_0=$常数，这就是常值前置角导引方法，而追踪法 $\eta=0$ 是常值前置角法的一个特例；如果 $K\to\infty$，则$\frac{\mathrm{d}q}{\mathrm{d}t}$，即 $q=q_0$，这就是平行接近法。

因此，追踪法和平行接近法是比例导引法的特殊情况。换句话说，比例导引法是介于追踪法和平行接近法之间的一种导引方法。比例导引法的比例系数 K 应选择在 $1<K<\infty$ 的范围内，通常可取 2～6。比例导引法的弹道特性也介于追踪法和平行接近法两者之间，如图 5－11 所示。随着比例系数 K 的增大，导引弹道越平直，需用法向过载也就越小。

比例导引法既可用于自动瞄准制导的导弹，也可用于遥控制导的导弹。

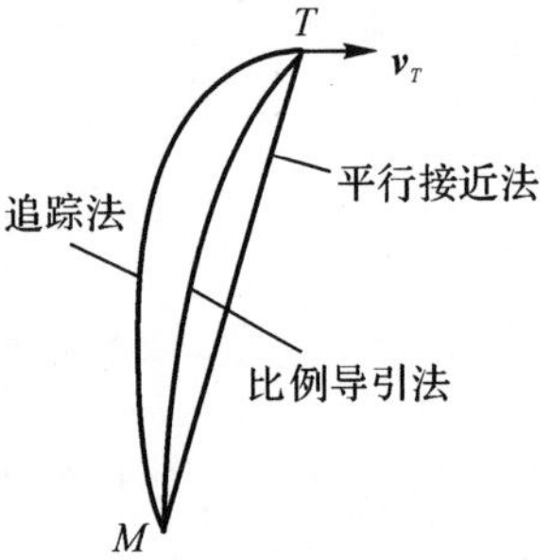

图 5－11　三种导引方法的弹道比较

一、比例导引法的相对运动方程组

比例导引法的相对运动方程组为

$$\left.\begin{aligned}&\frac{\mathrm{d}r}{\mathrm{d}t}=v_T\cos\eta_T-v\cos\eta\\&r\frac{\mathrm{d}q}{\mathrm{d}t}=v\sin\eta-v_T\sin\eta_T\\&q=\sigma+\eta\\&q=\sigma_T+\eta_T\\&\frac{\mathrm{d}\sigma}{\mathrm{d}t}=K\frac{\mathrm{d}q}{\mathrm{d}t}\end{aligned}\right\} \tag{5-17}$$

若给出 v,v_T,σ_T 的变化规律和初始条件(r_0,q_0,σ_0 或 η_0)，则式(5－17)可用数值积分法或图解法解算。仅在特殊条件下(如比例系数 $K=2$，目标做等速直线飞行，导弹做等速飞行时)，式(5－17)才可能得到解析解。

二、弹道特性

1. 直线弹道

直线弹道的条件为 $\dot{\sigma}=0$，因为 $\dot{q}=0,\dot{\sigma}=0$，则 $\eta=\eta_0=$常数。

考虑式(5－17)的第二式，比例导引时沿直线弹道飞行的条件可改写为

$$v\sin\eta-v_T\sin\eta_T=0 \tag{5-18}$$

此式表示导弹和目标的速度矢量在垂直于目标线方向上的分量相等，即导弹的相对速度始终指向目标。所以，要获得直线弹道，开始导引瞬时，导弹速度矢量的前置角 η_0 要严格满足以下条件：

$$\eta_0 = \arcsin \frac{v_T}{v} \sin\eta_T \big|_{t=t_0} \tag{5-19}$$

图 5-12 所示为目标做等速直线运动，导弹做等速运动，$K=5$，$\eta_0=0°$，$\sigma_T=0°$，$p=2$ 时，从不同方向发射的导弹相对弹道示意图。当 $q_0=0°$ 及 $q_0=180°$ 满足式(5-19)时，对应的是两条直线弹道。而从其他方向发射时，不满足式(5-19)，$\dot{q}\neq 0$，即目标线在整个导引过程中不断转动，所以 $\dot{\sigma}=0$，导弹的相对弹道和绝对弹道都不是直线弹道。但导弹在整个导引过程中 q 值变化很小，并且对于同一发射方向(即 q_0 值相同)，虽然开始导引时的相对距离 r_0 不同，但导弹命中目标时的目标线角 q_k 值却是相同的，即值 q_k 与 r_0 无关。以上结论可证明如下。

假设命中目标时 $r_k=0$，由式(5-17)第二式得

$$\eta_k = \arcsin\left[\frac{1}{p}\sin(q_k - \sigma_{TK})\right] \tag{5-20}$$

式(5-15)积分得

$$\eta_k = \eta_0 + (1-K)(q_k - q_0)$$

将此式代入式(5-20)中，并将 $\eta_0=0°$(相当于直接瞄准发射的情况)和 $\sigma_T=0°$ 代入，则

$$q_k = q_0 - \frac{1}{K-1}\arcsin\left(\frac{\sin q_k}{p}\right)$$

由此式可见，q_k 值与初始相对距离 r_0 无关。

由于

$$\sin q_k \leqslant 1$$

故

$$|q_k - q_0| \leqslant \frac{1}{K-1}\arcsin\left(\frac{1}{p}\right) \tag{5-21}$$

对于从不同方向发射的弹道，如把目标线转动角度的最大值 $|q_k-q_0|_{\max}$ 记作 $\Delta q_{\max}$，并设 $K=5$，$p=2$，则代入式(5-15)中可得 $\Delta q_{\max}=7.5°$，它对应于 $q_0=97.5°$，$q_k=90°$ 的情况，目标线实际上转过的角度不超过 $\Delta q_{\max}$。当 $q_0=33.7°$ 时，$q_k=30°$，目标线只转过 3.7°。

$\Delta q_{\max}$ 值取决于速度比 p 和比例系数 K，变化趋势如图 5-13 所示。由图可见，目标线最大转动角将随着速度比 p 和比例系数 K 的增大而减小。

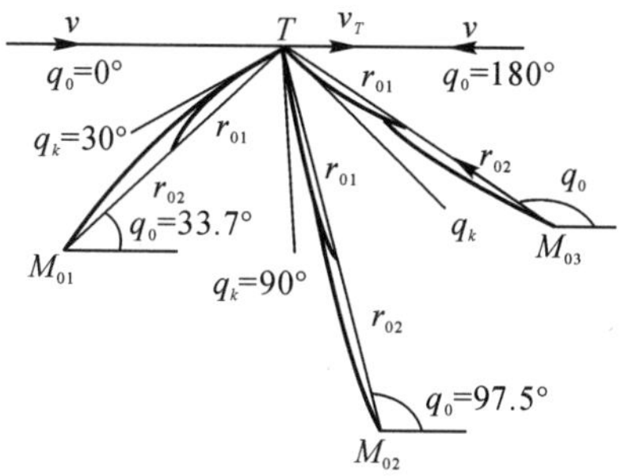

图 5-12　从不同方向发射的相对弹道示意图

($K=5$，$P=2$，$\eta_0=0°$，$\sigma_T=0°$)

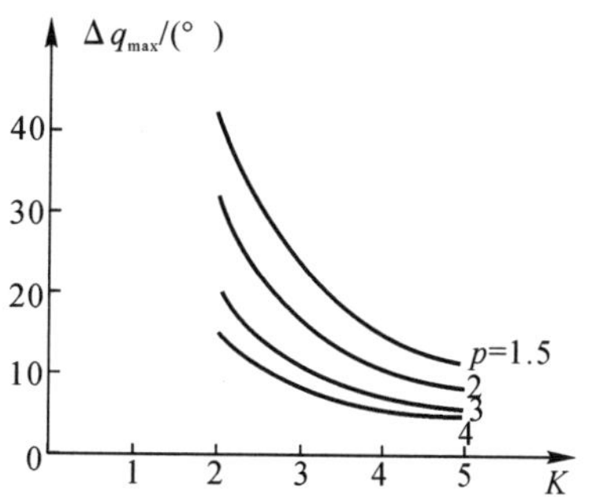

图 5-13　目标线最大转动角($\eta_0=0°$)

2. 导弹的需用法向过载

比例导引法要求导弹的转变速度 $\dot\sigma$ 与目标线旋转角速度 $\dot q$ 成正比，因而导弹的需用法向过载也与 $\dot q$ 成正比。要了解导弹弹道上各点需用法向过载的变化规律，只需讨论 $\dot q$ 的变化规律。

对式(5-17)的第二式两边同时对时间求导，得

$$\dot r\dot q+r\ddot q=\dot v\sin\eta+v\dot\eta\cos\eta-\dot v_T\sin\eta_T-v_T\dot\eta_T\cos\eta_T \tag{5-22}$$

由于

$$\dot\eta=(1-K)\dot q$$

$$\dot\eta_T=\dot q-\dot\sigma_T$$

$$\dot r=-v\cos\eta+v_T\cos\eta_T$$

代入式(5-22)，整理后得

$$r\ddot q=-(Kv\cos\eta+2\dot r)(\dot q-\dot q^{*}) \tag{5-23a}$$

式中

$$\dot q^{*}=\frac{\dot v\sin\eta-\dot v_{\mathrm r}\sin\eta_T+v_T\dot\sigma_T\cos\eta_T}{Kv\cos\eta+2\dot r} \tag{5-23b}$$

以下分两种情况讨论：

(1)目标做等速直线飞行，导弹做等速飞行的情况：在此特殊情况下，由式(5-23b)可知 $\dot q^{*}=0$ 于是式(5-23a)可改写为

$$\dot q^{*}=-\frac{1}{r}(Kv\cos\eta+2\dot r)\dot q \tag{5-24}$$

由式(5-24)可知：如果 $Kv\cos\eta+2\dot r>0$，则 $\dot q^{*}$ 与 $\dot q$ 的符号相反。当 $\dot q>0$，$\dot q^{*}<0$，即 $\dot q$ 值将减小；当 $\dot q<0$ 时，$\dot q^{*}>0$，$\dot q$ 值将增大。总之，$|\dot q|$ 将不断减小。如图 5-14 所示，$\dot q$ 随时间的变化规律是向横坐标接近的，弹道的需用法向过载将随 $|\dot q|$ 的减小而减小，弹道变得平直，这种情况称为 $\dot q$“收敛”。

若 $Kv\cos\eta+2\dot r<0$，则 $\dot q^{*}$ 与 $\dot q$ 同号，$|\dot q|$ 将不断增大，$\dot q$ 随时间的变化规律如图 5-15 所示，这种情况称为 $\dot q$“发散”。弹道的需用法向过载将随 $|\dot q|$ 的增大而增大，弹道变得弯曲。

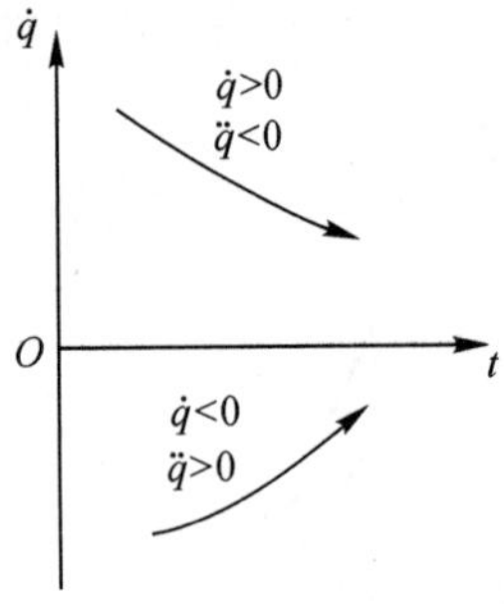

图 5-14 $Kv\cos\eta+2\dot r>0$ 时 $\dot q$ 的变化规律

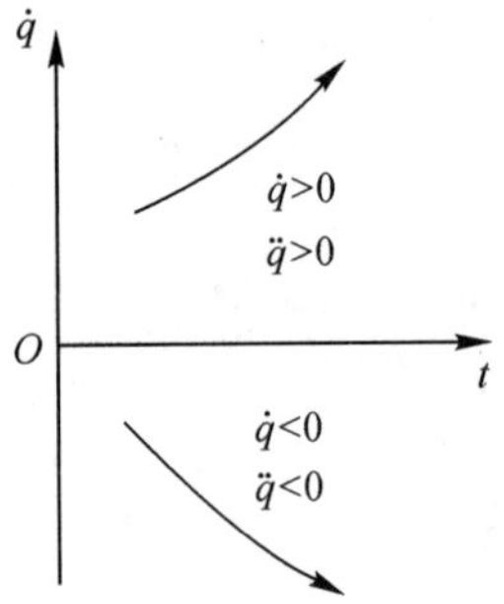

图 5-15 $Kv\cos\eta+2\dot r<0$ 时 $\dot q$ 的变化规律

因此，要使导弹平缓转弯，就必须使 $\dot q$“收敛”。为此，应满足如下条件：

$$K>\frac{2|\dot r|}{v\cos\eta} \tag{5-25}$$

由此得出结论：只要比例系数 K 选择得足够大，使其满足式(5－25)的条件，则 $|\dot{q}|$ 值就可逐渐减小而趋于零；相反，如果不满足式(5－25)的条件，则 $|\dot{q}|$ 将逐渐增大，在接近目标时，导弹要以无穷大的速率转弯，这实际上是无法实现的，最终将导致脱靶。

(2)目标做机动飞行，导弹做变速飞行的情况：由式(5－23b)可见，$\dot{q}^*$ 是随时间变化的函数，它与目标的切向加速度为 $\dot{v}_T$，法向加速度为 $v_T\dot{\sigma}_T$ 和导弹的切向加速度 $\dot{v}$ 有关。因此，$\dot{q}^*$ 不再为零。不满足 $Kv\cos\eta+2r\neq 0$ 时，$\dot{q}^*$ 是有限值。

由式(5－22)可见，如果 $Kv\cos\eta+2\dot{r}>0$，且 $\dot{q}<\dot{q}^*$，则 $\ddot{q}>0$，这时 $\dot{q}$ 将不断增大；而当 $\dot{q}>\dot{q}^*$ 时，则 $\ddot{q}<0$，这时 $\dot{q}$ 将不断减小。总之，当 $Kv\cos\eta+2\dot{r}>0$ 时，$\dot{q}$ 有逐渐接近 $\dot{q}^*$ 的趋势。反之，如果 $Kv\cos\eta+2\dot{r}<0$，则 $\dot{q}$ 有逐渐离开 $\dot{q}^*$ 的趋势，弹道会变得弯曲，在接近目标时，导弹要以极大的速率转弯。下面讨论命中目标时的 $\dot{q}_k$ 值。如果 $Kv\cos\eta+2\dot{r}>0$，则 $\ddot{q}$ 是有限值。由式(5－23a)可看出，在命中点 $r_k=0$，则此式左端是零，这就要求在命中点处 $\dot{q}$ 与 $\dot{q}^*$ 应相等，即

$$\dot{q}_k=\dot{q}_k^*=\left.\frac{\dot{v}\sin\eta-\dot{v}_T\sin\eta_T+v_T\dot{\sigma}_T\cos\eta_T}{Kv\cos\eta+2\dot{r}}\right|_{t=t_k} \tag{5-26}$$

命中目标时，导弹的需用法向过载为

$$n_k=\frac{v_k\dot{\sigma}_k}{g}=\frac{Kv_k\dot{q}_k}{g}=\frac{1}{g}\left.\frac{(\dot{v}\sin\eta-\dot{v}_T\sin\eta_T+v_T\dot{\sigma}_T\cos\eta_T)}{\cos\eta-2|\dot{r}|/(Kv)}\right|_{t=t_k} \tag{5-27}$$

从式(5－27)可见，导弹命中目标时的需用法向过载与命中点的导弹速度和导弹向目标的接近速度 $\dot{\boldsymbol{r}}$(或导弹攻击方向)有直接关系。如果命中点导弹的速度小，需用法向过载将增大。特别是对于空空导弹来说，通常是在被动段命中目标，由于被动段速度的下降，命中点附近的需用法向过载将增大。导弹从不同方向攻击目标，其 $|\dot{\boldsymbol{r}}|$ 值是不同的，例如迎面攻击时有 $|\dot{\boldsymbol{r}}|=v+v_T$，尾追攻击时有 $|\dot{\boldsymbol{r}}|=v-v_T$。由于前半球攻击的 $|\dot{\boldsymbol{r}}|$ 值比后半球攻击的 $|\dot{\boldsymbol{r}}|$ 值大，显然，前半球攻击的需用法向过载就比后半球攻击的大，因此，后半球攻击比较有利。由式(5－27)还可看出，命中时刻导弹的速度变化和目标的机动性对需用法向过载也有影响。

当 $Kv\cos\eta+2\dot{r}<0$ 时，$\dot{q}$ 是发散的，$|\dot{q}|$ 不断增大而趋于无穷大，因此有

$$q_k\to\infty$$

这意味着当 K 较小时，在接近目标的瞬间，导弹要以无穷大的速率转弯，命中点的需用法向过载也趋于无穷大，这实际上是不可能实现的。因此当 $K<2|\dot{\boldsymbol{r}}|/(v\cos\eta)$ 时，就不能直接命中目标。

三、比例系数 K 的选择

从前面讨论可知，比例系数 K 的大小直接影响弹道特性，即影响导弹能否直接命中目标。选择合适的 K 值除考虑这两个因素外，还需要考虑结构强度所允许的承受过载的能力以及制导系统能否稳定地工作等因素。

1. K 值的下限应满足 $\dot{q}$ 收敛的条件

$\dot{q}$ 收敛使导弹在接近目标的过程中目标线的旋转角速度 $|\dot{q}|$ 不断减小，相应的需用法向过载也不断减小。$\dot{q}$ 收敛的条件为

$$K>\frac{2|\dot{\boldsymbol{r}}|}{v\cos\eta} \tag{5-28}$$

这就限制了 K 的下限值。由式(5-28)可知,导弹从不同方向攻击目标,$|\dot{r}|$ 值是不同的,K 的下限值也不相同,这就要依据具体情况选择适当的 K 值,使导弹从各个方向攻击的性能都能得到适当照顾,不至于优劣悬殊,也可只考虑充分发挥导弹在主攻方向上的性能。

2. K 值受可用法向过载的限制

式(5-28)限制了比例系数 K 的下限值。但其上限值如果取得过大,由 $n=(Kv\dot{q}/g)$ 可知,即使 $\dot{q}$ 值不太大,也可能使需用法向过载很大。导弹在飞行中的可用法向过载受到最大舵偏转角的限制,若需用法向过载超过可用法向过载,则导弹将不能沿比例导引弹道飞行。因此,可用法向过载限制 K 的上限值。

3. K 值应满足制导系统稳定工作的要求

如果 K 值选得过大,外界干扰对导弹飞行的影响将明显增大。$\dot{q}$ 的微小变化将引起 $\dot{\sigma}$ 的很大变化。从制导系统能稳定地工作的目的出发,K 值的上限要受到限制。

综合考虑上述因素,才能选择出一个合适的 K 值。它可能是个常数,也可以是个变数。

四、比例导引法的优缺点

比例导引法的优点是在满足 $K>2|\dot{\boldsymbol{r}}|/(v\cos\eta)$ 的条件下,若 $|\dot{q}|$ 逐渐减小:弹道前段较弯曲,能充分利用导弹的机动能力;弹道后段较为平直,使导弹具有较充裕的机动能力。只要 K,η_0,q_0,p 等参数组合得当,就可以使全弹道上的需用法向过载均小于可用法向过载,因而能实现全向攻击。另外,与平行接近法相比,对瞄准发射时的初始条件要求不严格。在技术实施上只需测量 $\dot{q}$ 和 $\dot{\sigma}$,实现比例导引比较容易。比例导引法的弹道也较平直,因此空空、地空等自动瞄准制导的导弹都广泛采用比例导引法。比例导引法的缺点是命中目标时的需用法向过载与命中点的导弹速度和导弹的攻击方向有直接关系。

五、其他形式的比例导引规律

为了消除上述比例导引法的缺点,改善比例导引特性,多年来人们致力于对比例导引法的改进,并对不同的应用条件提出了许多不同的改进比例导引形式。以下仅举几例说明。

1. 广义比例导引法

导引关系为需用法向过载与目标线旋转角速度成比例,即

$$n=K_1\dot{q} \tag{5-29}$$

或

$$n=K_2|\dot{\boldsymbol{r}}|\dot{q} \tag{5-30}$$

式中,K_1,K_2 为比例系数。

下面讨论这两种广义比例导引法在命中点处的需用法向过载。

关系式 $n=K_1\dot{q}$ 与上述比例导引法 $n=(Kv/g)\dot{q}$(即 $\dot{\sigma}=K\dot{q}$)比较,得

$$K=\frac{K_1 g}{v}$$

代入式(5-27)中,此时,命中目标时导弹的需用法向过载为

$$n_k=\frac{1}{g}\left.\frac{(\dot{v}\sin\eta-\dot{v}_T\sin\eta_T+v_T\dot{\sigma}_T\cos\eta_T)}{\cos\eta-2|\dot{\boldsymbol{r}}|/(K_1 g)}\right|_{t=t_k} \tag{5-31}$$

由式(5-31)可见,按 $n=K_1\dot{q}$ 形式的比例导引规律导引,命中点处的需用法向过载与导

弹的速度没有直接关系。

按 $n=K_2|\dot{\boldsymbol{r}}|\dot{q}$ 形式导引时，其在命中点处的需用法向过载可仿照前面推导方法，此时有

$$K=\frac{K_2 g|\dot{\boldsymbol{r}}|}{v}$$

代入式(5－27)中，就可以得到按 $n=K_2|\dot{\boldsymbol{r}}|\dot{q}$ 形式的比例导引规律。导引时在命中点处的需用法向过载为

$$n_k=\frac{1}{g}\left.\frac{(\dot{v}\sin\eta-\dot{v}_T\sin\eta_T+v_T\dot{\sigma}_T\cos\eta_T)}{\cos\eta-2|\dot{\boldsymbol{r}}|/(K_2 g)}\right|_{t=t_k} \tag{5-32}$$

由式(5－31)可见，按 $n=K_2|\dot{\boldsymbol{r}}|\dot{q}$ 导引规律导引，命中点处的需用法向过载不仅与导弹速度无关，而且与导弹攻击方向也无关，这有利于实现全向攻击。

2. 改进比例导引法

根据式(5－17)，相对运动方程可以写为

$$\left.\begin{aligned}\dot{r}&=-v\cos(\sigma-q)+v_T\cos(\sigma_T-q)\\ r\dot{q}&=-v\sin(\sigma-q)+v_T\sin(\sigma_T-q)\end{aligned}\right\} \tag{5-33}$$

对式(5－33)第二式求导，并将第一式代入，整理后可得

$$r\ddot{q}+2\dot{r}\dot{q}=-\dot{v}\sin(\sigma-q)+\dot{v}_T\sin(\sigma_T-q)+v_T\dot{\sigma}_T\cos(\sigma_T-q)-v\dot{\sigma}\cos(\sigma-q) \tag{5-34}$$

控制系统实现比例导引时，一般是使弹道需用法向过载与目标线的旋转角速度成比例，即

$$n=A\dot{q} \tag{5-35}$$

又知

$$n=\frac{v}{g}\dot{\sigma}+\cos\sigma \tag{5-36}$$

式中，过载 n 定义为控制力(不含重力)产生过载(即本书 4.4.6 小节中第一种定义)。

将式(5－36)代入式(5－35)中，可得

$$\dot{\sigma}=\frac{g}{v}(A\dot{q}-\cos\sigma) \tag{5-37}$$

将式(5－37)代入式(5－34)中，经整理得

$$\begin{aligned}\ddot{q}+\frac{|\dot{\boldsymbol{r}}|}{r}\left[\frac{Ag\cos(\sigma-q)}{|\dot{\boldsymbol{r}}|}-2\right]\dot{q}=\frac{1}{r}[-\dot{v}\sin(\sigma-q)+\dot{v}_T\sin(\sigma_T-q)+\\ v_T\dot{\sigma}_T\cos(\sigma_T-q)+g\cos\sigma\cos(\sigma-q)]\end{aligned} \tag{5-38}$$

令 $N=Ag\cos(\sigma-q)/|\dot{\boldsymbol{r}}|$，$N$ 称为有效导航比，于是，式(5－38)可改写为

$$\begin{aligned}\ddot{q}+\frac{|\dot{\boldsymbol{r}}|}{r}(N-2)\dot{q}=\frac{1}{r}[-\dot{v}\sin(\sigma-q)+\dot{v}_T\sin(\sigma_T-q)+\\ v_T\dot{\sigma}_T\cos(\sigma_T-q)+g\cos\sigma\cos(\sigma-q)]\end{aligned} \tag{5-39}$$

由式(5－39)可见，导弹按比例法导引，目标线转动角速度(弹道需用法向过载)还受到导弹切向加速度、目标切向加速度、目标机动和重力作用的影响。

许多自动瞄准制导的导弹，采用改进比例导引法。改进比例导引法就是对引起目标线转动的几个因素进行补偿，从而使由它们产生的弹道需用法向过载在命中点附近尽量小。目前较常见的是对导弹切向加速度和重力作用进行补偿。由于目标切向加速度和目标机动是随机

的，用一般方法进行补偿比较困难。

根据设计思想的不同改进比例导引的形式，可有多种形式。这里根据使导弹切向加速度和重力作用引起的弹道需用法向过载在命中点处的影响为零来设计。假设改进比例导引的形式为

$$n=A\dot{q}+y \tag{5-40}$$

式中，y 为待定的修正项。于是有

$$\dot{\sigma}=\frac{g}{v}(A\dot{q}+y-\cos\sigma) \tag{5-41}$$

将(5-41)代入式(5-34)中，并设 $v_T=0$，$\sigma_T=0$，则可得

$$r\ddot{q}+2\dot{r}\dot{q}+Ag\cos(\sigma-q)\dot{q}=-\dot{v}\sin(\sigma-q)+g\cos\sigma\cos(\sigma-q)-g\cos(\sigma-q)y$$

或可表示为

$$\ddot{q}+\frac{|\dot{\boldsymbol{r}}|}{r}(n-2)\dot{q}=\frac{1}{r}[-\dot{v}\sin(\sigma-q)+g\cos\sigma\cos(\sigma-q)-g\cos(\sigma-q)y] \tag{5-42}$$

若假设

$$r=r_0-|\dot{\boldsymbol{r}}|t,\quad T=\frac{r_0}{|\dot{\boldsymbol{r}}|}$$

式中 t ——导弹飞行时间；

T ——导引段飞行总时间。

则式(5-42)可化为

$$\ddot{q}+\frac{1}{T-t}(N-2)\dot{q}=\frac{1}{r}[-\dot{v}\sin(\sigma-q)+g\cos\sigma\cos\sigma(\sigma-q)-g\cos(\sigma-q)y] \tag{5-43}$$

对式(5-43)进行积分，可得

$$\dot{q}=\dot{q}_0\left(1-\frac{t}{T}\right)^{N-2}+\frac{1}{(N-2)|\dot{\boldsymbol{r}}|}[-\dot{v}\sin(\sigma-q)-g\cos(\sigma-q)y+g\cos\sigma\cos(\sigma-q)]\left[1-\left(1-\frac{t}{T}\right)^{N-2}\right] \tag{5-44}$$

于是有

$$n=A\dot{q}+y=A\dot{q}_0\left(1-\frac{t}{T}\right)^{N-2}+\frac{A}{(N-2)|\dot{\boldsymbol{r}}|}[-\dot{v}\sin(\sigma-q)-g\cos(\sigma-q)y+g\cos\sigma\cos(\sigma-q)]\left[1-\left(1-\frac{t}{T}\right)^{N-2}\right]+y \tag{5-45}$$

在命中点处，$t=T$。欲使 n 为零，必须有

$$\frac{A}{(N-2)|\dot{\boldsymbol{r}}|}[-\dot{v}\sin(\sigma-q)-g\cos(\sigma-q)y+g\cos\sigma\cos(\sigma-q)]+y=0$$

则可得

$$y=-\frac{N}{2g}\dot{v}\tan(\sigma-q)+\frac{N}{2}\cos\sigma \tag{5-46}$$

于是，改进比例导引法的导引关系式为

$$n=A\dot{q}-\frac{N}{2g}\dot{v}\tan(\sigma-q)+\frac{N}{2}\cos\sigma \tag{5-47}$$

式(5-47)中右端第二项为导弹切向加速度补偿项，第三项为重力补偿项。

5.2.6　三点法

所谓三点法是指导弹在向目标飞行的过程中，使导弹、目标和制导站始终在一条直线上，也就是要设法使制导导弹处在制导站和目标的连线上。三点法有时也叫作重合法，如图5－16所示。三点法在遥控导弹的制导中被广泛使用。在图 5－16 中，导引站在制导导弹过程中相对地面没有移动，即导引站是不动的，用 O 表示。图中 1，2，3，…和 1′，2′，3′，…分别表示同一瞬间导弹和目标在空间所处的位置。当目标在 1′的位置时，导弹就应该处在导引站和目标连线 $O1'$ 的位置上，其余类推，这样就实现了三点法导引规律。

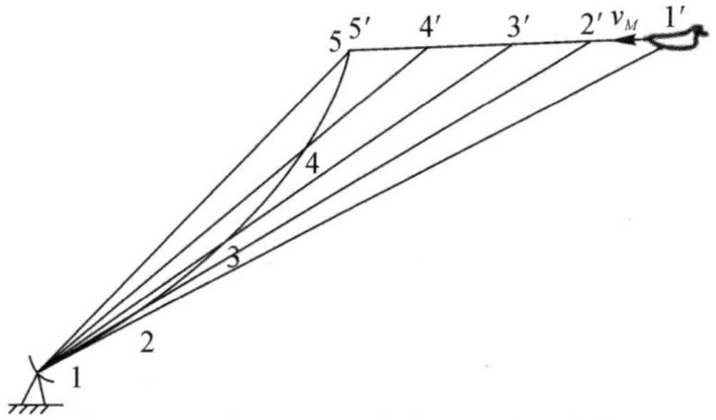

图 5－16　三点法导引弹道

三点法导引系统中的导引站可以是地面固定的设备(如苏制 SA－2 导弹的地面制导站)，也可以是活动的设备(如空空导弹的载机)。在制导方式上既可以采用雷达波束制导，也可以用无线电指令制导。

三点法的缺点是弹道弯曲得比较严重，这是因为实现三点法弹道的需用法向过载比较大。特别是当地空导弹迎击低空高速飞行的目标时，这一缺点就更为突出。这一缺点的存在也限制了导弹可攻击范围，但是由于三点法具有技术上实现比较容易、抗电子干扰的能力较好等优点。

5.2.7　矫直系数法

所谓矫直系数法(有时也称前置角法或前置量法)是指导引站的导引导弹向目标飞行的过程中，使导弹处在导引站和目标连线前方的某一个位置，也就是使导引站和导弹之间的连线超前导引站和目标连线一个角度 ε，如图 5－17 所示。图中，O，T，M 分别代表同一瞬时导引站、目标、导弹所处的位置。导弹和目标之间距离用 R 表示。

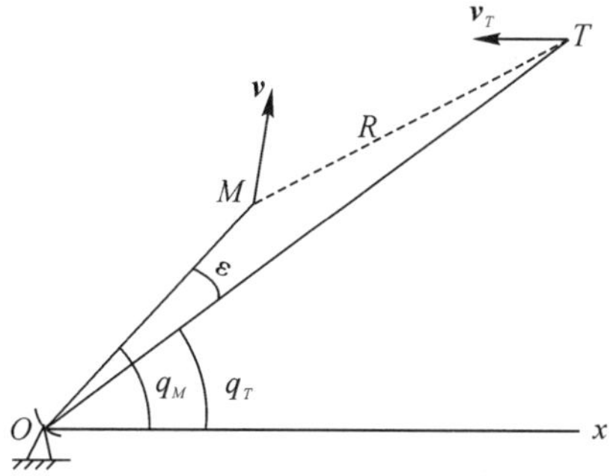

图 5－17　矫直系数法示意图

要想导弹在理论弹道上能直接命中目标，就需要使导弹和目标之间的距离 R 接近零时，ε 也为零。故导弹位置的前置角 ε 应成如下的变化规律：

$$\varepsilon = CR \tag{5-48}$$

式中，C 的构成形式可以根据具体要求而定。由图 5-17 可以看出

$$q_M = q_T + \varepsilon$$

或可表示为

$$q_M = q_T + CR \tag{5-49}$$

式中　q_T——目标视线角；

　　q_M——导弹视线角。

对式(5-49)对时间求导数，可得

$$\dot{q}_M = \dot{q}_T + \dot{C}R + C\dot{R}$$

如果要求在命中点处(即 $R=0$)导弹视线的转动角速度为零，即 $\dot{q}_M = 0$，那么上式就可以写成

$$\dot{q}_T + C\dot{R} = 0$$

也可表示为

$$C = -\frac{\dot{q}_T}{\dot{R}}$$

这时导弹视线的前置角为

$$\varepsilon = -\frac{\dot{q}_T}{\dot{R}}R \tag{5-50}$$

如果导弹全程控制都按式(5-50)进行控制，有时将会变得很难实现，如在启控瞬间，导弹和目标之间的距离可能很大(SA-2 导弹可达 20～30 km)，这时前置角可能根本无法进行控制。所以在真实的制导系统中往往需对实测参数进行处理，才能使其作为实用控制参数引入式(5-50)中去。

式(5-50)所表示的导引关系称为全矫直系数法，有时为了满足一些战术技术上的要求，取前置角控制式(5-50)所表示数值的一半，即

$$\varepsilon = -\frac{1}{2}\frac{\dot{q}_T}{\dot{R}}R$$

这时，该导引关系就称为半矫直系数法。

在同一攻击条件下，矫直系数法的弹道比较平直，这是它的一个突出优点。由式(5-50)可以看出，要实现矫直系数法，所需测量的参数比较多，这就要求导引系统的电子抗干扰能力比较强。

5.2.8　最优制导规律

前面讨论的各种导引方法都是经典的制导规律。一般来说，经典的制导规律需要的信息量少，结构简单，易于实现，因此，现役的战术导弹大多数使用经典的制导规律或其改进形式。但是对于高性能的大机动目标，尤其在目标采用各种干扰措施的情况下，经典的制导规律就很

不适用了。随着计算机技术的迅速发展，基于现代控制理论的最优制导规律、自适应制导规律及微分对策制导规律（统称为现代制导规律）得到迅速发展。与经典制导规律相比，现代制导规律有许多优点，如：脱靶量小，导弹命中目标时姿态角满足需要，抗目标机动或其他随机干扰能力强，弹道平直，弹道需用法向过载分布合理，作战空域可扩大，等等。因此，用现代制导规律制导导弹截击未来战场上出现的高速度、大机动、带有施放干扰能力的目标是有效的。但是，现代制导规律结构复杂，需要测量的参数较多，这致使制导规律的实现困难。随着微型计算机的出现和发展，现代制导规律的应用是可以实现的。

最优制导规律的优点是它可以考虑导弹-目标的动力学问题，并可考虑起点或终点的约束条件以及其他约束条件，根据给出的性能指标（泛函）寻求最优制导规律。根据具体要求，性能指标可以有不同的形式，战术导弹考虑的性能指标主要是导弹在飞行中付出的总的法向过载最小、终端脱靶量最小、控制能量最小、时间最短、导弹和目标的交会角具有特定的要求等。但是因为导弹的制导规律是一个变参数并受到随机干扰的非线性问题，其求解非常困难。因此，通常只好把导弹拦截目标的过程做线性化处理，这样可以获得系统的近似最优解，在工程上也易于实现，并且在性能上接近于最优制导规律。

5.2.9　选择导引方法的基本要求

本节介绍了包括自动瞄准制导、遥控制导在内的几种常见的导引方法及其弹道特性。显然，导弹的弹道特性与所采用的导引方法有很大关系。如果导引方法选择得合适，就能改善导弹的飞行特性，充分发挥导弹武器系统的作战性能。因此，选择合适的导引方法或改善现有导引方法存在的某些弊端并寻找新的导引方法，是导弹设计的重要课题。选择导引方法时，需要从导弹的飞行性能、作战空域、技术实施、制导精度、制导设备、战术使用等方面的要求出发，进行综合考虑。

（1）弹道需用法向过载要小，变化应均匀，特别是在与目标相遇区，需用法向过载应趋于零。需用法向过载小，一方面可以提高制导精度、缩短导弹命中目标所需的航程和时间，进而扩大导弹作战空域；另一方面，可用法向过载可以相应减小，这对于用空气动力进行操纵的导弹来说，升力面面积可以缩小，相应地导弹的结构重量也可以减小。所选择的导引方法至少应该考虑需用法向过载小于可用法向过载，可用法向过载与需用法向过载之差应具有足够的富余量，且应满足以下条件：

$$n_P \geqslant n_R + \Delta n_1 + \Delta n_2 + \Delta n_3$$

式中　n_P ——导弹的可用法向过载；

n_R ——导弹的弹道需用法向过载；

Δn_1——导弹为消除随机干扰所需的过载；

Δn_2——消除系统误差所需的过载；

Δn_3——补偿导弹纵向加速度所需的过载（对自动瞄准制导而言）。

（2）适合于尽可能大的作战空域杀伤目标的要求。空中活动目标的高度和速度可在相当大范围内变化。在选择导引方法时，应考虑目标运动参数的可能变化范围，尽量使导弹在较大的作战空域内攻击目标。对于空空导弹来说，所选择的导引方法应使导弹具有全向攻击的能力。对于地空导弹来说，不仅能迎击，而且还能尾追或侧击目标。

(3)当目标机动时，对导弹弹道，特别是弹道末段的影响最小，即导弹需要付出相应的机动过载要小。这将有利于提高导弹导向目标的精度。

(4)抗干扰能力强。空中目标为逃避导弹的攻击，常施放干扰来破坏导弹对目标的跟踪。因此，所选择的导引方法应在目标施放干扰的情况下具有对目标进行顺利攻击的可能性。

(5)在技术实施上应简易可行。导引方法所需要的参数能通过测量方法得到，需要测量的参数数目应尽量少，并且测量起来简单、可靠，以便保证技术上容易实现，系统结构简单、可靠。

前面介绍遥控制导、自动瞄准制导的各种导引方法都存在着自己的缺点。为了弥补单一导引方法的不足，提高导弹的命中精度，在攻击较远距离的活动目标时常常把几种导引规律组合起来使用，这就是复合制导。复合制导分为串联复合制导和并联复合制导。

串联复合制导是指在一段弹道上采用一种导引方法，而在另一段弹道上采用另一种导引方法。一般来说，可将制导过程分为四段：发射起飞段、巡航段(中制导段)、交接段和攻击段(末制导段)。例如，串联复合制导可以是中制导段采用摇控实现三点法导引，末制导段采用自动瞄准实现比例导引法。

并联复合制导是在同一段弹道上同时采用不同的两种导引方法，可能有如下组合：纵平面采用自主控制，侧平面采用控制制导；或者纵平面为遥控制导，侧平面为自动瞄准制导；等等。

当前应用最多的复合制导是串联复合制导。例如，俄罗斯 R－77 超视距导弹采用惯导指令＋主动雷达的串联复合制导方式，美国 AIM－54C 导弹则采用惯导指令＋半主动雷达＋主动雷达的串联复合制导方式。

由于复合制导是由单一制导叠加而成的，当利用某一种导引方法进行制导时，其弹道特性与单一导引方法制导时完全相同。因此，对于复合制导导弹运动特性的研究主要是研究过渡段，即研究由一种导引方法所确定的弹道向另一种导引方法所确定的弹道过渡时的过渡特性，也即交接点的弹道平滑、交接段的控制误差与补偿等。

5.3 空空导弹攻击区

空空导弹攻击区就是对于确定的载机和目标，计算导弹在给定条件下的有效边界或区域。这里的给定条件是指载机和目标的运动(发射状态及其发射后状态)要符合其飞行条件(尤其是速度、姿态、机动过载和升限等)，对导弹来讲则是要符合其限制条件。空空导弹攻击区是导弹系统作战效能的综合体现。

5.3.1 攻击区的描述形式

空空导弹攻击区可用以下三种形式来描述。

1. 进入角攻击区

对于确定的载机和目标，在水平面内得到的导弹在给定条件下随目标进入角变化的有效边界或区域，即以目标为中心，目标进入角变化。这种攻击区的优点是飞行员可以了解目标取不同进入角时的攻击距离。这种攻击区可用来考察某一导弹或者比较不同导弹在同一高度下的性能。进入角攻击区如图 5－18 所示。

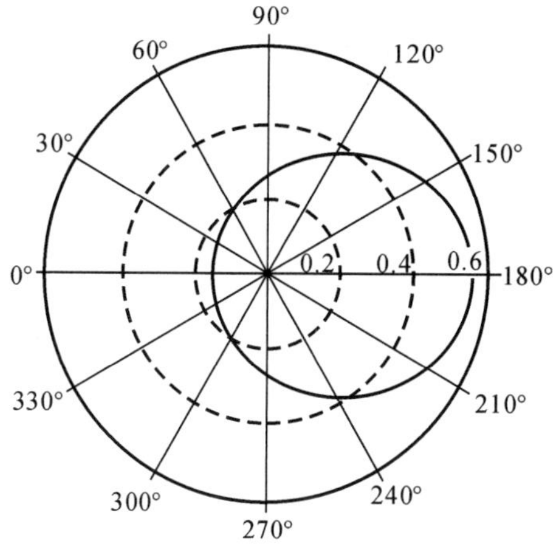

图 5－18　进入角攻击区

2.发射角攻击区

对于确定的载机和目标，在水平面内计算导弹在给定条件下，随载机发射角变化的有效边界或区域，即以载机为中心，载机发射角变化。计算该攻击区时，目标的进入角固定。这种攻击区既能通过其直观了解某一导弹或者比较不同导弹在同一高度下攻击以一定航线飞行的目标的性能，又能真实反映空战中以载机飞行员为中心，在不同发射角下对同目标的攻击距离情况。这种攻击区可以显示出目标相对载机发射角的最佳进入角和最不利进入角的情况。发射角攻击区如图 5－19 所示。

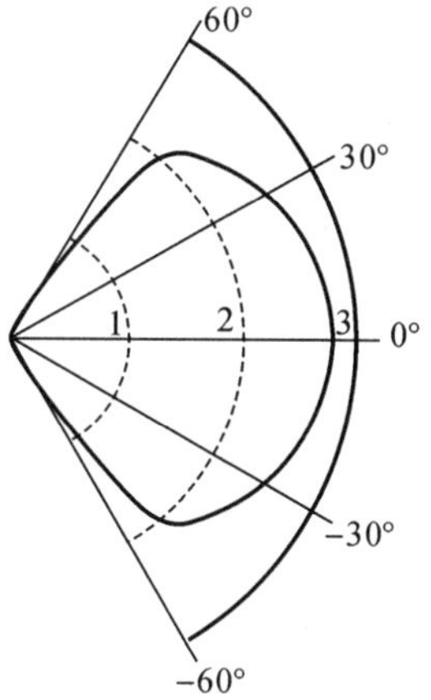

图 5－19　发射角攻击区

3.高度攻击区

对于确定的载机和目标，计算导弹在给定条件下随高度变化的有效边界或区域。计算高度攻击区时，一般发射时载机发射角固定，目标进入角固定，载机和目标速度相同。高度攻击区主要用来了解某一导弹或者快速比较不同导弹在全高度下的性能。高度攻击区如图 5-20 所示。

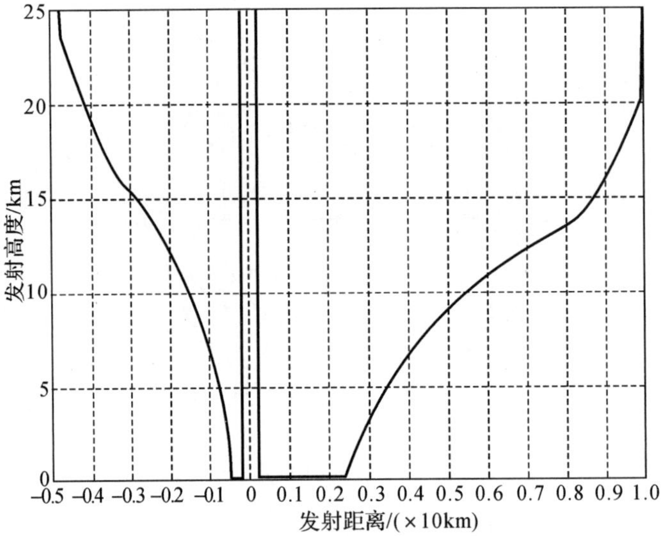

图 5-20 高度攻击区示意图

相比较而言,进入角攻击区更常用来描述空空导弹攻击区。早期的美国响尾蛇 AIM-9B 导弹,苏联的 *K*-13 导弹等,它们的攻击区均为尾后攻击区,载机只有从目标尾后发射导弹才能命中目标。攻击区仅在目标尾后一局部空域,如图 5-21 所示,它们的攻击区称为尾后攻击区。

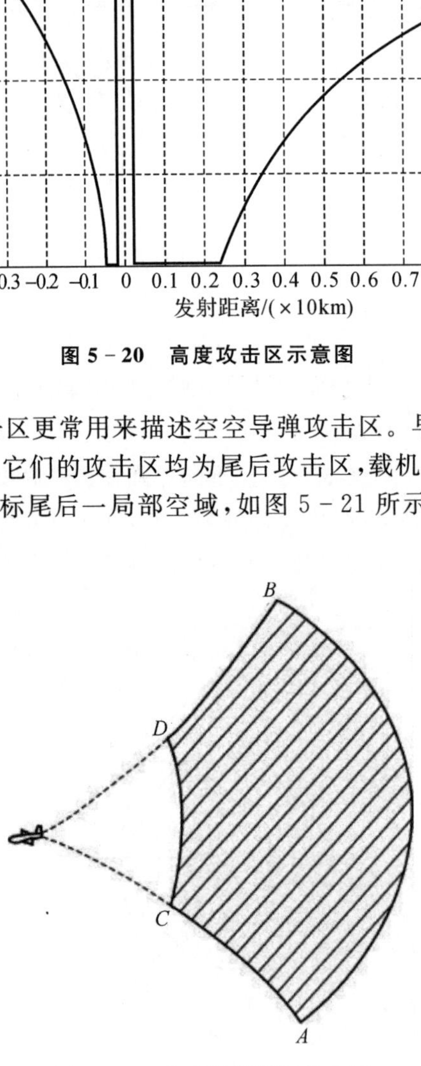

图 5-21 空空导弹尾后攻击区

攻击区中 *AB* 段为最大允许发射距离边界,*CD* 段为最小允许发射距离边界,*AC* 和 *BD* 段为侧边界。

近代具有全向攻击性能的导弹,如美国的麻雀系列导弹、英国的天空闪光导弹、意大利的阿斯派德导弹、俄罗斯的 R-73 导弹、中国的 PL-8 导弹等,导弹在目标前后及侧向的一定区域内均可发射导弹命中目标，如图5-22所示。它们的攻击区称为全向攻击区。

全向攻击区中内边界为最小允许发射距离边界，外边界为最大允许发射距离边界。从攻击区中可以看出，迎头攻击的最大允许发射距离与最小允许发射距离明显大于尾后攻击的最大允许发射距离与最小允许发射距离。这是因为：迎头攻击时，导弹与目标间的相对速度是二者之和；而尾后攻击时，则是两者之差。在同样时间内迎头比尾后飞行距离更远。

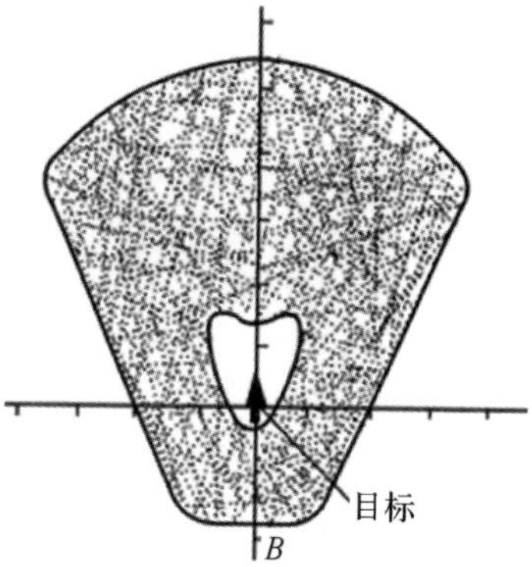

图5-22　空空导弹全向攻击区

导弹的攻击区仅考虑导弹的动力性能及对目标的探测性能等因素，并假定目标在导弹攻击过程中不做机动飞行。这种攻击区是简单的攻击区，其大小主要决定于导弹的动力性能，因此称为动力攻击区。如果载机在动力攻击区中发射导弹，而目标在导弹攻击过程中做机动飞行，这样目标就可能逃避导弹的攻击，导致导弹攻击失败。为此，引出了不可逃逸攻击区这个概念。

不可逃逸攻击区是指载机在该攻击区发射导弹，目标做任何机动飞行，导弹均能截击目标。这样，在动力攻击区内除去因目标机动而无法命中的区域，就可得到不可逃逸攻击区。显然，不可逃逸攻击区比动力攻击区小。攻击区减小会加大载机构成发射条件的难度，但同时也会增加导弹命中目标的置信度。不可逃逸攻击区是立足于运动学的观点，为确保导弹成功截击目标而提出的，我们也可以将它看作是一种保证攻击区。如果再考虑以一定的概率有效地毁伤目标，又可以引出概率攻击区这个概念。

在动力攻击区内，与一定范围的毁伤目标概率相对应的区域称概率攻击区。在该区域发射导弹，可得到有效的毁伤目标概率值，因此概率攻击区也可看作是一种有效攻击区。载机在动力攻击区内发射导弹，虽然可满足一定的脱靶距离要求，但不可能百分之百地毁伤目标。在攻击区内的不同位置发射导弹，命中目标时的交会参数是不相同的，概率攻击区影响着引战配合性能，即影响着毁伤目标的概率。显然较大概率值的区域应为优选的发射区域。

动力攻击区、不可逃逸攻击区（保证攻击区）及概率攻击区（有效攻击区）的示意图如图5-23所示。

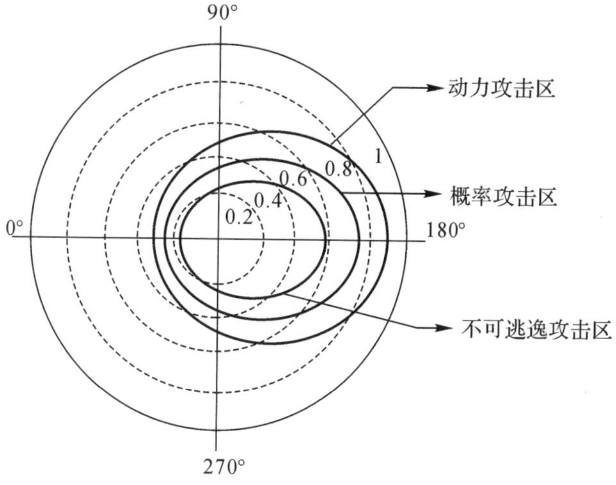

图5-23　动力攻击区、概率攻击区、不可逃逸攻击区示意图

5.3.2 限制攻击区的因素

一、限制最大允许发射距离的因素

1. 弹上能源工作时间

空空导弹上的能源工作时间是有限的，一般为几十秒。弹上能源耗尽后，导弹就失去了工作能力。

2. 命中目标时导弹与目标的最小相对速度

导弹命中目标时，出于近炸引信的工作原理与引战配合的要求，对相对速度最小值有限制。若低于该限制值，近炸引信给不出引炸信号，则导弹不能毁伤目标。

3. 导引头作用距离

没有中制导的空空导弹，其发射条件之一是导引头在发射之前要捕获、跟踪目标，因此，导引头的作用距离必须大于最大允许发射距离。

4. 导弹末速度

导弹末速度低于某限定值，机动能力下降，难以命中目标。

二、限制最小允许发射距离的因素

1. 安全与解除保险机构解除保险的时间

空空导弹飞离载机一定的时间和距离后，安全与解除保险机构才能可靠地解除保险，这时才有引炸战斗部的可能。在该段时间内，导弹飞行的距离应与最小允许发射距离一致。

2. 命中目标时导弹与目标的最大相对速度

引战系统对导弹命中目标时的最大相对速度也是有明确要求的。距目标较近时发射导弹，命中目标所需的时间短，此时导弹的速度大，与目标的相对速度也大。如超过了引战系统的要求值，导弹就无法毁伤目标，这样就限制了导弹最小允许发射距离。

3. 载机的安全性

不允许导弹命中目标爆炸形成的破片对载机有任何危害，这也是限制最小允许发射距离的因素之一。

4. 导弹最大机动过载

如果发射距离过近，导弹最大机动过载可能满足不了机动飞行要求，难以命中目标，因此它限制了最小发射距离。

三、限制侧边界的因素

限制攻击区侧边界的因素有导引头探测目标的方向性能、导弹的机动能力、导引头的角跟踪范围等。

四、攻击区中的死区

攻击区中的死区是指在攻击区中的局部范围内不允许发射导弹。如果在该区域中发射导弹，由于脱靶距离大，往往难以命中目标。

1. 迎头攻击区的死区

红外型导弹迎头攻击时可能会出现死区，其主要原因是红外导引系统无法测得导弹与目标间的相对速度，导引系统中无法引入相对速度项。这样，迎头攻击时，导引精度差，命中概率低。迎头攻击区的死区如图 5－24 所示。

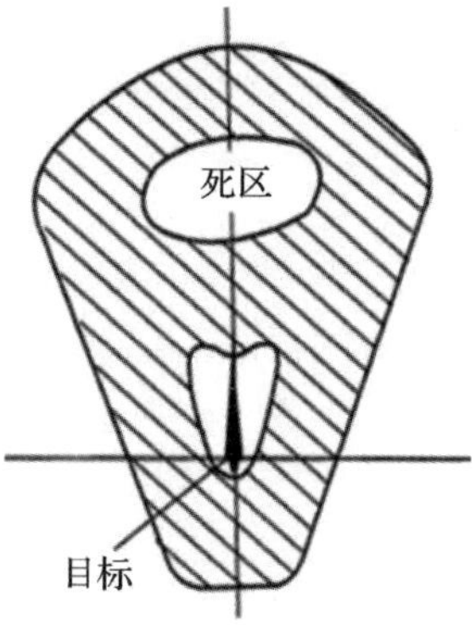

图 5－24　迎头攻击区的死区

2. 侧向攻击区的杂波区

雷达型导引头利用导弹与目标间的相对速度引起的多普勒信号进行目标跟踪，并用它来检测目标。

迎头攻击时，多普勒信号取决于导弹速度与目标速度之和；尾后攻击时，多普勒信号取决于两者速度之差；侧向攻击时，在一定范围内，多普勒信号主要取决于导弹速度，与目标速度关系不大。

导弹侧向下视攻击时，导引头天线指向下方，天线主波瓣触地引起地面主瓣杂波。目标多普勒频率与地面主瓣杂波频率基本相同，而目标信号能量比杂波能量要小得多。这时，导引头无法正常跟踪目标，因此，侧向下视攻击时，攻击区中就有一区域，在此区城内的地面主瓣杂波频率正好落入导引头带宽内，使导引头无法工作，这个区域称为杂波区。在该区域内不允许发射导弹。雷达型空空导弹在侧向下视攻击时的杂波区如图 5－25 所示。

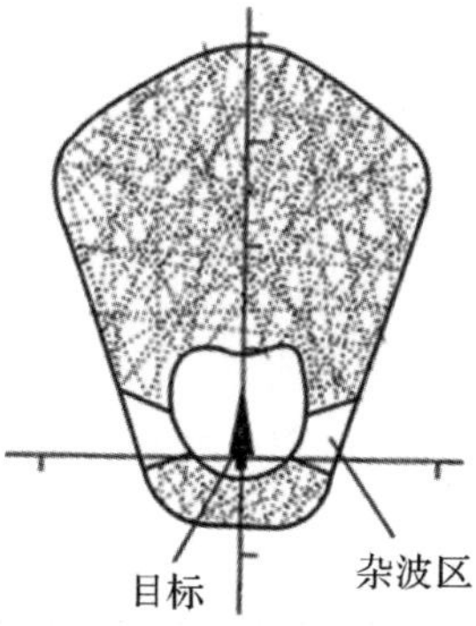

图 5－25　侧向下视攻击的杂波区

5.3.3 攻击区的解算

机载火控系统是一个复杂的综合系统,其工作状态比较多。导弹火控解算与机载探测设备、目标、武器的性能密切相关。由于导弹火控解算涉及的因素较多,且机载火控任务机的计算能力有限,导弹火控解算需要做大量的简化,而简化又导致火控精度降低。如何解决火控解算的精度和实时性问题,始终是火控领域的关注重点。

一、攻击区解算方法

1.攻击区离线解算方法

攻击区的离线解算就是在导弹弹道计算模型的基础上,建立与弹道模型闭合的自动搜索模型,结合弹道计算的限制条件和搜索精度,计算出在给定条件下的有效边界或区域(最大发射距离和最小发射距离)。攻击区计算可采用导弹质心运动的三自由度数学模型,也可以采用导弹刚体运动的六自由度数学模型,攻击区计算常用的搜索算法为对分法或黄金分割法。

(1)对分法。

首先计算在给定区间的上限和下限是否满足条件:在上限满足条件或在下限不满足条件时给出提示;否则在指定区间的中点处计算。若满足条件则在该点右半区间的中点处计算并类推;若不满足条件则在该点的左半区间的中点处计算并类推,直到区间长度小于某一给定容忍值时,输出该点的数值。

(2)黄金分割法。

首先计算在给定区间的上限和下限是否满足条件:在上限满足条件或在下限不满足条件时,给出提示;否则在指定区间的黄金分割点(0.618)处计算,若满足条件则在该点右半区间的黄金分割点处计算并类推,若不满足条件则在该点的左半区间的黄金分割点计算并类推,直到区间长度小于某一给定容忍值时输出该点的数值。

2.攻击区在线解算方法

攻击区在线解算采用导弹允许发射时机解算的快速模拟方法,判断导弹在载机与目标的当前态势下是否满足发射条件。为了快速解算导弹弹道,以满足火控任务机实时性的需求,假定导弹只在空间内的某一平面内飞行,采用三自由度弹道模型,只考虑推力、重力、阻力,简化导引律对导弹的影响,其他因素忽略不计。

允许发射时机解算模型根据输入的载机、目标信息以及导弹型号,构建导弹以及假想目标对象。假定目标飞机以直线飞行并进行弹道的快速计算,判断能否命中目标。如果导弹能命中目标则判断是否为迎头攻击:如果是迎头攻击,应适当延长弹目距离再进行弹道计算,如果仍然命中目标,则说明导弹满足发射条件;如果是尾追攻击,则只进行一次弹道计算以判断是否满足发射条件。

二、攻击区解算模型

1.动力攻击区

导弹动力攻击区解算模型假设目标做匀速直线运动,可以采用攻击区离线解算方法,也可以采用攻击区在线解算方法进行解算。

2.不可逃逸区

导弹不可逃逸区解算模型可以通过对目标的运动做多种假设,求得目标在各种机动条件下的攻击区,然后通过求攻击区的交集得到导弹的不可逃逸攻击区。不可逃逸攻击区一般采用攻击区离线解算方法进行解算。

3. 最大、最小允许发射攻击区

以限制最大允许发射距离的因素为输入条件并参考动力攻击区，可计算得到最大允许发射攻击区模型；以限制最小允许发射距离的因素为输入条件，并参考不可逃逸区，可计算得到最小允许发射攻击区模型。最大、最小允许发射攻击区可以采用攻击区离线解算方法进行解算，也可以采用攻击区在线解算方法进行解算。

4. 概率攻击区

概率攻击区解算可以通过对毁伤目标做多种假设，求得目标在不同毁伤条件下的多种攻击区，并选择一种合适的目标毁伤概率所对应的攻击区作为概率攻击区。概率攻击区一般采用攻击区离线解算方法进行解算。

5.3.4 攻击区的显示

空空导弹攻击区大小随导弹性能不同而不同。其最大允许发射距离、最小允许发射距离除受弹上能源工作时间、命中时相对速度等限制外，还与载机的速度、目标的速度、发射时攻击区、攻击态势等有关。在实际使用中，根据各种不同条件，可以将其最大、最小允许发射攻击区事先拟合成数学模型，导弹火控系统根据该模型计算出具体数值，也可以在线计算出最大、最小允许发射距离，并在显示器距离刻度标线上以一定的符号显示，同时显示出目标实际距离，飞行员根据显示信号可判断载机是否在导弹攻击区内。空空导弹攻击区平显示示意图如5-26所示。

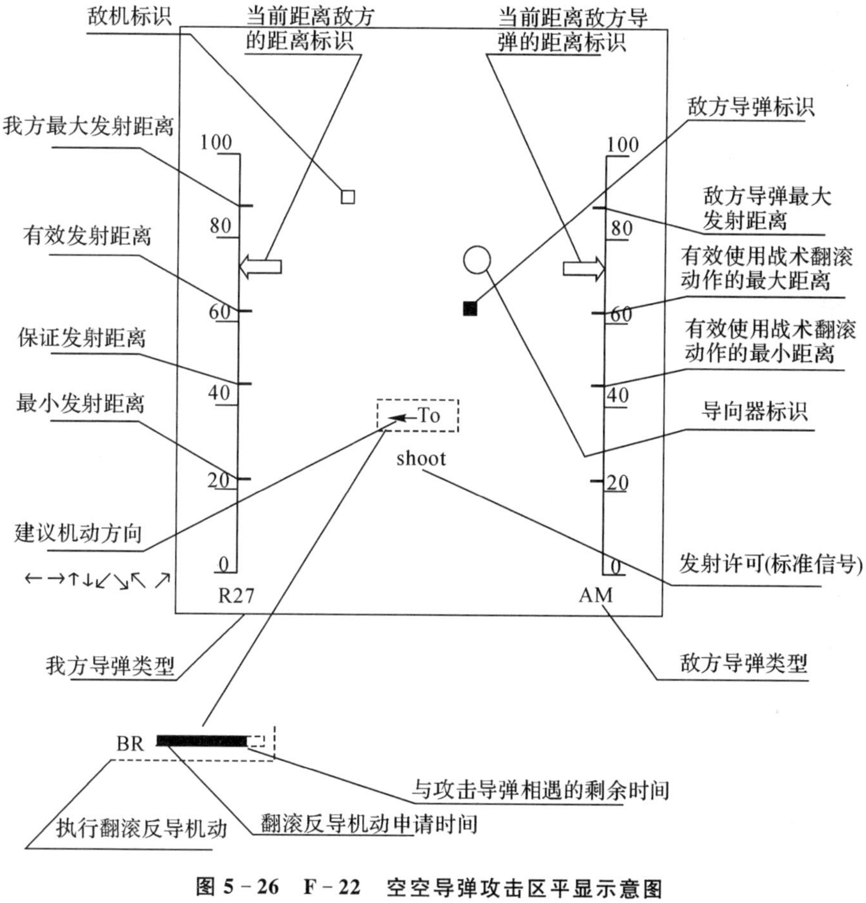

图5-26 F-22 空空导弹攻击区平显示意图

参考文献

[1] 杨新军，周家骐. 俄罗斯专家谈俄第五代歼击机的发展思路[J]. 国际航空，2001(5)：61-64.

[2] 陈新能. 从空中优势到信息战优势的转变：21世纪美空军装备发展战略走向分析[J]. 国际航空，2001(7)：52-55.

[3] 廖家璞，毛明久. 航空概论[M]. 北京：航空工业出版社，1999.

[4] 王旭. 应用流体力学[M]. 西安：西北工业大学出版社，2012.

[5] 陈廷楠. 飞机飞行性能品质与控制[M]. 北京：国防工业出版社，2007.

[6] 郑志伟. 空空导弹系统概论[M]. 北京：兵器工业出版社，1997.

[7] 于本水，杨存富，张百忍. 防空导弹总体设计[M]. 北京：宇航出版社，1995.

[8] 王林琛. 弹道式导弹[M]. 北京：宇航出版社，1987.

[9] 郝祖全. 防空导弹无线电指令制导设备[M]. 北京：宇航出版社，1991.

[10] 钱杏芳，林瑞雄，赵亚男. 导弹飞行力学[M]. 北京：北京理工大学出版社，2006.

[11] 张有济. 战术导弹飞行力学设计：上[M]. 北京：宇航出版社，1998.

[12] 比尔冈顿. 现代军用飞机百科全书[M]. 富砚博，许光，译. 北京：人民交通出版社，1999.

[13] 樊会涛. 空空导弹方案设计原理[M]. 北京：航空工业出版社，2013.

[14] 余丽山，李彦彬，赵永龙，等. 战斗机的发展历程及趋势[J]. 飞航导弹，2017(12)：49-53.

[15] 白晓东，刘代军，张蓬蓬，等. 空空导弹[M]. 北京：国防工业出版社，2014.

[16] 周志刚. 航空综合火力控制原理[M]. 北京：国防工业出版社，2008.

[17] ФЕДОСОВ Е А. Системы Вооружением Истребителей. Москва：Машиностроение，2005.

[18] 高晓光，蔡付东. "越肩发射"火控技术研究[J]. 火力与指挥控制，1999(4)：23-26，31.

[19] 高晓光，张滋烈. 空空导弹离轴发射火控过程的研究[J]. 兵工学报，1991(3)：48-53.

[20] 曾洪骏，高晓光. 空空导弹越肩发射/后射的导引方法[J]. 火力与指挥控制，2004(5)：18-20.

[21] 高晓光，李波. 空空导弹后射火控技术[J]. 火力与指挥控制，2004(6)：16-19.

[22] 李波，高晓光. 空空导弹后射火控截获区仿真[J]. 计算机仿真，2010，27(3)：81-84.